DIANXING QUYU MIANYUAN WURANWU
RUHELIANG HESUAN FANGFA YANJIU YU SHIJIAN

典型区域面源污染物
入河量核算方法研究与实践

河南省第三次水资源调查评价面源项目组　编

黄河水利出版社
·郑州·

内 容 提 要

全书包括两篇，分别为面源污染物入河量调查与核算基础理论研究、典型区域面源污染物入河量调查与核算实践。面源污染物入河量调查与核算基础理论研究部分包括绪论、面源污染的特征与形势、面源污染物入河量调查方法研究、面源污染物入河量核算方法研究 4 章；典型区域面源污染物入河量调查与核算实践部分包括典型区域面源污染物入河量调查、典型区域面源污染物入河量核算、平原区大型水库面源污染物入河量调查与核算、山区大型水库面源污染物入河量调查与核算、南方山地丘陵区大型水库面源污染物入河量调查与核算、北方山地丘陵区中型水库面源污染物入河量调查与核算、城市近郊中型水库面源污染物入河量调查与核算、行政区域面源污染物入河量调查与核算、实践总体评价 9 章。另有附表和附图。

本书可作为水生态环境保护、水资源保护及其他行业相关技术或管理工作者开展面源污染物入河量调查与核算的指导用书。

图书在版编目(CIP)数据

典型区域面源污染物入河量核算方法研究与实践/河南省第三次水资源调查评价面源项目组编. —郑州：黄河水利出版社，2021.5

ISBN 978-7-5509-3014-8

Ⅰ.①典…　Ⅱ.①河…　Ⅲ.①水库污染-面源污染-调查研究-中国　Ⅳ.①X524

中国版本图书馆 CIP 数据核字(2021)第 117074 号

出 版 社：黄河水利出版社　　网址：www.yrcp.com

地址：河南省郑州市顺河路黄委会综合楼 14 层　　邮政编码：450003

发行单位：黄河水利出版社

发行部电话：0371-66026940、66020550、66028024、66022620(传真)

E-mail：hhslcbs@126.com

承印单位：河南瑞之光印刷股份有限公司

开本：787 mm×1 092 mm　1/16

印张：17.75

字数：410 千字　　印数：1—1 000

版次：2021 年 6 月第 1 版　　印次：2021 年 6 月第 1 次印刷

定价：100.00 元

本书编委会

主　　　编：沈兴厚

副　主　编：付铭韬　梁亦欣

编 写 人 员：张　宽　李永丽　蔡慧慧　张　培　靖中秋
陈　莉　李　婧　王　威　孔德芳　沈　畅
王文富　李　楠　赵飞燕　苗利芳　胡长春

参加编写人员：许　凯　韩　枫　刘星辰　魏　磊　殷世芳
王喜利　张　佩　崔　晨　何　洋　吕慧慧

前　言

随着水环境污染治理工作的不断推进，点源污染已得到较好的控制和管理，而面源污染对水资源、水环境质量的影响问题逐渐凸显，面源污染的防治也日益受到社会和各级政府的重视。《中共中央　国务院关于实施乡村振兴战略的意见》（2018 年中央 1 号文件）提出要加强农村农业面源污染防治。《中共中央　国务院关于全面加强生态环境保护　坚决打好污染防治攻坚战的意见》（2018 年 6 月）将打好农业农村污染治理攻坚战作为水污染攻坚五大战役之一。2018 年 11 月，河南省印发了《河南省人民政府关于实施四水同治加快推进新时代水利现代化的意见》（豫政〔2018〕31 号），提出要实施水资源、水生态、水环境、水灾害统筹治理。开展面源污染调查与研究，摸清面源污染特征是进行面源污染防治的前提，也是实施最严格水资源管理制度、打赢污染防治攻坚战的基础。

2017 年 3 月，水利部、国家发展改革委联合印发《关于开展第三次全国水资源调查评价工作的通知》（水规计〔2017〕139 号），部署开展第三次全国水资源调查评价工作。按照《全国水资源调查评价技术细则》，面源污染物入河量调查与核算列入本次调查评价之中。河南省水文水资源局作为河南省第三次全国水资源调查评价技术承担单位，联合郑州大学环境技术咨询工程有限公司，专门成立了“河南省面源污染调查研究项目组”，自 2019 年开始，利用近两年时间，完成了面源污染调查与核算工作，并在此基础上开展了相关面源污染研究工作。

河南省地跨海河、黄河、淮河、长江四大流域，各流域社会经济状况、自然条件不一，水资源开发利用程度不均衡，各市级行政区经济和行业发展存在较大差异，各区域面源污染的成因、污染程度不尽相同，河南省面源污染研究的工作基础比较薄弱。根据《全国水资源调查评价技术细则》、《河南省第三次水资源调查评价工作大纲》及河南省实际情况，为深入做好面源污染调查与核算，项目组在全省范围内选取有代表性的彰武水库、陆浑水库、尖岗水库、宿鸭湖水库、南湾水库流域及南阳市作为典型区域开展了面源污染物调查研究。典型区域不仅选取有水库流域范围，也选取有行政区域范围。代表性不仅考虑了海河、黄河、淮河、长江四流域分区，也考虑了平原区、山丘区等地形地貌。技术人员深入典型区域进行实地调查和走访，不仅收集整理了大量第一手调查资料，也查阅了大量技术文献资料，进行了不同类型面源污染物入河量的核算。不仅完成了本次面源污染物调查和核算的各项工作任务，也收获了许多工作经验和研究成果。作为面源污染研究的基础性工作，项目组在面源污染调查与核算工作的基础上，组织人员将相关的工作和研究成果编写成书，以期为河湖面源污染治理和水资源保护工作提供基础数据，为研究面源污染的同行及国内有关行政管理部门提供参考和借鉴。在本书编写过程中，参考和引用了有关文献资料和研究成果，在此对相关文献作者和成果研究人员表示衷心的感谢！

由于面源污染物入河量调查与核算是项目组首次开展的工作，加上编写时间仓促、编者水平有限，难免存在错误和不足之处，恳请专家与读者批评指正。

编　者

2021 年 5 月

目　录

前　言

第1篇　面源污染物入河量调查与核算基础理论研究

第1章　绪　论 ……………………………………………………………… (2)
1.1　研究背景 ……………………………………………………………… (2)
1.2　国内外面源污染研究进展 …………………………………………… (2)
1.3　研究区域的选择 ……………………………………………………… (6)
1.4　研究内容和创新点 …………………………………………………… (7)
1.5　研究技术路线 ………………………………………………………… (8)
第2章　面源污染的特征与形势 ………………………………………… (9)
2.1　面源污染产排途径 …………………………………………………… (9)
2.2　面源污染特征 ………………………………………………………… (12)
2.3　面源污染形势 ………………………………………………………… (13)
2.4　本章小结 ……………………………………………………………… (14)
第3章　面源污染物入河量调查方法研究 ……………………………… (15)
3.1　农村生活面源 ………………………………………………………… (15)
3.2　农田面源 ……………………………………………………………… (16)
3.3　分散式畜禽养殖面源 ………………………………………………… (16)
3.4　城镇地表径流面源 …………………………………………………… (17)
3.5　水土流失面源 ………………………………………………………… (18)
3.6　本章小结 ……………………………………………………………… (18)
第4章　面源污染物入河量核算方法研究 ……………………………… (19)
4.1　农村生活面源 ………………………………………………………… (19)
4.2　农田面源 ……………………………………………………………… (24)
4.3　分散式畜禽养殖面源 ………………………………………………… (27)
4.4　城镇地表径流面源 …………………………………………………… (29)
4.5　水土流失面源 ………………………………………………………… (36)
4.6　本章小结 ……………………………………………………………… (38)

第2篇　典型区域面源污染物入河量调查与核算实践

第5章　典型区域面源污染物入河量调查 ……………………………… (40)
5.1　汇水区域划分 ………………………………………………………… (40)
5.2　调查点位的选择 ……………………………………………………… (40)

5.3 调查方法 …… (42)
5.4 主要调查内容 …… (42)
第6章 典型区域面源污染物入河量核算 …… (45)
6.1 农村生活面源 …… (45)
6.2 农田面源 …… (52)
6.3 分散式畜禽养殖面源 …… (56)
6.4 城镇地表径流面源 …… (60)
6.5 水土流失面源 …… (63)
第7章 平原区大型水库面源污染物入河量调查与核算 …… (65)
7.1 区域特征 …… (65)
7.2 面源污染物入河量调查 …… (70)
7.3 面源污染物入河量核算 …… (84)
7.4 核算结果分析 …… (99)
第8章 山区大型水库面源污染物入河量调查与核算 …… (100)
8.1 区域特征 …… (100)
8.2 面源污染物入河量调查 …… (105)
8.3 面源污染物入河量核算 …… (114)
8.4 核算结果分析 …… (126)
第9章 南方山地丘陵区大型水库面源污染物入河量调查与核算 …… (127)
9.1 区域特征 …… (127)
9.2 面源污染物入河量调查 …… (131)
9.3 面源污染物入河量核算 …… (140)
9.4 核算结果分析 …… (146)
第10章 北方山地丘陵区中型水库面源污染物入河量调查与核算 …… (148)
10.1 区域特征 …… (148)
10.2 面源污染物入河量调查 …… (153)
10.3 面源污染物入河量核算 …… (156)
10.4 核算结果分析 …… (166)
第11章 城市近郊中型水库面源污染物入河量调查与核算 …… (168)
11.1 区域特征 …… (168)
11.2 面源污染物入河量调查 …… (176)
11.3 面源污染物入河量核算 …… (184)
11.4 核算结果分析 …… (191)
第12章 行政区域面源污染物入河量调查与核算 …… (192)
12.1 区域特征 …… (192)
12.2 面源污染物入河量调查 …… (195)
12.3 面源污染物入河量核算 …… (196)
12.4 核算结果分析 …… (208)

第 13 章　实践总体评价 ……………………………………………… (209)
参考文献 ……………………………………………………………… (210)
附　表 ………………………………………………………………… (214)
附表 1　农村农户生活污染源调查表 ……………………………… (214)
附表 2　农田面源污染现状调查表 ………………………………… (216)
附表 3　分散式畜禽养殖户粪污产排和治理情况调查表 ………… (217)
附表 4　典型区域面源污染物入河量核算结果表 ………………… (218)
附　图

第 1 篇　面源污染物入河量调查与核算基础理论研究

面源污染物的调查与核算是一个相当复杂的过程。随着面源污染愈加受到重视,国内外相关专家、学者对面源污染相继开展了一系列的研究。分析面源污染相关研究进展,对面源污染的特征、面源污染物的调查与核算等基础理论进行研究,对面源污染物建立科学的认识,是开展典型区域面源污染物调查与核算的基础。

第1章 绪 论

1.1 研究背景

面源污染物入河量调查与核算是开展面源污染防控和管理的最基础工作。河南省地处中原,跨海河、黄河、淮河、长江四大流域,总面积16.7万km^2。其中,海河流域1.53万km^2,占全省总面积的9.16%;黄河流域3.62万km^2,占全省总面积的21.7%;淮河流域8.83万km^2,占全省总面积的52.9%;长江流域2.72万km^2,占全省总面积的16.3%。全省地势西高东低,北、西、南三面太行山、伏牛山、桐柏山、大别山沿省界呈半环形分布,中、东部为黄淮海冲积平原,西南部为南阳盆地。河南省各流域社会经济状况、自然背景条件不一,水资源开发利用程度不均衡,各地市级行政区的经济和行业发展存在较大差异,各区域面源污染的成因、污染程度不尽相同,全省开展面源研究的基础工作还比较薄弱。

2017年3月,水利部、国家发展改革委联合印发《关于开展第三次全国水资源调查评价工作的通知》(水规计〔2017〕139号),部署开展第三次全国水资源调查评价工作。按照《全国水资源调查评价技术细则》,面源污染物入河量及其入河量贡献率调查是此次调查评价工作之一。根据《河南省第三次水资源调查评价工作大纲》及河南省实际情况,河南省第三次水资源调查评价在全省范围内选取较有代表性的彰武水库、陆浑水库、尖岗水库、宿鸭湖水库、南湾水库流域以及南阳市(市辖长江流域,含邓州市,以下不再逐一说明)作为典型区域开展面源污染物入河量核算研究。

长期以来,关于面源污染对河湖污染贡献程度的一些定量论述缺乏科学核算依据。面源污染是河湖水环境治理必须面对的一个重点和难点。河湖面源污染类型多样,厘清其对水环境污染的实际贡献对于河湖水环境治理十分重要。目前,点源污染已基本得到较好的控制和管理,但一些河湖无法发挥其正常的水功能,水环境质量进一步提升遇到诸多困难。各地普遍出现依靠生态调水进一步提高水质的现象,但建立在不充分、不彻底的治理基础上的生态调水是对优良水资源的浪费。开展本研究,对推进河湖面源污染科学治理具有现实意义,对水资源保护和合理开发利用具有促进意义。

1.2 国内外面源污染研究进展

1.2.1 面源污染的概念与分类

国外在面源污染的相关研究方面起步较早,自20世纪中期开始陆续开展。国内"面源污染"的概念由"非点源污染"一词而来,是从Non-point Source Pollution(简称NPS)翻译过来的。20世纪末,美国清洁水法修正案(1997年)将面源污染正式定义为:污染物以广域的、分散的、微量的形式进入地表及地下水体。中国的面源污染研究始于 20 世纪 80 年代(夏青,1982),2000 年以前,总体处于探索阶段,和国外的交流相对偏少;2000 年以后,随着国外非点源污染模型尤其是机制模型的引进发展迅速。国内有学者认为,面源污染的定义为溶解或固体污染物,从非特定地点,通过径流过程汇入受纳水体而引起的污染(陈利顶等,2000)。面源污染在《辞海》中的解释为:在大面积范围内以弥散或大量小点源形式排放污染物造成的,在自然环境(如大气、土壤、水体等)中混入危害人体、降低环境质量或破坏生态平衡的现象。

面源污染因发生的区域和过程不同,其来源复杂,分类不一。梁冬梅(2014)的研究中认为,面源污染主要有农村生活污染、种植污染和养殖污染三个主要来源。还有学者将面源污染的来源及成因划分为六类,主要包括:农田过量施用化肥农药;农村生活垃圾处理利用率低;畜禽养殖业的发展;城镇、矿区和建筑工地地表径流;区域水土流失加剧;大气沉降以及可能产生污染的生产活动,如森林砍伐、水利建设、土地开发等(贺缠生等,1998)。

1.2.2　面源污染的核算

面源污染具有广泛性、随机性、不确定性和难监测等特点(孙金华等,2009),其负荷计算远比点源困难,但获得准确的水体污染负荷量又是对水环境实施污染总量控制管理的基础和关键(麻德明等,2014),我国的环境管理部门正在探索将面源污染纳入污染总量控制体系,面源污染负荷计算成为不可回避的重要研究内容。面源污染负荷计算方法研究始于美国 20 世纪六七十年代,通过在北美地区开展的一系列深入研究,研发了包括输出系数模型、机制模型等在内的一系列面源污染负荷计算方法(ONGLEY,2010)。进入 21 世纪后,该领域的研究在世界各国引起广泛关注,除了欧美国家,日本、韩国和中国等亚洲国家对此领域的研究近年来尤其活跃。

根据对近年来国内外面源污染研究文献的检索和分析,我国目前常用的面源污染负荷计算方法大体可以归纳为三大类,即输出系数模型、实证模型和机制模型。

1.2.2.1　输出系数模型

输出系数模型(Export Coefficient Models)来自一种称为“单位负荷测算”(Unit Load approach)的研究思路,这种思路大约是 20 世纪 70 年代在美国发展起来的(UTTORMARK,et al,1974),其核心是测算每个计算单元(人、畜禽或单位土地面积)的污染物产生量,将每个计算单元的平均污染物产生量与总量相乘,估算研究范围内面源污染的潜在产生量。JOHNES(1996)在总结以往输出系数法研究成果的基础上发表了规范的输出系数模型方程,该模型已经成为输出系数法的经典模型,国内输出系数法方面的研究,大多基于该模型或稍进行改进。

输出系数模型因其结构简单和数据获取容易等特点在国内得到广泛应用(薛利红等,2009)。该模型忽略了面源污染复杂的迁移转化过程,可以使用统计数据开展污染负荷计算(SHRRSTHA,et al,2008),其计算区域,既可以是边界明确的流域,也可以是不同等级的行政单元,时间步长的设定比较灵活,可以是月、季节甚至年。虽然测算精度通常比机制模型低(如果不测算输移系数,其计算结果只是面源污染的产生潜力,而不是真正进入水体的污染量),但对尺度不敏感,可移植性好,并可以在较大尺度和较长时间段对面源污染负荷进行估算。国内输出系数模型的应用,既有将流域作为研究区域的案例(DING,et al,2010),也有将行政单元作为研究区域的案例(叶延琼等,2013),研究的时空尺度从中小尺度(孙添伟等,2012)到大尺度(SHFN,et al,2013)均有涉及,2007 年开展的全国污染源调查,其面源污染负荷的调查方法,也是基于输出系数模型建立的。还有一些研究者对模型进行了改进,引入降水和地形影响因子,考虑降水时空分布差异和地形对计算结果的影响(DING,et al,2010)。

1.2.2.2 实证模型

实证模型(Empirically Based Models)有时也称为统计模型(Statistic Models),它的研究基础是统计分析,根据长系列降水、水文和水质监测数据,建立面源污染负荷变化和降水、径流变化之间的相关关系,通过回归分析构建经验公式,计算面源污染负荷。这种方法一般适用于内部结构比较单一的小流域,因为小流域内降水、径流量和污染负荷之间的关系相对简单,大多是线性关系或者简单的非线性关系。实证模型同样不考虑污染的迁移转化,无法从机制上对计算公式进行解释,加之这些公式都是通过回归分析获得的,因此模型通常不可移植,在其他流域使用时,必须根据该流域的水文、水质监测数据重新进行分析,但如果研究的流域面积不大、结构简单且能够在流域出口处获得足够长系列的水文、水质监测数据,该方法也可以获得较高的计算精度。

实证模型的代表是水文分割法,水文分割法尚无规范的名称,也有研究者称之为平均浓度法或其他名称,但研究思路基本一致:将河川径流过程划分为汛期地表径流过程和基流过程,认为降水径流的冲刷是产生面源污染的原动力,面源污染主要由汛期地表径流携带,而枯水季节的水污染主要由点源污染引起。根据多年的水文和水质监测数据,分别先测算枯水期和汛期流域出口处污染物的平均浓度,再根据流域出口处的径流量,就可以计算整个流域的污染负荷并将面源污染负荷从总负荷中区分出来(李怀恩,2000),该方法的应用受研究区水文和其他条件的影响较大,应用的案例总体不多(李强坤,2008;李家科,2011)。由水文分割法进一步发展而来的还有降水量差值法,其基本思想是:只有发生较大降水并产生地表径流时,面源污染物才会流失并进入水体,降水量与面源污染负荷之间存在相关关系。可以对任意两场洪水产生的污染负荷之差与降水量之差进行回归分析,从而获得降水量与面源污染负荷之间的相关关系。根据相关关系,结合降水和水文、水质统计数据,估算流域面源污染负荷(蔡明等,2005)。除水文分割法以外,神经网络和灰色关联分析法实质上也属于实证模型,少数研究者应用这些方法开展了一些探索性研究(杨珏等,2009)。此外,还有一些研究者提出过用流域总负荷减去点源污染负荷的方法来计算面源污染负荷的思路(于涛等,2008),但由于中国目前污染管理水平不高,准确核算流域点源污染负荷本身就非常困难,因此几乎没有见到过成功应用的案例。

1.2.2.3 机制模型

机制模型(Physically Based Models)试图根据面源污染形成的内在机制,通过数学模型,对降水径流的形成以及污染物的迁移转化过程进行模拟,它通常包括子流域划分、产汇流计算、污染物流失转化和水质模拟等子模块,不仅考虑污染物的输入和输出情况,还考虑污染物的迁移转化过程;机制模型一般需要与 GIS 进行耦合,通过 GIS 进行地形分析和子流域划分。机制模型对数据量和数据精度要求较高,但如果经过规范的率定和验证,能够获得较高的计算精度,并且由于其机制和过程比较明晰,具有良好的可移植性,率定好的模型应用于其他条件类似的流域,也能获得理想的计算结果,机制模型对尺度较为敏感,更适合于中小流域。

目前,无论是国内还是国外,机制模型在面源污染负荷计算方法中都占据了主导地位,国内广泛使用的机制模型绝大多数来自美国,SWAT(Soil and Water Assessment Tool)、AnnAGNPS (Annualized Agricultural Non-point Source Pollution)和 HSPF(Hydrologic Simulation Program Fortran)是应用最为广泛的 3 种模型,除此以外,ANSWERS(Areal Nonpoint Source Watershed Environment Response Simulation),SWMM(Storm Water Management Model),WEPP(Water Erosion Prediction Project)等也有一定的应用。

1.2.3　河南省面源污染调查与核算相关研究进展

河南省是我国的人口大省,经济社会发展迅速,自 20 世纪 90 年代起,水污染治理日渐成为环境保护的焦点。长期以来,点源污染治理是河南省的重点,面源污染未被足够重视。现有相关研究中,关于河南省面源污染的相关研究较少,近年来少数学者对河南省农业面源开展了相关研究。蔡路灵(2017)以河南省 18 个市为研究单元,从农田化肥、畜禽养殖、农村生活、作物秸秆、水产养殖五个方面,定量核算了农业面源污染 COD、TN 和 TP 的排放量和排放强度;彭舜磊(2018)利用输出系数法估算了河南省各省辖市面源污染的整体情况。关于河南省的面源污染估算研究整体上相对较少,对河南省面源污染调查与核算较有指导意义的方法、过程鲜有文献报道。

1.2.4　现有研究存在问题分析

1.2.4.1　对面源污染缺乏清晰的界定

面源污染包括多种类型,不单指农业面源污染,现有相关研究大多以农业面源污染为主,忽略了其他类型,在农业面源污染中对于畜禽养殖污染和生活污染的界定也不够清晰。

(1)面源污染的类型。面源污染不是仅包括农业面源,现有相关研究大多将面源污染等同于农业面源污染,研究者所关注的多是农田种植、农村生活、畜禽养殖三种类型。对于城镇地表径流、水土流失类型的面源污染鲜有涉及。对于区域面源污染类型考虑的缺失导致面源的调查与核算不科学,整体的影响评判不合理。

(2)畜禽养殖污染的归属。中国的畜禽养殖业有集约和散养两种模式,集约化养殖场一般都有污染收集、排放,甚至集中处理设施,其排污量是可以逐个统计和计算的,应当属于点源;而散养模式的畜禽一般散养于农户的房前屋后,很难逐户统计,只能纳入面源范畴。一些研究者在研究工作中忽视了两者的区别,尤其是那些采用输出系数模型的研究者,主要使用统计数据,而统计部门发布的畜禽养殖数量,又主要来自集约化养殖业,散养畜禽由于统计困难,数据精度很低,有的地区甚至未做统计,导致计算出现偏差。随着经济的发展,中国农户散养模式所占比重越来越小,将集约化畜禽养殖污染算作面源污染,显然会夸大面源污染的负荷量。

(3)生活污染的归属。发达国家一般将生活污染归入点源,这些国家通常拥有完善的污水处理设施和管网,农村人口比重很小且很多农村也拥有污水处理设施,生活污染排放总体是集中、可控和可统计的。但中国情况相对复杂,很多地区农村人口占总人口的比重超过50%,且农村生活污水大多为分散式直接排放,因此中国农村生活污染应当归入面源污染范畴。城镇生活污染则更加复杂,目前,中国大中型城镇一般拥有污水处理厂,但由于管网滞后,相当一部分生活污水并不能真正实现集中处置和排放,数量众多的小城镇生活污水处理水平则更加落后,不同地区差别很大,需要根据研究区域的实际情况进行界定。由于生活污染的归属不明确,导致不同研究者各有不同的理解和界定标准,但在文献中又很少对面源污染所涉及的范围和界定理由给予详细说明,根据不同的界定标准测算面源污染负荷,造成很多疑惑。

1.2.4.2 将产生量、流失量、入河量混淆

输出系数模型由于计算简单,加之数据获取容易,在国内得到广泛应用,该模型应用中最需要关注的问题是产生量、流失量、入河量的区别。面源污染从产生到入河有明显的阶段性,采用输出系数模型估算时,要考虑分阶段的输出系数,不可相互混淆。现有相关研究中,有些未明确将面源污染入河分阶段,导致面源污染核算不清晰,输出系数使用不规范,或将面源污染的产生量认定为入河量;或忽略了流失过程,将产生量与入河量直接关联,由产生量直接通过系数核算入河量。

1.2.4.3 未灵活运用现有面源污染核算方法

由于我国面源污染核算起步较晚,核算方法方面主要以借鉴国外相关研究为主。我国的国情与国外有本质的区别,国外由于相关工作起步较早,基础较好,可用资料较为丰富。而我国相关工作起步较晚,没有良好的数据积累,并不是所有核算方法都适合我国的国情。一些研究者在使用相关核算方法的过程中没有进行很好的本地化,只是机械地套用。比如,在核算方法的选择上,没有充分考虑方法的适用性,盲目地采用机制模型进行测算,而由于基础数据无法支撑,又过多地进行了概化,削弱了机制模型的效果,也影响了核算结果的科学性;或在采用输出系数法核算的过程中简单笼统地将面源污染入河过程概化,取用一个系数即得出入河量,或照搬现有相关系数,未结合本地河流水系、降水量、地形地貌等关键因素对系数进行修正。

1.3 研究区域的选择

河南省是我国的人口大省、农业大省,农村人口基数大,农业种植面积广,化肥农药施用量大。2017年3月,水利部、国家发展改革委联合印发《关于开展第三次全国水资源调查评价工作的通知》(水规计〔2017〕139号),部署开展第三次全国水资源调查评价工作。按照《全国水资源调查评价技术细则》,面源污染物入河量及其入河量贡献率调查是此次调查评价工作之一。结合第三次全国水资源调查评价开展的相关工作,以河南省为研究区域,开展面源污染入河量调查与核算的相关研究,提炼相关研究成果,并以典型区域为例开展实践分析,对面源污染的核算具有十分现实的指导意义。

1.4　研究内容和创新点

1.4.1　研究内容

本研究主要工作内容包括面源污染的特征与成因分析、典型区域面源污染物入河量调查方法分析、典型区域面源污染物入河量核算方法研究、典型区域面源污染物入河量核算实践。

(1)面源污染的特征与成因分析。广泛分析国内外相关研究,提出面源污染的内涵,分析来源。研究面源污染产排途径与机制,分析面源污染现状与成因,分析面源污染防控的形势和需求。

(2)典型区域面源污染物入河量调查方法分析。研究提出基础数据整理要求,以 ArcGIS 为辅助工具进行河流网络提取和流域划分,并结合实际河流水系分布进行校正,绘制汇水区域。提出调查点位的选择要求,分析确定调查方法,提出主要调查内容。

(3)典型区域面源污染物入河量核算方法研究。通过文献和图书资料查阅,汇总现有的农村生活源、农田面源、分散式畜禽养殖、城镇地表径流、水土流失面源核算方法,并进行对比分析,提出本研究采用的核算方法。

(4)典型区域面源污染物入河量核算实践。根据调查情况和确定的核算方法,以典型区域为案例,对农村生活、农田、分散式畜禽养殖、城镇地表径流、水土流失面源污染物入河量进行核算,并对核算结果进行合理性分析。

1.4.2　创新点

本研究总结了国内外研究面源污染的成果和经验,对面源污染物入河量调查与核算进行了积极有益的探索,进一步完善了面源污染物入河量调查与核算的技术体系。

(1)研究内容创新。全面系统地提出了面源污染包括农村生活、农田、分散式畜禽养殖、城镇地表径流、水土流失 5 种。从面源污染调查到核算,提出了面源污染物入河量核算的一整套过程体系。

(2)研究方法创新。通过分析评价现有大尺度流域面源污染负荷估算方法,特别是在总结输出系数法优缺点的基础上,建立了适合现有数据条件并有一定精确性的大尺度流域农业面源污染负荷估算方法——"三维"系数估算法,在空间上细分估算单元,在内容上区分污染来源,在过程中划分污染阶段,具体而言有如下特点:①分区域——细化估算单元。在核算农村生活、农田、分散式畜禽养殖 3 种典型的农业农村面源时,把整个流域结合河流水系特点,按照面源污染物入河的难易程度分为不同的区域类型。②分类型——划分不同的污染源。除了农村生活、农田、分散式畜禽养殖 3 种典型的农业农村面源,还考虑了城镇地表径流、水土流失 2 种面源污染,使面源污染包括的类型更加清晰。③分阶段——划分从源头到入河的过程。把面源污染的形成过程分成产生、流失和入河三个阶段,分别估算每一个阶段的面源污染负荷。

1.5　研究技术路线

研究技术路线如图 1-1 所示。

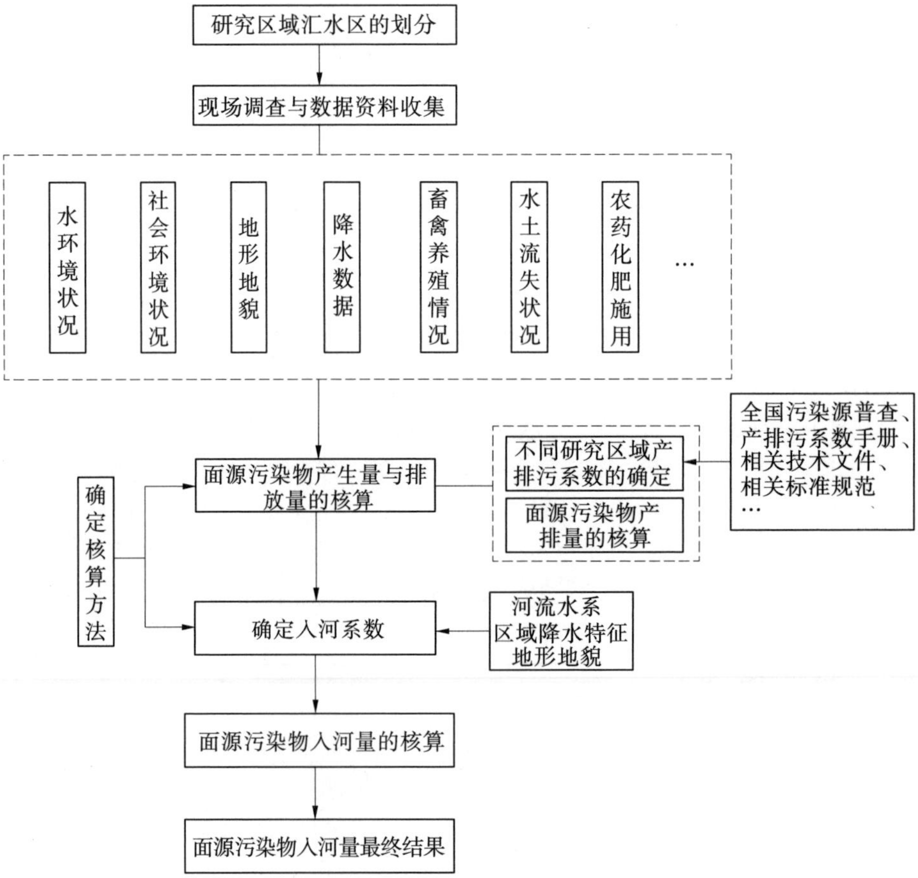

图 1-1　研究技术路线

第 2 章　面源污染的特征与形势

2.1　面源污染产排途径

2.1.1　农村生活面源

农村生活面源污染主要指农村生活区分散的面源污染，是由于农村居民生活污染，包括生活污水、生活垃圾及固体废弃物污染的任意排放造成的水体、土壤、生物和大气的污染，对农村水环境以及农村人口身体健康具有重要的影响。由于基础设施薄弱、公众的水环境保护意识薄弱而相对滞后，农村生活污水无组织排放引起的面源污染问题也日益严重，农村水环境保护成为一项重要任务，通过农村水环境整治，改善农村生态环境，提高生活质量和提升农村综合竞争力具有重要作用。农村生活面源主要指农村居民生活过程中产生的生活污水、生活垃圾及人体粪尿等。农村生活面源污染形成过程如图 2-1 所示。

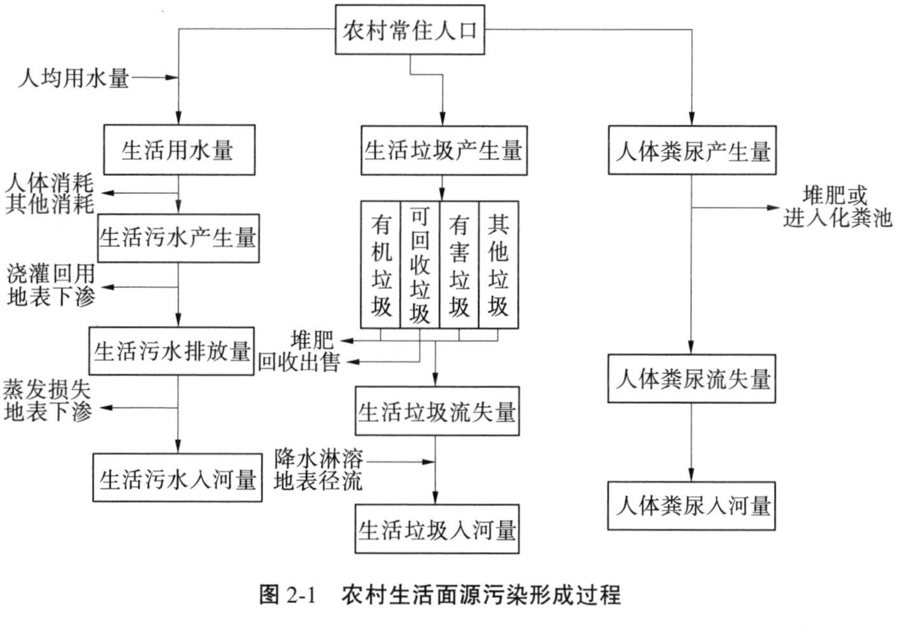

图 2-1　农村生活面源污染形成过程

2.1.2　农田面源

人类在种植过程中，大量施用化肥、农药、除草剂等农用化学品，这些化学品除一部分被农作物吸收利用外，其余部分残留在土壤中或挥发到空气中，残留在土壤中的农用化学品经过降水、灌溉等过程以地表径流和地下淋溶的方式进入地表水体，形成农田面源污染。土壤中的氮素和磷素是农作物的营养物质，如果过多的氮素、磷素流失到水体中，则变成了污染物。农田面源污染的形成过程就是氮素、磷素的迁移转化过程。

从本质上看，农田面源污染的形成过程就是土壤中的化学物质（有机物和无机物）在外界条件（如降水、灌溉等）作用下从土壤圈向水体扩散的过程。在这一过程中，由降水或灌溉产生的径流是诱因，是农田面源污染产生的动力和载体，而下垫面地表污染物的积累是非点源污染产生的物质基础，这两个条件缺一不可。因此，农田面源污染的形成主要包括四个过程，即径流形成过程、土壤侵蚀过程、径流流失过程和地下淋溶过程。这四个过程相互联系、相互作用、相互影响。降水或灌溉在一定的条件下产生地表径流，同时对土壤有一定的侵蚀作用，在径流的冲刷下，泥沙及其附着的污染物（颗粒态）以及溶解到径流水中的污染物（溶解态）随地表径流和地下淋溶进入地表水和地下水，从而产生农田面源污染。农田面源污染形成过程如图 2-2 所示。

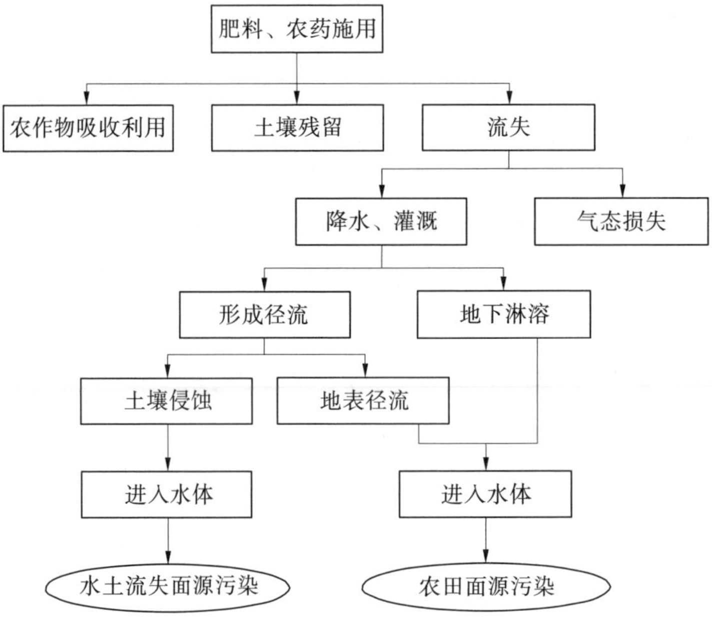

图 2-2　农田面源污染形成过程

2.1.3　分散式畜禽养殖面源

当前我国将畜禽污染防治工作的重点放在规模化畜禽养殖污染控制方面，对农村散户和小青畜禽养殖场的监控仍处于空白，这些畜禽养殖户具有非规模化、分散化和高密集化的特点，养殖废弃物难收集、难处理，超出农村处理和合理使用的能力，给区域环境带来很大压力。畜禽养殖业形成的污染主要来源于废水和固废。废水主要包括尿液、清洗畜禽体和饲养场地及器具所产生的污水及其他生产过程中生成的污水；固废主要包括粪便、废饲料、散落的毛羽等。畜禽粪便和污水产生后一部分粪便返回农田，用作有机肥料；一部分进入沼气池，用于生产沼气；一部分经过污水处理设施被净化。未被处理利用的畜禽养殖污染物排放到环境中，称为排放量。未经处理利用的粪便堆放在养殖场周围空地，在雨水的冲刷下，进入附近水体或者淋溶到地下。分散式畜禽养殖面源污染形成过程如图 2-3 所示。

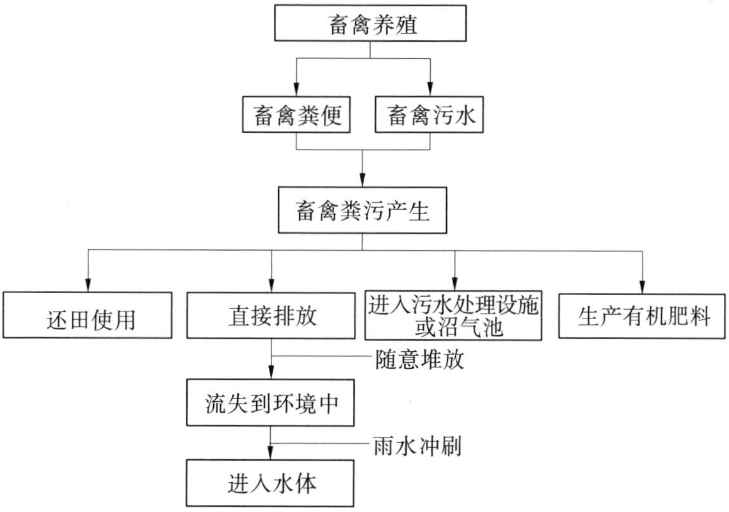

图 2-3　分散式畜禽养殖面源污染形成过程

2.1.4　城镇地表径流面源

降水地表径流指降水后除直接蒸发、植物截留、渗入地下、填充洼地外，其余经流域地面汇入河槽，并沿河下泄的水流。城镇降水径流污染是指在降水过程中雨水及其形成的径流流经城镇地面如商业区、居住区、停车场、街道等，建筑物如屋顶、绿化带等，冲刷、聚集一系列污染物质如原油、氮、磷、重金属、有机物质等，通过排水系统直接排入水体而造成的水体非点源污染，城镇地表径流面源污染形成过程如图 2-4 所示。

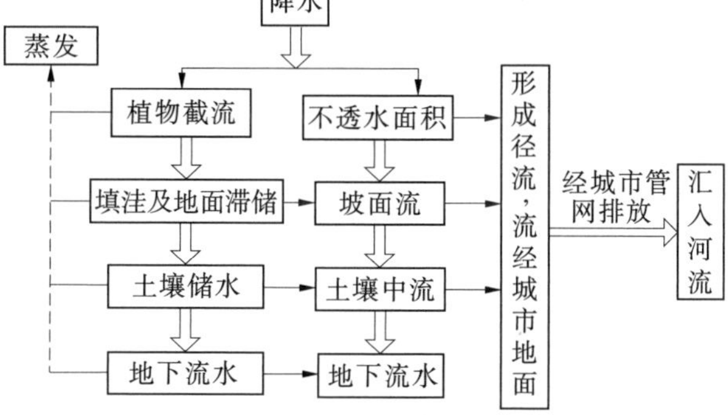

图 2-4　城镇地表径流面源污染形成过程

2.1.5　水土流失面源

水土流失主要指地表组成物质受流水、重力或人为作用造成的水和土的迁移、沉积过程。水土流失带来的径流和泥沙不仅本身就是一种面源污染物,而且是有机物、金属、磷酸盐以及其他毒性物质的主要携带者,所以水土流失会给水体水质带来严重影响。具体表现为:面源污染是伴随着水土流失的发生与发展而形成的降水—径流—侵蚀—水污染负荷输出的过程,即污染物在降水所产生的径流冲刷作用下,由径流和泥沙携带,最终达到受纳水体,进而破坏水体环境。水土流失面源污染的形成过程如图 2-5 所示。

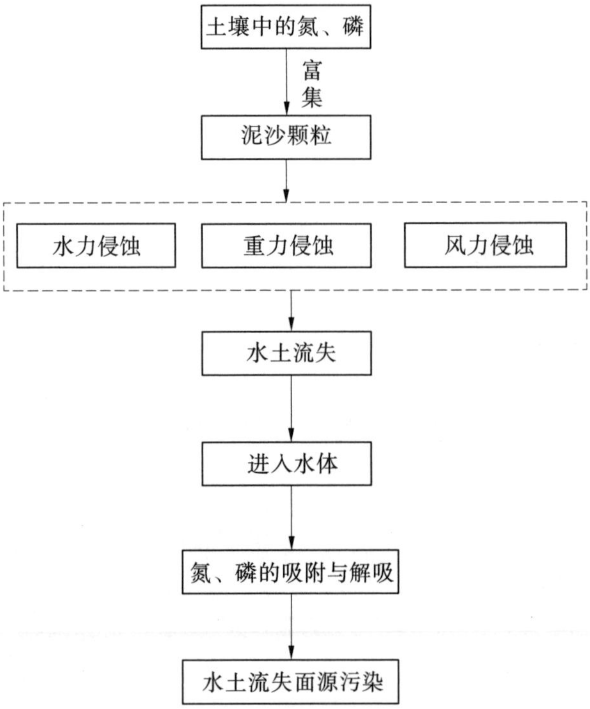

图 2-5　水土流失面源污染的形成过程

2.2　面源污染特征

相对于点源污染,面源污染具有分布范围广、来源分散、发生随机、形成机制复杂、难以治理等特征。面源污染不仅防治和管理难度更大,且污染呈现一定的地域特征、空间分布特征以及时间特征,面源污染排放量和排放强度的空间差异较大,特大城市的污染程度高于中等城市,初期径流污染物浓度高于后期径流,季节的不同对径流水质也有一定的影响。

(1)随机性:从源头和形成过程进行分析,面源污染主要受降水形成径流水文循环过程的影响和支配。由于降水的发生具有不确定性,其他影响因子同样也存在异质性和不确定性,这就决定了面源污染的形成具有很大的随机性。

(2)广泛性:由于面源污染主要发生在陆地表面,而陆地表面广泛分布着化学物质,这些化学物质很多是人工生产且自然环境无法接受的,在降水等作用下,这些化学物质随地表径流进入水体,对生态环境产生广泛而深远的影响。

(3)滞后性:由于降水和径流等过程的影响,农田中化肥和农药等污染物在地面随径流进行迁移,最终进入受纳水体而形成污染。由于迁移转化的路径长短不同,其形成的面源污染的滞后性也不同。农田中化肥、农药存在时间的长短,将决定面源污染形成滞后性的长短。通常情况下,化肥和农药的使用会导致长期的面源污染。

(4)不确定性:影响面源污染形成的因子十分复杂,因此难以准确判断污染物的来源。农药面源污染与农药和化肥的施用量、农作物类型、农作物生长季节、土壤理化性质和降水等条件密切相关;而城市面源污染则受城市绿化面积、清洁强度和降水条件等影响。同时,不同因子间相互影响,导致面源污染具有很大的不确定性。

(5)潜伏性:在无降水或灌溉时,使用化肥、农药形成的面源污染十分微弱。但当降水发生时,化肥、农药会在降水等驱动力下,随着径流进入水体而形成严重的面源污染。

(6)研究和控制难度大:由于面源污染的形成过程主要受土地利用方式、土壤地理条件和气象条件等多种因素的影响,从而导致面源污染的量化研究和管理控制难度较大。

2.3　面源污染形势

面源污染是当前生态环境保护工作的突出难点。随着农业的快速发展,农业面源污染日益演变成为一个共性问题。"十三五"以来,随着化肥农药使用零增长行动、农业农村污染治理攻坚战的实施,农业面源污染防治工作取得积极进展,化肥农药减量增效工作初见成效。化肥农药施用量连续 4 年负增长,2020 年水稻、小麦、玉米三大粮食作物化肥利用率达 40.2%,农药利用率达 40.6%,秸秆综合利用率、农膜回收率分别达到 86.7%、80%。畜禽养殖污染防治水平持续提高,全国畜禽粪污综合利用率达到 75%,规模养殖场粪污处理设施装备配套率达到 95%。

我国农业面源污染防治工作仍任重道远。一是源头防控压力大。第二次全国污染源普查结果表明,我国农业源污染物排放总量仍处于高位,农业源化学需氧量、总氮和总磷排放量分别占水污染物排放总量的 49.8%、46.5%、67.2%,在维护国家粮食安全的背景下,农业面源污染防治工作的形势依然严峻。二是调查监测技术体系薄弱。目前尚未针对农业面源污染特点建立现状调查和环境监测标准规范,现有监测体系未充分考虑流域汇水关系、水土协同控制等,无法及时掌握农业面源污染状况和变化情况,难以系统性地开展农业面源污染负荷评估。三是缺乏多元主体共治共管的工作机制。农业面源污染防治需要政府及其管理部门、农业生产资料生产销售企业、农业生产主体的共同参与,目前缺乏有效的机制措施和可量化、可操作的考核评估体系。四是监管能力亟待提升。农业面源污染基层监管能力薄弱,缺少监管平台和监测数据,同时人才队伍建设欠缺,专业支撑保障能力薄弱,难以满足形势发展需要。

整体上,面源污染防治将面临更加严峻的形势,河南省面源污染防治工作将愈加受到重视。

2.4　本章小结

近年来,随着我国城市化进程的不断加快,水污染问题已经成为人们广泛关注的环境问题。面源污染自20世纪70年代被提出和证实以来,对水体污染所占比重随着对点源污染的大力治理呈上升趋势,面源污染具有随机性大、分布范围广泛、形成机制复杂、潜伏性强、发生滞后和管理控制难度大的特点,因此重视面源污染也是国际大趋势。长期以来,相对点源污染治理方面,面源污染的治理力度相对较弱,针对面源污染问题日益突出,开展相关研究寻求解决面源污染治理的方法尤为必要,探索科学、适用、有效的面源污染物入河量调查与核算方法是开展面源污染防治的基础。

第 3 章　面源污染物入河量调查方法研究

3.1　农村生活面源

农村生活面源污染物调查方法主要有典型监测法、现场调查法、资料收集法等。在实际调查过程中,这几种方法会同时采用。

(1)典型监测法。

典型监测法主要是选择典型农户进行生活污水和生活垃圾的收集、监测,获取生活污水和生活垃圾的产生量及污染物产生浓度数据,进一步测算出人均污染物产生量。在实际监测过程中,需明确监测点位、监测时间、监测指标、监测频次、采样方法、数据统计等要求。

冯庆等(2009)以密云水库为例,通过实地考察、问卷调查与访谈,以及对生活污水进行收集、采样监测的方法,探讨了密云水库流域部分村庄生活污染的产生与排放特征。袁晓燕等(2010)选择入滇池的大清河小流域中的典型村镇,采用定点动态采样的方法,研究了城郊型村镇生活污水水质特征和污染排放规律,并估算了研究区典型村镇生活污水污染负荷。尹微琴等(2010)于 2007 年 8 月至 2008 年 7 月在昆山锦溪镇周家浜村,通过每月收集不同收入家庭的排放污水,对生活污水排放量及 COD 和氮磷排放情况进行了调查研究。孙兴旺(2010)从基础调查入手,采用典型监测和理论计算相结合的方法,通过对定位监测点的生活污水和垃圾的产生量及其特征污染物种类、浓度等参数进行周年监测。巢湖流域共计布置 102 个定位监测点,其中周年四季监测点 84 个,周年月份监测点 18 个,重点监测生活污水、生活垃圾产生量,确定产污系数,在产污系数监测和重点流域农村生活污染源调查的基础上确定排污系数。严婷婷等(2010)在滇池流域 7 个县区选择有代表性的 90 户农户建设监测点,历时 2 年时间对其开展定点监测。对所获数据进行系统分析,计算出农户每人每天产生和排放生活污水量及其化学需氧量、总氮和总磷污染物的含量。万寅婧等(2012)选取太湖流域典型农村 9 户农户作为研究对象,采用现场监测及入户调查的方法对农户生活垃圾污染物产排系数进行为期一年的系统定量研究。卢金涛(2012)通过选择典型农户、产排调查、连续采样、现场分析和试验室分析相结合的方法,系统地掌握农村生活污染排放特征。唐晓燕等(2013)指出太湖流域农村生活源产排污系数测算涉及监测点布设、监测采样及监测结果的数据统计分析等问题,设置太湖上游监测点,划分 6 个类型区共计 15 个监测点,分有下水和无下水农户 2 种情况进行监测点建设,具体分析了农村生活污水和生活垃圾的采样步骤,并设计了生活污水、垃圾现场采样记录表,进行了监测数据结果的数理统计。陈志明等(2013)选取 5 个县区 9 个乡镇 21 个行政村 153 个自然村 9 432 户农户作为研究对象,采用现场监测及入户调查的方法对农户生活垃圾污染物产排系数进行研究。

(2)现场调查法。

现场调查法包括问卷调查,主要是通过与农户的交流,了解生活污水收集、处理及利用情况,生活垃圾分类收集、利用和处理情况等及厕所类型和人体粪尿处置情况。包括生活污水的排放方式、水质(pH、COD、NH_3-N、TP、TN)、水量,生活垃圾产生量、组分、容重、含水率、有机垃圾中 TN、TP 含量等。

(3)资料收集法。

资料收集法主要是收集研究区域的社会经济、人口等统计数据;农村污水、生活垃圾处理设施建设运行现状、农村改厕现状等包括农村污水、垃圾处理设施建设位置、建设规模、出水水质、运行状况等农村生活面源产排资料;相关的参考文献、政策文件。

3.2 农田面源

农田面源污染物调查方法主要有典型监测法、现场调查法、资料收集法等。在实际调查过程中,现场调查法最为常用,典型监测法因为需要长时间的监测,较少采用。

(1)典型监测法。

典型监测法主要是选择不同作物类型的种植区作为试验区,对不同降水状况下的污染物进行监测与分析。在实际监测过程中,需明确监测点位、监测时间、监测指标、监测频次、采样方法、数据统计等要求。

马玉宝等(2013)对洪湖流域农田种植污染负荷的计算采用典型地块监测法,按实测值计算污染物入湖量。李文超(2014)以云南省洱源县凤羽河流域为研究对象,基于野外实测数据研究面源污染物浓度和污染负荷输出的时间变化规律及不同径流过程的贡献特征。

(2)现场调查法。

现场调查法包括问卷调查,主要是通过与农户的交流,了解农户种植模式、主要作物类型及产量、施肥、农药使用、耕作、灌溉等种植业相关情况及现场实地查看区域地形特征,土壤类型、作物种植方式等。

(3)资料收集法。

资料收集法主要是收集研究区域的自然环境特征、土地利用类型、区域耕地面积、种植类型、种植面积、化肥农药使用类型和使用量、土壤类型、土壤监测数据等基础资料;相关的参考文献、政策文件。

3.3 分散式畜禽养殖面源

分散式畜禽养殖面源污染物调查方法主要有典型监测法、现场调查法、资料收集法等。在实际调查过程中,根据研究需要,会同时采用。

(1)典型监测法。

典型监测法主要是选择典型的养殖场,测定畜禽粪便产生/排放量及粪中全氮、全磷、有机质等指标和尿液产生/排放量及尿中 COD、氨氮、全氮、全磷等指标,获取畜禽的产污系数和排污系数。在实际监测过程中,需明确监测点位、监测时间、监测指标、监测频次、采样方法、数据统计等要求。

史鹏飞(2009)通过对郑州市某千头奶牛场开展试验,选取泌乳牛和育成牛两个饲养阶段的奶牛分春夏秋冬四个阶段开展了产污系数和排污系数的测定。董红敏等(2011)对北京市某养猪场进行现场试验分析,得出该猪场保育、育肥和妊娠母猪 3 个阶段的 COD、总磷、全氮的产排污系数。苏文幸(2012)在海南省、湖南省、黑龙江省等省份同时开展规模化生猪养殖的产排污系数试验。

(2)现场调查法。

现场调查法包括问卷调查,主要是通过与养殖户的交流,了解养殖类型、养殖规模、养殖周期、喂养饲料、养殖机械化程度、粪污处理情况、粪污利用情况等及现场实地查看养殖场粪污处理设施、粪污回用情况等。

(3)资料收集法。

资料收集法主要是收集研究区域的分散式畜禽养殖类型、养殖规模、养殖周期、喂养饲料种类、养殖机械化程度、畜禽粪污堆存场建设情况、粪污利用途径、粪污处理途径等基础资料;相关的参考文献、政策文件。

3.4　城镇地表径流面源

城镇地表径流面源污染物调查方法主要有现场监测法、现场调查法、资料收集法等。

(1)现场监测法。

国内外对城市地表沉积物污染特性的研究方法可分为如下两种:①对城市地表上污染物直接取样测试,以确定污染物粒径的分布及污染潜力;②在雨水排水口取样测试,以确定地表径流中污染物粒径的分布及污染潜力。

国内外对城市地表径流水质特征的研究是以现场监测或采样分析的结果为依据的,结合理论分析,探索径流污染的规律。采用的测试研究方法可分为如下三种:

以分流制的雨水排水口为监测点,对雨水径流水质、水量进行系统测试分析,以确定城市地表径流水质特性和污染负荷,揭示城市地表径流雨水污染物排放规律;

在晴天和雨天时,以合流制的排水口为监测点,比较晴天和雨天合流制排水中污染物浓度和水量的相对大小,确定城市地表径流水质特性和污染负荷,揭示城市地表径流雨水污染物排放规律;

以某一特定的城市地表如路面或屋面为研究对象,明确区分路面、屋面等汇水面径流,确定不同汇水面径流的水质特征。

潘华(2005)采用地表污染物直接取样测试的方法,对晴天时西安市道路路面沉积物的粒径分布及污染潜力进行了测试;采用雨水排水口取样测试的方法,对雨天时西安市城区屋面径流及路面径流的水质进行了测试,对晴天和雨天城市排水主干渠的水质进行了对比测试,并对不同降水类型的路面径流排污规律进行了人工模拟降水试验研究。宋迁凤(2012)以重庆市某一具有山地特征的城区的主干路、次干路和居民区的地表降水径流为研究对象,在主干路、次干路和居民区各设 1 个采样点采样监测,分析了地表降水径流中颗粒物的粒径分布及 TSS、COD、NH_3-N、TN、TP 和 Fe 等污染物的变化规律。

(2)现场调查法。

城镇地表径流污染影响因素多,因此在进行城镇地表径流污染调查时,立足基础数据调查,以各行政区域为统计单元,城市地面径流污染重点对市中心区建成区进行调查,调查内容包括城区雨污管网分布、数量,排水量及水质,年降水量,道路状况,绿地分布情况等(徐志勇,2011)。

(3)资料收集法。

资料收集法主要是收集研究区域的水文资料、地形数据、土地利用类型及分布面积、雨污管网建设情况、雨污分流建设情况、雨水排放去向、城市建设下垫面形式等基础资料;以及相关的参考文献、政策文件。

3.5 水土流失面源

水土流失面源污染物调查方法主要有现场调查法、资料收集法等。

(1)现场调查法。

现场调查法主要是针对研究区域存在的水土流失现状进行实地查看,并通过访谈切实掌握水土流失的原因,治理情况等。

(2)资料收集法。

资料收集法主要是收集研究区域的地形、地貌、水文、气候、土地利用、土壤类型和结构、地质特征、植被覆盖情况、水土流失分布情况、土壤监测数据、水质监测数据、管理措施及人类活动等基础资料;以及相关的参考文献、政策文件。

3.6 本章小结

面源污染物入河量调查方法主要有现场监测法、现场调查法、资料收集法等。现场监测法需根据研究区域特征和面源类型明确监测点位、监测时间、监测指标、监测频次、采样方法、数据统计等要求;现场调查法包括问卷调查、人员访谈、实地查看等形式,了解研究区域的面源产生、排放、入河等情况;资料收集法主要收集与面源污染相关的统计资料、监测数据、相关研究成果、政策文件等。在实际调查过程中,通常采用 2 种或 2 种以上相结合的方法。

第 4 章　面源污染物入河量核算方法研究

4.1　农村生活面源

4.1.1　入河量核算方法研究

目前,农村生活面源污染物入河量核算方法主要为产排污系数法,需要确定人均生活污水产生量、污水中 COD、TN、NH_3-N、TP 等污染物的产生浓度、污水利用率、污染物去除率等各项参数,以及人均生活垃圾产生量、生活垃圾中的氮磷负荷、垃圾利用率等各项参数,可通过典型监测或参考文献资料的方式获取。

农村生活污染物产污系数为在一定自然环境区域和一定经济收入水平下,每人每天正常生活所产生的污染物量。

生活污水中 COD、TN、NH_3-N、TP 产污系数计算公式为:

$$W_{P,k} = \frac{1}{1\,000n}(Q_P \times \rho_{i,k})$$

式中,$W_{P,k}$ 为生活污水中第 k 种污染物产污系数,g/(人·d);Q_P 为生活污水产生量,L/(户·d);$\rho_{i,k}$ 为第 i 农户污水中第 k 种污染物的质量浓度,mg/L;n 为第 i 农户人口数,人/户。

生活垃圾中污染物产污系数计算公式为:

$$G_{P,k} = \frac{1}{n}(G_P \times \beta_{i,k})$$

式中,$G_{P,k}$ 为生活垃圾中第 k 种污染物产污系数,g/(人·d);G_P 为生活垃圾产生量,g/(户·d);$\beta_{i,k}$ 为第 i 农户生活垃圾中第 k 种污染物的比例(%);n 为第 i 农户人口数,人/户。

农村生活污染物排污系数为在一定自然环境区域和一定经济收入水平下,每人每天正常生活所产生的污染物,经过控制削减后或未经削减直接进入环境中的污染物量。

生活污水中 COD、TN、NH_3-N、TP 排污系数计算公式为:

$$W_{d,k} = W_{P,k} \times \left(1 - \frac{Q_i}{Q_P}\right) \times (1 - \eta_k)$$

式中,$W_{d,k}$ 为生活污水中第 k 种污染物排污系数,g/(人·d);$W_{P,k}$ 为生活污水中第 k 种污染物产污系数,g/(人·d);η_k 为第 k 种污染物去除率(%);Q_i 为生活污水利用量,L/(户·d);Q_P 为生活污水产生量,L/(户·d)。

生活垃圾中污染物排污系数计算公式为：

$$D_{P,k} = G_{P,k} \times (1 - \lambda_k)$$

式中，$D_{P,k}$ 为生活垃圾中第 k 种污染物排污系数，g/(人·d)；$G_{P,k}$ 为生活垃圾中第 k 种污染物产污系数，g/(人·d)；λ_k 为生活垃圾利用率(%)。

4.1.2 相关系数确定研究

(1)产排污系数。

冯庆等(2009)通过实地考察、问卷调查与访谈方式，研究北京密云水库流域内的村民生活污水和生活垃圾产排情况。孙兴旺(2010)通过对巢湖流域农村 108 个监测点一年的基础调查、理论分析和典型监测相结合的方法，对巢湖流域不同收入水平和生活方式条件下农村生活污水和生活垃圾产排污系数进行测定，研究和分析了巢湖流域农村生活污水和垃圾的产生和排放量，污水中污染物全氮、全磷、铵态氮、化学需氧量(COD)和生活垃圾有机部分的全磷和全氮产出和排放的月份变化规律及季节变化规律。严婷婷等(2010)通过对滇池流域农村生活污水产、排污系数的调查、监测和研究，统计分析得出滇池流域农村生活污水产、排污系数，平均产污系数。袁晓燕等(2010)选择入滇池的大清河小流域中的典型村镇，采用定点动态采样的方法，研究了城郊型村镇生活污水水质特征和污染排放规律，并估算了研究区典型村镇生活污水污染负荷。尹微琴等(2010)于 2007 年 8 月至 2008 年 7 月在昆山锦溪镇周家浜村，通过每月收集不同收入家庭的排放污水，对生活污水排放量以及 COD 和氮磷排放情况进行了调查研究。谭平等(2012)通过对巢湖农村地区进行调研，测算了农村生活污水产排污系数。万寅婧等(2012)选取太湖流域典型农村 9 户农户(高、中、低收入水平各 3 户农户)作为研究对象，采用现场监测及入户调查的方法对农户生活垃圾污染物产排系数进行为期一年的系统定量研究。卢金涛(2012)通过对 144 个样品的农村生活污水进行监测统计，统计出生活污水、生活垃圾中污染物产生浓度、产生量等。唐晓燕等(2013)基于自然环境分区与经济收入水平分级和突出重点、合理布局的原则设置太湖上游监测点，划分 6 个类型区共计 15 个监测点，分有下水农户和无下水农户 2 种情况进行监测点建设，针对太湖流域重点监测点农村生活污水和生活垃圾的监测数据结果进行汇总，分析生活污水污染物产排污情况。陈志明等(2013)采用现场监测及入户调查的方法对农户生活垃圾污染物产排系数进行研究。

目前，关于生活污水、生活垃圾和人体粪尿产排情况相关研究一览表见表 4-1 ~ 表 4-3，由于研究区域和研究方法的不同，污染物产排情况差别较大。

表 4-1　关于生活污水产排情况相关研究一览表

相关研究	研究区域	生活污水产生系数[L/(人·d),g/(人·d)]					污水流失率(%)	生活污水排放系数[L/(人·d),g/(人·d)]					生活污水污染物浓度(mg/L)			
		生活污水	COD	氨氮	总氮	总磷		生活污水	COD	氨氮	总氮	总磷	COD	氨氮	总氮	总磷
《全国水环境容量核定技术指南》(2003)	全国		40	4												
冯庆等(2009)	北京密云水库流域	95						21.6	9.13		0.95	0.11				
袁晓燕等(2010)	大清河小流域												781	71.7	118.9	9.75
尹微琴等(2010)	昆山市								159.73	9.86	16.99	1.096				
孙兴旺(2010)	巢湖流域	26.3	18.91	0.16	0.63	0.08	62	16.3	11.72	0.1	0.39	0.05	800~1 200	10	20~40	4~6
王文林等(2010)	太湖流域典型地区	46.63	24.13	4.39	6.42	0.53		40.8	10.08	3.22	4.23	0.3				
严婷婷等(2010)	滇池流域	26.85	50.05		1.12	0.18		24.2	45.15		1.09	0.165				

续表 4-1

相关研究	研究区域	生活污水产生系数 [L/(人·d),g/(人·d)]					污水流失率 (%)	生活污水排放系数 [L/(人·d),g/(人·d)]					生活污水污染物浓度 (mg/L)			
		生活污水	COD	氨氮	总氮	总磷		生活污水	COD	氨氮	总氮	总磷	COD	氨氮	总氮	总磷
朱梅 (2011)	海河流域								9.13	0.356	0.95	0.11				
谭平等 (2012)	巢湖农村地区	26.31	18.91	0.16	0.63	0.08		16.31	11.72	0.1	0.39	0.05	718	6.2	24	3.1
汤洁等 (2012)	大伙房水库汇水区						85		56.71	3.01	10.08	0.904				
卢金涛 (2012)	垫江县长大村	19.49	22.967	0.347	1.241	0.119							1 360.91	18.16	62.51	6.66
唐晓燕等 (2013)	太湖上游												718	96.377	142.477	11.461
林雪原 (2015)	山东省						85									
蔡路灵 (2017)	河南省						85									

表4-2　关于生活垃圾产排情况相关研究一览表

相关研究	垃圾产生系数				垃圾流失率（%）	排放系数		
	生活垃圾[kg/(人·d)]	有机垃圾[kg/(人·d)]	全氮[g/(人·d)]	全磷[g/(人·d)]		生活垃圾[kg/(人·d)]	全氮[g/(人·d)]	全磷[g/(人·d)]
冯庆等(2009)					37	0.88	26.6 g/kg	9.1 g/kg
孙兴旺(2010)	0.24	0.1	0.4	0.11	60		0.24	0.07
朱梅(2011)						10~40		
谭平等(2012)			0.65	0.31			0.162	0.08
汤洁等(2012)					20		1.42	0.41
卢金涛(2012)	0.328	0.197	0.713	0.095			有机垃圾的0.9%	有机垃圾的0.12%
陈志明等(2013)	0.42		5.3	1.8		0.18	2.1	0.7
蔡路灵(2017)					20		0.13	0.027

表4-3　关于人体粪尿产排情况相关研究一览表

相关研究	人体粪尿产生系数[g/(人·d)]				流失率（%）	人体粪尿排放系数[g/(人·d)]			
	COD	氨氮	总氮	总磷		COD	氨氮	总氮	总磷
张大弟等(1997)					10	5.42		276.71	30.14
林雪原(2015)	54.25		8.38	1.44	10				
蔡路灵(2017)					10	5.42		0.36	0.137

(2)入河系数。

农村生活面源污染物入河量核算主要是采用入河系数法,入河系数确定是核算的基础和关键点,关于入河系数的研究主要是采用问卷调查的方法并结合实地观测进行。李卉等(2011)以太滆运河流域前黄镇和雪堰镇为研究区,设计“农村生活非点源污染调查问卷”,采用随机抽样的方法,在对农村生活污染进行分类的基础上,估算出该地区农村生活污染入河系数。朱梅(2011)根据是否有河流流经把海河流域的县分成三类,参考相关文献研究成果,结合对海河流域的走访调查,确定了各类县生活污水、生活垃圾和人体粪尿的入河系数。除与河道的距离外,地形和降水量也是影响入河系数的重要因素,因此对上述入河系数根据不同的地形及降水量进行修正。苏保林等(2013)以赣江下游平原圩区为研究对象,采用随机抽样的方式,进行农村生活污染入河过程问卷调查,估算排入圩区内受纳水体的农村生活污染入河系数。申萌萌等(2013)使用问卷调查与实地观测相结合的方法,根据对调查结果的分析,估算研究区内生活污染负荷入湖系数。桂平婧等(2015)依托输出系数模型,考虑农村生活垃圾、生活废水和人体粪尿污染物三方面,以河道距离为依据,根据地级市(单元)内流经的河流等级将单元划分为Ⅰ、Ⅱ类,在此基础上,采用文献数据,先确定基础入河系数,再按单元降水和地形修正系数对基础入河系数进行修正。各相关研究关于生活污水、生活垃圾和人体粪尿的入河系数如表4-4所示。

4.2　农田面源

4.2.1　入河量核算方法研究

目前农田面源污染物入河量核算的主要方法有输出系数法、分阶段输出系数法、实测法和模型模拟法。

(1)输出系数法。

输出系数法较为简单,应用最为广泛,以不同的土地利用类型为基础概化出其每年单位面积的污染物输出量,进而得出各类土地利用类型污染物输出量,但各类研究中对相关输出系数取值出入较大,该方法也无法反映农田面源污染物的产生、排放、入河的全过程特征。

康晚英(2010)、刘亚琼等(2011)、杨彦兰等(2015)、彭舜磊等(2018)分别以河南省、鄱阳湖区、北京市、三峡库区(重庆段)为研究对象,依据统计年鉴中相关数据,采用输出系数法对研究区域农田面源污染负荷进行了估算,采用的输出系数为单位面积耕地每年输出的氮、磷量。其核算公式如下:

$$L_j = \sum_{i=1}^{m} E_{ij} A_i + P$$

式中,L_j 为污染物 j 在流域的总负荷量[kg/(hm^2 · a)];i 为流域中的土地利用类型,共 m 种;E_{ij} 为污染物 j 在第 i 种土地利用类型中的输出系数(kg/hm^2);A_i 为流域中第 i 种土地利用类型的面积(hm^2);P 为由降水输入的污染物总量[kg/(hm^2 · a)],一般情况下不考虑。

表 4-4　关于生活面源污染物入河系数相关研究一览表

相关研究	研究区域	生活污水入河系数(%)				生活垃圾入河系数(%)				人体粪尿入河系数(%)			
		COD	氨氮	总氮	总磷	COD	氨氮	总氮	总磷	COD	氨氮	总氮	总磷
张利民(2009)	太湖流域漕桥河	1~10	1~10	1~10	1~10								
斯琴高娃(2010)	松花江流域	5~10	5~10	5~10	5~10	5~10	5~10	5~10	5~10				
朱梅(2011)	海河流域	基础入河系数 20~30，根据地形和降水进行修正				基础入河系数 5~10，根据地形和降水进行修正				基础入河系数 5~10，根据地形和降水进行修正			
李卉等(2011)	太滆运河流域	6.6~13.3		18.1~18.6	8.2~12.5								
费频频等(2011)	杭嘉湖水网平原区	10	10	10	10								
纪丁愈等(2011)	四川中部丘陵地区	10~20	10~20	10~20	10~20								
苏保林等(2013)	赣江下游平原圩区	9.6~11.9		14.1~14.3	12.9~13.7								
申萌萌等(2013)	太湖周边地区	3.7~27.5		8.1~33.4	10.1~31.2					0.3~1.8		0.7~3.0	0.6~1.9
桂平婧等(2015)	四川省	基础入河系数 30~35，根据地形和降水进行修正				基础入河系数 7.5~10，根据地形和降水进行修正				基础入河系数 7.5~10，根据地形和降水进行修正			
李春哲(2016)	饮马河流域	30	30	30	30	20	20	20	20				

(2)分阶段输出系数法。

分阶段输出系数法是在传统输出系数法的基础上将农田面源污染物入河分为3个过程,对每个过程的污染物量分别核算,更加贴合实际,第一次全国污染源普查时,采用试验的方法对不同区域不同土地利用类型的污染物流失系数进行了核算。

朱梅(2011)以海河流域为研究对象,主要考虑肥料的流失,采用分阶段输出系数模型,通过核算海河流域农田肥料施用纯量,先得出农田面源污染物的产生量,然后通过流失系数对地表径流和地下淋溶两种方式的流失量分别进行估算,得出总流失量,最后通过入河系数对农田面源污染物的入河量进行核算。

(3)实测法。

实测法是核算农田面源污染物入河量最为直接的方法,考虑到其测量时间和范围的代表性,较适用于小范围内长时间开展。

马玉宝等(2013)以湖北省洪湖流域为研究对象,通过对洪湖流域典型农田在2010年7~8月降水径流的现场采样及试验室分析得出洪湖流域农田径流的污染物浓度,进而求得流域内污染物入河量。

(4)模型模拟法。

模型模拟法是采用SWAT等机制模型对农田面源污染负荷进行模拟,其所需数据量大,很多数据无法获取,因此目前并未得到大范围应用。

李文超(2014)以云南省洱源县凤羽河流域为研究对象,采用SWAT模型对流域内农田面源污染负荷进行了估算。采用SWAT进行模拟时,收集数据包括DEM图、水系图、土壤类型数据、土地利用类型数据等空间数据,土壤容重、含水量、导水率、硝态氮含量、有机氮含量、无机磷含量、有机磷含量等土壤属性数据,降水、气温、风速、相对湿度、太阳辐射等气象数据,种植类型、灌溉、施肥等农作物管理数据。

农田面源污染物入河量核算方法对比如表4-5所示。

表4-5　农田面源污染物入河量核算方法对比

核算方法	优点	缺点	适用范围
输出系数法	方法简单、数据易得	输出系数无权威参考、各类研究出入较大	广泛适用
分阶段输出系数法	核算过程清楚、贴合实际、数据易得、流失系数有权威参考	入河系数无权威参考	广泛适用
实测法	精确度高	需长时间、大范围监测	适用于小范围易于开展监测的区域
模型模拟法	精确度高	所需数据量大	适用于数据基础条件好的区域

4.2.2　相关系数确定研究

有关农田面源污染物入河系数的研究并不多,相关研究多是根据现有研究成果或经验值在一定的范围内选取,各研究选取结果也不尽一致。清华大学对淮河流域面源污染的研究表明,面源污染物入河量不到其排放量的十分之一,建议面源污染物入河系数在 0.01~0.1 的范围内选取。天津环境科学院根据在蓟县(现蓟州区,下同)于桥水库监测点的降水径流监测试验,不同降水量下,农田径流污染物入河系数的范围为 0.05~0.12。朱梅(2011)经过对比相关文献的研究,把海河流域农田的入河系数范围确定为 0~0.1,并根据研究区域内各地市降水量的不同,用插值法求得各地差异化的入河系数。宿炳林(2014)经试验并参考相关研究指出,平地氮、磷的入河系数分别为 5%和 3%,坡地氮、磷的入河系数分别为 6%和 4%。

农田面源污染物流失系数可选用《第一次全国污染源普查—农业污染源　肥料流失系数手册》和《第一次全国污染源普查　农药流失系数手册》进行确定,入河系数的最终确定需要较长期的对水质和水量的同步监测。

4.3　分散式畜禽养殖面源

4.3.1　入河量核算方法研究

当前畜禽养殖污染的核算方法主要包括模型法、水文估算法和产排污系数法等,其中模型法和水文估算法核算时将农村生活、农田种植、畜禽养殖等面源污染作为一个整体进行核算,对降水、地形、水文等数据要求较高,需要输入多个参数,数据获取难度高;产排污系数法则是将畜禽养殖、农村生活等不同类型的面源污染采用不同的产排污系数分别进行核算,应用更为广泛,实用性更强。

畜禽养殖业产污系数是指在典型的正常生产和管理条件下,一定时间内,单个畜禽所产生的原始污染物量,包括粪尿量,以及粪尿中各种污染物的产生量。畜禽的产污系数与动物品种、生产阶段、饲料特性等相关。

畜禽产污系数具体计算公式如下:

$$FP_{i,j,k} = QF_{i,j} \times CF_{i,j,k} + QU_{i,j} \times CU_{i,j,k}$$

式中,$FP_{i,j,k}$ 为每头/只畜禽产污系数(mg/d);$QF_{i,j}$ 为每头/只畜禽粪产量(kg/d);$CF_{i,j,k}$ 为第 i 种动物第 j 生产阶段粪便中含第 k 种污染物的浓度(mg/kg);$QU_{i,j}$ 为每头/只畜禽尿液产量(L/d);$CU_{i,j,k}$ 为第 i 种动物第 j 生产阶段尿中含有第 k 种污染物的浓度(mg/L)。

畜禽原始污染物主要来自畜禽生产过程中产生的固体粪便和尿液两个部分,为了能够准确地获得各种组分的原始污染物的产生量,首先需要测定不同动物每天的固体粪便产生量和尿液产生量,同时采集粪便和尿液样品进行成分分析,分析固体粪便含水率、有机质、全氮、全磷、铜、锌、铅、镉等浓度,以及尿液中的化学需氧量、氨氮、总氮、全磷、铜和锌、铅、镉等浓度,再根据产污系数计算公式就可以获得粪尿中各种组分的产污系数。

畜禽污染物排放系数是指在典型的正常生产和管理条件下,单个畜禽每天产生的原始污染物经处理设施削减或利用后,或未经处理利用而直接排放到环境中的污染物量。排污系数除受粪尿产生量及其污染物浓度的影响外,还应考虑固体粪便收集率、收集粪便利用率;污水产生量、污水处理设施的处理效率、污水利用量等因素,具体计算公式如下:

$$FD_{i,j,k} = [QF_{i,j} \times CF_{i,j,k} \times (1 - \eta_F) + QU_{i,j} \times CU_{i,j,k}] \times (1 - \eta_{T,K}) \times (1 - \frac{WU}{WP}) + QF_{i,j} \times CF_{i,j,k} \times \eta_F \times (1 - \eta_U)$$

式中，$FD_{i,j,k}$ 为每头/只畜禽排污系数(mg/d)；η_F 为粪便收集率(%)；$\eta_{T,K}$ 为第 k 种污染物处理效率(%)；WU 为污水利用量(m^3/d)；WP 为污水产生量(m^3/d)；η_U 为粪便利用率(%)。

畜禽养殖业的排污系数考虑固体废弃物和污水两个部分。固体废弃物主要考虑收集粪便在储存和处理过程中的流失率；污水包括在畜禽舍中未收集的粪便、尿液和冲洗水等混合物，它是畜禽养殖排污系数的主要来源，畜禽养殖污水主要通过储存、固液分离、厌氧沼气发酵、好氧处理、氧化塘及人工湿地等方式进行处理后利用或者排放。

4.3.2　相关系数确定研究

(1)产排污系数。

产排污系数法作为一种较为客观、准确的污染物排放量核算方法，在核算畜禽养殖污染产排污情况方面得到了广泛应用。由于畜禽养殖产排污系数受养殖种类、养殖方式、粪污处理方式等养殖条件的影响，目前对畜禽养殖产排污系数的研究一部分是基于试验研究，通过实测来确定畜禽养殖产排污系数，受试验周期长和取样监测工作量大的影响，对畜禽养殖产排污系数的试验研究主要集中在生猪和奶牛这些大牲畜上；一部分是通过文献调研梳理前人的研究成果确定畜禽养殖产排污系数，通过《第一次全国污染源普查　畜禽养殖业源产排污系数手册》和《全国规模化畜禽养殖业污染情况调查及防治对策》中推荐的畜禽粪便产排污系数和相关文献研究的梳理，综合确定畜禽养殖产排污系数。

2009 年，我国在第一次污染源普查时印发了《第一次全国污染源普查　畜禽养殖业源产排污系数手册》，给出了全国华北区、东北区、华东区、中南区、西南区、西北区等 6 大分区的猪、奶牛、肉牛、蛋鸡、肉鸡等 5 种畜禽在不同区域的产排放系数，涉及粪便产生量、尿液产生量、化学需氧量、总氮、总磷、铜、锌，其中排污系数按照畜禽养殖场、畜禽养殖小区和畜禽养殖户进行分类。

国内多位学者对畜禽养殖业产排污系数进行了研究，分为试验研究和文献调研研究两种方式。在试验研究方面，史鹏飞(2009)通过对郑州市某千头奶牛场开展试验，选取泌乳牛和育成牛两个饲养阶段的奶牛分春夏秋冬四个阶段开展了产污系数和排污系数的测定。董红敏(2011)通过对北京市某养猪场进行现场试验分析，得出该猪场保育、育肥和妊娠母猪 3 个阶段的 COD、总磷产污系数和排污系数。苏文幸(2012)在海南省、湖南省、黑龙江省等省份同时开展规模化生猪养殖的产排污系数试验，考虑生猪不同生长阶段产污特点和生猪出栏体重的影响，研究生猪产污系数；通过对畜禽养殖污染废弃物各处理方式的总结与分析，以三种清粪方式为基础，选择几种典型处理工艺组合进行生猪排污系数研究。在文献调研研究方面，黄婧(2009)采用系数法核算了清江流域范围内农业非点源污染的产生量及入河量，分散式畜禽养殖污染核算将各类畜禽养殖品种折算为标猪进行核算。周凯等(2010)采用产污系数法，基于河南省 2008 年畜牧业统计年报中的畜禽养殖量和根据相关研究确定的畜禽粪尿排放指标核算了 2008 年河南省主要畜禽粪便排放量。周亮等(2013)采用清单分析法核算了淮河流域畜禽养殖污染物的排放情况,其中排放系数和流失系数通过文献调研和试验结果借鉴,对相关流域及相近地区研究进行比较分析后最终确定。张吉香等(2015)采用产污系数法对湖南省 14 个市(州)农村地区的畜禽养殖污染产生的 COD、总氮和总磷的产生量和产生强度进行了核算,核算过程中参考相关研究确定了畜禽养殖产污系数。张关超(2017)采用输出系数法(排污系数法)对河南省畜禽养殖污染特征进行了研究,其中畜禽粪便排泄系数和畜禽粪便中污染物平均含量均采用《全国规模化畜禽养殖业污染情况调查及防治对策》中推荐的畜禽粪便排泄系数,由此计算出每头(只)畜禽每年排泄粪便中污染物含量,核算畜禽粪便进入水体的流失率时参考南京环境科学研究所(1977 年)对畜禽养殖场粪便流失进行的研究,畜禽粪便进入水体的流失率,粪为 5%~9%,尿为 50%。

(2)入河系数。

畜禽养殖排放的粪便和污水并非都能进入水体,养殖场周围是否有河道,距河道的距离和坡度、途中的植被覆盖情况等都是影响因素,一部分污染物在进入河道的过程中被净化掉。

2000 年年底,国家环境保护总局启动了一项面向全国 23 个省、自治区、直辖市的规模化畜禽养殖业污染情况调查,从全国来看,畜禽粪便进入水体的流失率:粪为 2%~8%,尿为 50%。洪华生等(2008)对九龙江流域畜禽养殖污染进行了试验研究,得出了畜禽粪便进入水体的流失率。其中,牛粪、牛尿的流失率,猪粪、家禽粪 COD、氨氮的流失率与南京环境科学研究所的研究结果一致;猪粪总氮流失率为 1.085%,总磷流失率为 0.175%,猪尿的流失率为 25%,家禽粪总氮流失率为 1.19%,总磷流失率为 1.16%,远小于南京环境科学研究所的研究结果。黄婧(2009)采用系数法核算了清江流域范围内分散式畜禽养殖污染物入河量,其中入河系数为 12%。周亮等(2013)采用清单分析法核算了淮河流域畜禽养殖污染物的排放情况,确定了猪、牛、羊、家禽粪和尿的 COD、总氮、总磷的流失系数。张关超(2017)采用输出系数法(排污系数法)对河南省畜禽养殖场粪便流失进行研究,畜禽粪便进入水体的流失率:粪为 5%~9%,尿为 50%。

目前,在畜禽养殖污染物入河量核算过程中多采用南京环境科学研究所 1977 年对畜禽养殖场粪便流失进行的研究结果,该研究结果距今已有 30 余年,畜禽养殖条件和农村河流水系情况发生了较大变化,不能准确反映当前畜禽养殖污染物入河实际情况,在核算分散式畜禽养殖污染入河量时需要根据研究区域养殖实际情况和养殖场距河距离等进行核实。

4.4　城镇地表径流面源

4.4.1　入河量核算方法研究

现有的城市地表径流污染负荷计算方法一般分为三类,一是根据地表径流的水质水量同步监测数据计算负荷的浓度法;二是分析大量的实测资料,直接建立污染负荷与有关影响因素相关关系的统计方法(包括纯经验方法);三是对污染产生过程进行模拟,建立模型计算的方法(以概念性模型为主)(李家科等,2010)。

4.4.1.1　**浓度法**

浓度法是根据地表径流污染负荷的基本概念得出的。地表径流污染负荷是指由一场降水或一年中的多场降水所引起的地表径流排放的污染物的总量。由一场降水所引起的地表径流排放的污染物的总量称为次降水污染负荷,而由一年中的多场降水所引起的地表径流排放污染物的总量称为年污染负荷。由于地表径流排污的随机性使得次降水污染负荷的代表性很差,所以通常采用的是年污染负荷。

由于地表径流测试过程一般很难做到连续监测,且在任意一场降水引起的地表径流过程中,降水强度随机变化,径流中污染物的浓度随时间变化很大(呈数量级的变化),所以采用"径流平均浓度 EMC"进行计算。EMC 的定义为:任意一场降水引起的地表径流中排放的某污染物质的质量除以总的径流体积。年污染负荷计算公式为:

$$L_y = 0.001 \sum_{i=1}^{m} (EMC)_i \varphi_i A_i P_i$$

式中,L_y 为年降水污染负荷(g);$(EMC)_i$ 为第 i 场降水的 EMC 浓度(mg/L);φ_i 为第 i 场降水的地表径流系数;A_i 为第 i 场降水的集雨面积(m^2);P_i 为第 i 场降水的降水量(mm);0.001 为单位换算因子。

但在计算地表径流年污染负荷时,需要知道一年内每场降水的径流量及 EMC 值,这是很难做到的,于是在一些计算模型中常采用年平均降水量和多场降水的径流平均浓度来计算年污染负荷。李恒鹏等(2006)指出年污染负荷根据多场降水的径流污染物平均浓度和年径流量计算年污染负荷,该简易模型要求的参数较少。简易模型的年污染负荷为:

$$L = RCA \times 10^{-6}$$

式中,L 为年负荷量(kg);R 为年径流量(mm);C 为径流污染物平均浓度(mg/L);A 为集水区面积(m^2)。

径流污染物浓度要求能代表该城市径流平均浓度值,其数值可以从当地城市径流资料中获得。不同地区的地表污染状况和气象条件存在差异,不同地区城市地表径流浓度的变化范围很大,在对特定城市的地表径流进行分析时,应慎重选择参数,氨氮流失量按照总氮流失量的10%进行估算。

年径流量 R 由下式确定:

$$R = P\Psi$$

式中,P 为年降水量(mm);Ψ 为综合径流系数。

根据现行《室外排水设计规范》(GB 50014),得到不同类型城镇的综合径流系数:城市建筑密集区 0.60~0.85,城市建筑较密集区 0.45~0.60,城市建筑稀疏区 0.20~0.45。

夏晓树等(2007)根据贵州省以乡镇为基本行政单元的主要土地利用类型、降水径流等实测资料,利用简易模型计算城市地表径流污染负荷。郝守宁(2014)以丹江口水库临近三个省份的汉中、安康、商洛、十堰、南阳 5 个市的调查数据为依据,使用简易模型计算地表径流污染的 COD 和氨氮的产生量。

4.4.1.2　统计类模型

统计类模型包括华盛顿政府委员会方法、按监测降水量占年降水量的比例估算城市径流污染负荷、计算年污染负荷的美国国家环境保护局模型、累积—冲刷模型、输出系数模型、公路路面径流污染负荷模型等。统计类模型要求输入资料少,应用简便,本书主要介绍使用频次较多的统计模型。

1. 华盛顿政府委员会方法

1987 年,美国学者提出了一种称为简便方法的计算模型,用于估算城市开发区污染物排放量,这种方法是基于美国 NURP(国家城市径流污染研究计划)在华盛顿地区所得到的数据而开发的一种方法。模型如下:

$$L_t = [C_F \times \varphi \times A \times P \times C] \times 0.01$$

其中,L_t 为计算时段 t 内径流排放污染负荷(kg);C_F 为对不产生地表径流的降水进行校正的因子(产生径流的降水事件占总降水事件的比例),如果一年中 90%的降水产生径流,则 $C_F=0.9$,在计算一次降水事件的污染物排放量时,$C_F=1.0$;φ 为径流区平均径流系数,m^3 径流量/m^3 降水量,取决于多方面的因素,其中流域不透水率 I 是最重要的因素,经验关系式为:$\varphi=0.05+0.009\times I$;$A$ 为径流集雨面积,hm^2;P 为计算时段 t 内的降水量,mm;C 为污染物的径流量加权平均浓度,mg/L,在美国,C 值可从当地城市暴雨资料中获得,我国目前尚缺乏城市暴雨径流污染物浓度的资料;0.01 为单位换算因子。

王业雷(2008)采用该模型对南昌市城区径流污染指标负荷量进行了估算,在对不同功能区的径流污染指标的估算结果表明,TSS、COD_{Cr}、NH_3-N、TP、Cu、Zn、Pb、Cd 等指标的负荷量最高出现在交通区;在不同的降水强度下,污染物的负荷是不一样的,随着降水强度的增加而变大。赫守宁等(2014)根据研究区域实际情况,结合各行政区的城市类型、降水量、非农业人口、建成区面积等,并考虑影响城市径流的几个因素,分别进行系数修正。根据流域各行政区的基础数据以及城市地表径流污染负荷的简易模型,结合地形、人口、面积、降水等修正系数,从而得出流域各行政区的 COD、氨氮、总氮、总磷四项指标污染负荷状况。

2. 按监测降水量占年降水量的比例估算城市径流污染负荷

如果某地的降水径流监测资料有限,则可按监测降水量占年降水量的比例估算城市径流污染负荷,计算模型如下:

$$L_y = 0.001\frac{\sum_{i=1}^{m}(C_i\Delta Q_i\Delta T_i)}{\sum_{i=1}^{m}(\Delta t_i I_i A_i)}$$

式中,L_y 为年降水污染负荷[$kg/(hm^2 \cdot a)$];C_i 为对应 Δt_i 的地表径流样品中污染物浓度(mg/L);ΔQ_i 为对应 Δt_i 时段的径流量(m^3/h);Δt_i 为采样时段(h);A_i 为集水流域面积(hm^2);I_i 为 Δt_i 时段的降水强度(mm/h);m 为采样次数;0.001 为单位换算因子。

该式给出了利用多次降水径流测试数据估算年污染负荷的近似方法,在国内也得到较多的应用。赵剑强(2002)根据对西安市城市道路路面径流的测试数据,采用上述模型估算西安市城市道路路面径流年排污负荷。张媛(2005)采用此模型估算兰州市区地表径流污染总负荷。王和意(2005)采用上述城市地表径流污染负荷估算模型和试验实测数据,对上海市不同屋面材料的屋面径流污染指标年负荷量进行估算。

3. 计算年污染负荷的美国国家环境保护局模型

单位负荷法是指依据城市不同土地功能区类型、人口数量、街道清扫频率、降水量等数据,给定不同功能区的非点源污染物源强,结合各功能区面积,计算城市非点源污染负荷。美国国家环境保护局开发了一套用于城市规划设计时,估算降水径流年平均污染负荷量的模型,是基于美国国家环境保护局多年的监测数据统计得到的经验公式。该方法如下:

对分流制排水系统,单位面积年污染负荷量的计算公式为:

$$M_S = \alpha PsF$$

对合流制排水系统,单位面积年污染负荷量的计算公式为:

$$M_C = \beta PsF$$

式中,M_S、M_C 分别为分流制及合流制排水系统的年污染负荷量[kg/(hm^2·a)];α、β 分别为分流制及合流制排水系统污染负荷因子,其值通过查表求得;P 为年降水量(mm);s 为街道清扫的效率系数,当两次清扫之间的时间间隔 $N_S \leq 20$ 日,$s = N_S/20$;当 $N_S > 20$ 日,$s = 1.0$;F 为人口密度因子,对特定的土地利用地区,F 是人口密度 D(人/hm^2)的函数,可按下式计算:

住宅区 $F = 0.142 + 0.134D^{0.54}$

商业区或工业区 $F = 1.0$

其他 $F = 0.142$

若要在年污染负荷量的基础上估算污染物平均浓度,需要知道年径流量即可计算。

徐志勇(2011)针对天津市建成区进行了非点源污染状况调查,在此基础上采用修正的单位负荷法对非点源污染负荷量进行了估算。该方法对城市不同用地类型上的污染物浓度参数直接给定,其数值对典型城市地区具有一定的代表意义。2006 年夏天天津市环境保护科学研究院进行实地降水径流监测,对市中心区降水过程中地表径流的水质进行实地监测,通过中心城区实测污染物浓度计算出的负荷与该方法计算的负荷进行比较得出修正系数(COD:1.20;NH_3-N:1.29)。

4. 累积—冲刷模型

累积—冲刷模型的理论基础是污染物在晴天时积累于地表,在随后的降水径流过程中,一部分被冲刷进入排水系统。累积的过程取决于地表使用类型、当地的气象条件、交通状况等因素。冲刷过程取决于降水强度、降水历时、地表剪切力等因素。王丽(2008)采用累积—冲刷模型,对江苏省海安县城区地表径流污染负荷进行了研究,得到各次降水径流污染负荷、次降水径流平均浓度。

4.4.1.3 概念模型

目前,国内外使用的城市非点源水质模型主要有 SWMM(暴雨管理模型)、HSPF(水文模型程序-FORTRAN)、STORM(城市地表径流数学模型)、DR3M-QUAL(扩散式雨水径流模型-水质)、MOUSE、WASP、POLLUTE、Wallingford 等,其中当前影响较大、应用较广的

4 个机制模型是 SWMM、HSPF、STORM、DR3M-QUAL，如表 4-6 所示。每个模型都有自己的优缺点和适用范围，对于不同的地区，可根据模型特点、研究区域特点、研究目标的特点和对模型应用的熟练程度选择最佳模型和软件。

表 4-6　城市非点源污染的概念模型特点

类型	内容	适用范围
SWMM 模型（暴雨管理模型）	1971 年研发，美国国家环境保护局是主要的开发提供者。SWMM 能够模拟包括径流过程、管道输送过程、出水及水处理过程及污染物输运过程等。模拟主要变量包括水量（水文过程线和径流量）、水质参数（包括总氮、COD_{Cr}、正磷酸盐、TSS 等）	主要适用于城市区域的综合性水量、水质模拟程序，可以模拟连续或一次降水过程。整个模型模拟复杂程度性较高，对数据和操作人员要求较高。小的复杂的城市集水区，更适合选用 SWMM 模型
HSPF 模型（水文模拟程序-FORTRAN）	1980 年美国国家环境保护局开发。模拟综合性水文水质过程，模拟变量为径流率、泥沙负荷、氮、农药以及用户定义的污染物浓度的时间序列，能进行流域模拟，模拟连续或一次暴雨过程；既可以模拟一般的污染物，又可以模拟有机有毒污染物	主要适用于城市区域的综合性水量、水质模拟程序，整个模型模拟复杂程度性较高，对数据和操作人员要求较高
STORM 模型（城市地表径流数学模型）	1977 年由美国陆军工程兵团水文工程中心提出并应用于城市和非城市子集水区域的降水—汇流—水质模型。该模型可用来分析雨水水量和水质变化，给出暴雨事件中产生的雨水水量和水质的统计资料及污染物迁移变化过程。STORM 模型中，雨水水量的计算是利用了三种相对的简单方法之一，即系数法，利用比例公式来估算水量，包括混合雨水系数和地面储水允许量；美国国土保护局的曲线数学技术已广泛应用于美国农村小集水区域；上述两种方法可结合使用，前一种方法用于非渗透性地面，而后者用于渗透地面	该模型对城市和农村集水区域均适用，尤其是大的集水区，且可用较长的时间步长计算
DR3M-QUAL（扩散式雨水径流模型-水质）	1970 年由美国地质勘查局开发。模拟的主要过程为市区的降水、径流、水质变化过程，该模型模拟的主要特征是可以模拟任何时间的暴雨情况，还可以模拟一组暴雨（忽视当中的旱季情况）	模拟净雨类型为连续、单次，可以模拟排水系统流程，可以溢流模拟，不能进行调节池、溢流模拟，对数据和操作技术人员要求一般，整个模型的复杂程度也一般

SWMM 模型是最早提出并最广为人知的城市降水径流污染模型之一，潘璐(2018)在掌握武汉城市校园区降水径流污染特征的基础上，通过前期收集的学校地形地貌图、排水管网图、高程图等资料，结合土地利用图，通过子汇水区划分及排水管网系统概化，建立基于 SWMM 的湖北工业大学降水径流水量水质模型，根据实测数据及国内外相关的研究经验对模型参数进行率定，以分析校园区在不同的降水条件(降水强度、降水雨型)下的差异，模拟所研究校园区内的降水径流水量水质变化规律；预测设计水文年(丰、平、枯水年)下的降水径流污染负荷，同时考虑点源污染负荷，计算校园区排污受纳水体巡司河的污染负荷总量。

城镇地表径流污染负荷估算方法及适用范围如表 4-7 所示。

表 4-7 城镇地表径流污染负荷估算方法及适用范围

<table>
<tr><th colspan="2">方法</th><th>内容</th><th>优点</th><th>缺点</th><th>适用范围</th></tr>
<tr><td colspan="2">浓度法</td><td>用地表径流量与该污染物浓度的乘积得到某种污染物的径流污染负荷，根据地表径流的水质水量同步监测数据计算负荷</td><td>参数少，操作性强，应用简便</td><td>实际应用中很难知道一年内每场降水的径流量及径流平均浓度值</td><td>常采用年平均降水量和多场降水的径流平均浓度来计算年污染负荷</td></tr>
<tr><td rowspan="3">统计类模型</td><td>华盛顿政府委员会方法</td><td>估算降水径流年平均污染负荷量的简便模型</td><td rowspan="3">统计类模型要求输入资料少，应用简便</td><td rowspan="3">估算降水径流年平均污染负荷量，获得结果的精确性相对不高</td><td>至少要对 15~20 场降水径流的实测计算得到的径流平均浓度才能够较为准确地代表该地的多场降雨径流平均浓度，从而才能进一步准确计算地区的径流污染年负荷值</td></tr>
<tr><td>按监测降水量占年降水量的比例估算城市径流污染负荷</td><td>利用多次降水径流测试数据估算年污染负荷的近似方法</td><td>某地的降水径流监测资料有限</td></tr>
<tr><td>美国国家环境保护局模型</td><td>基于美国国家环境保护局多年的监测数据统计得到分流制和合流制排水系统经验公式</td><td>适用于分流制和合流制排水系统</td></tr>
</table>

续表 4-7

<table>
<tr><th colspan="2">方法</th><th>内容</th><th>优点</th><th>缺点</th><th>适用范围</th></tr>
<tr><td rowspan="4">概念模型</td><td>SWMM</td><td>暴雨管理模型</td><td rowspan="4">能较准确计算地区的径流污染年负荷值</td><td rowspan="4">模型要求输入资料多，难于直接应用，对模型适用者要求高</td><td>主要适用于城市区域的综合性水量、水质模拟程序，可以模拟连续或一次降水过程</td></tr>
<tr><td>HSPF</td><td>水文模拟程序-FORTRAN</td><td>流域模型，模拟连续或一次暴雨过程；既可以模拟一般的污染物，又可以模拟有毒有机污染物</td></tr>
<tr><td>STORM</td><td>城市地表径流数学模型</td><td>主要适用于模拟城市化地区的离散降水过程；也可用于非城市化地区和模拟 1 年以上较长时间序列</td></tr>
<tr><td>DR3M-QUAL</td><td>扩散式雨水径流模型-水质</td><td>可以模拟任何时间的暴雨情况，还可以模拟一组暴雨（忽视当中的旱季）情况</td></tr>
</table>

虽然不同评估方法有其不同特点，但概念模型方法都需要大量的基础数据，所得的结果才能更接近客观实际；统计类模型评估方法操作简单，但获得结果的精确性相对不高。由于我国对城镇径流研究较少，资料缺乏，国外的多数城镇径流模型难于直接应用，因此建议城镇地表径流面源污染负荷评估选用估算方法，即选择可操作性强的浓度法、统计类模型（估算降水径流年平均污染负荷量的简便模型、利用多次降水径流测试数据估算年污染负荷的近似方法、分流制和合流制排水系统经验公式），通过城镇地表径流污染的不同来源、降水径流水质、河流断面水质监测等数据资料来选用污染负荷模型。

4.4.2　相关系数确定研究

当对城镇地表径流污染物进行入河量的核算时，将降水量作为主要影响因素考虑进去，即使在同一个流域，受到降水特征等因素的影响，入河系数也会有差异。入河系数的核算方法主要有距离法和试验法。

4.4.2.1　距离法

以每一块面源的形心作为产污点，量取形心经河道到排污口的距离，确定入河系数，估算入河量。对于平均散布在纳污范围内的多块面源发生地，可以考虑根据整个纳污范围的形心到排污口的距离确定入河系数，估算入河量。可参考农村生活源入河量计算方法。

4.4.2.2　试验法

降水时,监测排污口入河前的污染物量 W_p 减去面源的入河量 W_n,除以面源的产污量,即为该区域面源的入河系数,用于面源入河量估算。

程红光(2006)以黑河流域为研究区,利用河道实测径流量、泥沙负荷和非点源污染调查资料,对所建的非点源污染 SWAT 模型进行了参数率定,对不同降水条件下农田、城镇、草地、灌木及森林等土地利用类型的各亚流域氮的入河系数进行了研究,其中城镇地表径流的污染物入河系数见表 4-8。

表 4-8　不同降水条件下城镇地表径流的污染物入河系数

降水量(mm)	吸附态氮	溶解态氮
400~600	0.774	0.908
601~800	0.796	0.914
801~1 000	0.805	0.911
1 001~1 200	0.809	0.913
1 201~1 400	0.811	0.915
>1 400	0.822	0.917

徐志勇(2011)在开展天津市非点源污染状况调查时,选取城市非点源污染物入河系数为 0.68。张倩等(2013)在资料不全且无法进行试验的地区,为了估算污染物进入目标水体的负荷,需要充分利用易获得的数据,使用污染源普查数据和土地利用数据,同时考虑距离对污染物入河过程的影响,来估算水环境控制单元内的污染物入河量。

4.5　水土流失面源

4.5.1　入河量核算方法研究

目前,有关水土流失面源污染物的研究多集中在对水土流失面源污染物负荷量(流失量)的核算上,采用的主要核算模型大致可以分为两种,一种为输出系数模型,一种为经典的采用较多的泥沙污染负荷估算模型。

4.5.1.1　输出系数模型

李根等(2008)采用经降水影响系数修正后的输出系数模型全面系统地评估了 2000 年我国因土壤侵蚀产生的非点源污染负荷。其修正后的输出系数模型为:

$$L = \frac{R_j}{\overline{R}} \sum_{i=1}^{m} E_i A_i$$

$$R_k = 1.735 \times 10^{\left(1.5 \times \lg \frac{P_k^2}{P} - 0.8188\right)}$$

$$R = \sum_{k=1}^{12} R_k$$

式中,L 为各类土地某种污染物的总输出量(kg/a);E_i 为第 i 种土地利用类型的该种污染物输出系数[kg/(hm^2 · a)];A_i 为第 i 种土地利用类型的面积(hm^2);R_j 为第 j 年的降水侵蚀因子;$\bar{R}$ 为多年平均降水侵蚀因子;R_k 为当年第 k 月的降水侵蚀因子;P_k 为当年第 k 月的降水量(mm);P 为年降水量(mm)。

4.5.1.2　泥沙污染负荷估算模型

王丹等(2015)基于土壤侵蚀模数和泥沙输移比构建了泥沙负荷量和吸附态污染负荷的估算模型,估算了近 20 年三峡库区吸附态氮、磷污染负荷。其估算模型如下:

$$Q = D_r XA$$

$$W_x = QC_x\eta$$

式中,Q 为泥沙负荷量(t/a);D_r 为泥沙输移比;X 为土壤侵蚀模数;A 为库区面积(km^2);W_x 为吸附态污染负荷(t/a);C_x 为土壤中氮磷的背景含量(g/kg);η 为吸附态污氮磷的土壤富集比(无量纲)。

其中,泥沙输移比是在一定的时段内通过河流或沟道某一断面的实测输沙量与该断面以上流域总侵蚀量之比。

实际水土流失污染负荷与水土流失中入河的泥沙量有直接关系,相同的土地利用类型和土壤类型,若其流失泥沙量不同,则其水土流失类面源污染负荷必不相同,因此输出系数法不能清楚地表示泥沙流失量与其负荷之间的关系,相对来说,泥沙污染负荷估算模型更加适用。

李怀恩等(2003)指出营养物在土壤中的迁移转化过程及其随泥沙迁移的过程非常复杂,受土壤性质、吸附解吸、侵蚀过程、径流形成、植物吸收等多方面因素的影响。实践中,考虑到颗粒态污染物迁移是土壤侵蚀与泥沙输移的一部分,许多研究者常常采用富集比概念,通过建立污染负荷与泥沙之间的关系来估算污染负荷,一般表达式为:

$$Y_i = S_{is}ER_iY_s$$

式中,Y_i 为第 i 种污染物的负荷量或浓度;S_{is} 为流域内土壤表层中第 i 种污染物的含量;ER_i 为第 i 种污染物的富集比,即河流某断面或流域出口处泥沙中该种污染物的含量与泥沙来源的土壤中污染物含量的比值;Y_s 为河流某断面或流域出口处的输沙量或含沙量。

4.5.1.3　吸附态氮磷污染估算模型

胥彦玲等(2005)、杨胜天等(2006)利用吸附态氮磷污染估算模型估算出了污染物流失量和吸附态氮磷污染负荷。其采用的估算模型如下:

$$C_a = AQ_a\eta \times 10^{-6}$$

式中,C_a 为吸附态非点源污染物流失量(t/a);A 为土壤侵蚀量(t/a);Q_a 为流失土壤中的氮磷污染物背景含量(mg/kg);η 为污染物富集比(无量纲)。

4.5.2　相关系数确定研究

利用泥沙污染负荷模型估算水土流失面源污染入河量,需要确定泥沙中氮磷污染物的富集系数和泥沙进入河流后氮磷的入河系数。目前关于泥沙面源污染负荷核算中氮磷富集系数的选取有少许研究,但其入河系数因涉及较为复杂的吸附和解析过程尚无明确的研究成果。

胥彦玲等(2005)认为氮和磷的富集比通常为 1~4,而且多数在 2 附近变动。李强坤(2008)经过研究指出在降水径流的侵蚀作用下,土壤颗粒从原位启动以后,所携带的污染物经过了汇流迁移、降解吸附、河流悬移质中含量与床沙含量间不断交换等多个复杂过程,其中机制非常复杂,难以详细描述。不同的污染物在这一系列变化过程当中由于迁移机制不同,床沙中的污染物含量也就不同。氨氮在迁移过程中是一个聚集的过程,床沙中的氨氮浓度是流域内土壤中平均浓度的 2.193 倍,而硝酸盐氮和总磷相对是一个降解、解吸过程,床沙中的硝酸盐氮浓度是流域内表层土壤中平均浓度的 0.527、总磷浓度是流域内表层土壤中平均浓度的 0.747。王丹等(2015)认为泥沙中吸附态氮磷的土壤富集比取值为 1.77。第三次全国水资源调查评价(2017)推荐的总氮富集比为 2.0~4.0,总磷富集比为 2.0。

4.6　本章小结

目前,农村生活、农田、分散式畜禽养殖面源污染物入河量核算方法以产排污系数法最为常用,在使用过程中需确定污染源中污染物的产生浓度、利用率、处理率等参数,可通过试验的方法或参阅相关研究成果确定。对于入河量的核算,需要确定入河系数,一般是根据实地调研情况结合相关研究成果确定。城镇地表径流面源和水土流失面源根据研究区域特征,选择适宜的核算方法。

第 2 篇　典型区域面源污染物入河量调查与核算实践

研究选取典型区域为河南省宿鸭湖水库、陆浑水库、南湾水库、彰武水库、尖岗水库流域以及南阳市共 6 个互相独立的区域,涉及海河、黄河、淮河、长江四大流域。五个水库中宿鸭湖水库和陆浑水库分别是典型的平原区大型水库和山区大型水库;南湾水库和彰武水库分别是典型的南方山地丘陵区大型水库和北方山地丘陵区中型水库;尖岗水库是典型的城市近郊中型水库;南阳市为行政区域。各区域地理区位、人口、地形地貌、降水量、农业种植、畜禽养殖等背景状况不一,具有区域代表性。

第 5 章　典型区域面源污染物入河量调查

5.1　汇水区域划分

汇水区域又称集水区域、集水盆地、流域盆地，是指地表径流或其他物质汇聚到一个共同的出水口的过程中所流经的地表区域，是一个封闭的区域。就湖库而言，其汇水区域是指地表径流或其他物质汇聚到湖库的过程中所流经的地表区域。

汇水区域划分是面源污染调查与估算的基础和前提，通过汇水区域的划分明确面源污染调查与估算的范围及涉及的村镇、河流等。

以 ArcGIS 为辅助工具，绘制水域对应的陆域汇水区域。ArcGIS 中的水文分析模块能运用数字高程模型数据 DEM(Digital Elevation Model，简称 DEM)进行河流网络提取和汇水区域划分。汇水区域划分过程如下：

(1)获取研究区域 DEM 高程图：从公开数据服务平台获得各研究区域 30 m 分辨率的 DEM 高程图。

(2)DEM 高程图预处理：填充洼地得到无洼地的 DEM，使研究区域 DEM 高程数据适用于水文分析工具。

(3)划分流域分区图：应用 ArcGIS 的水文分析工具，经流域分析后得到研究区域的流域分区图。水文分析主要包括加载无洼地的 DEM 数据、水流方向分析、计算汇流累积量、提取河流网络以及流域分析等 5 个环节。汇水区域划分步骤见图 5-1。

(4)划分汇水区域：将通过 GPS 定位校正的各研究区域实际河流数据叠加到流域分区图上，结合研究区域等高线地形图，采用 GIS 中的 Editor 绘图工具绘制研究区域的汇水区域。

5.2　调查点位的选择

5.2.1　点位选择原则

调查点位的选择遵循以下原则：

(1)代表性原则。典型区域内涉及的乡镇、村庄较多，选择时在兼顾全面性的基础上还应坚持代表性的原则。根据区域内不同的社会经济发展状况、河流水系分布、地理地貌等选择有代表性的乡镇、村庄进行调查。

(2)灵活性原则。实地调查中可能遇到的问题是多种多样的，并且存在较大的不确定性。调查过程中对于调查点位的选择应该坚持灵活性的原则，对于原定调查点位在实际开展过程中不太适合开展调查时及时进行调整。

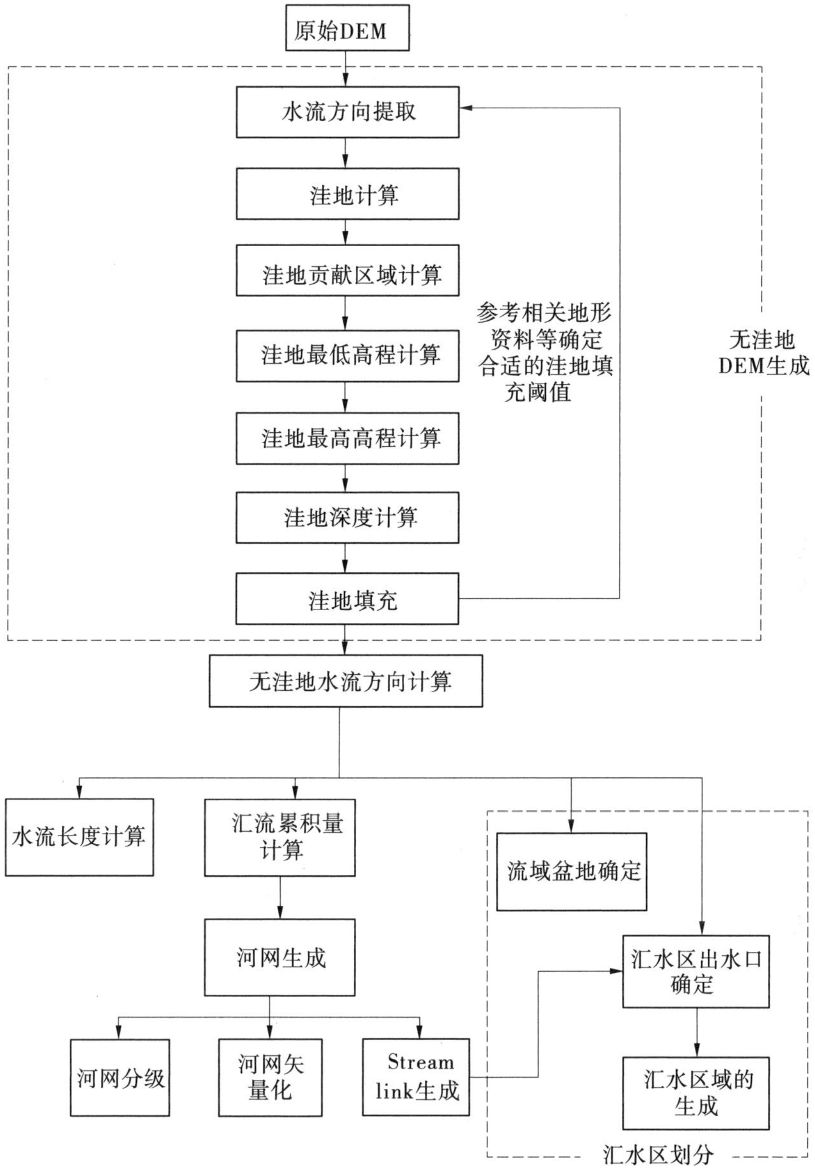

图5-1　汇水区域划分步骤

(3)实用性原则。一些山地、丘陵地区交通条件较差,调查点位选择时应当坚持实用性的原则,尽可能地提高调查效率,避免选择偏远、人口较少、调查价值不大的乡镇或者村庄开展调查。

5.2.2　点位选择方法

(1)社会经济基础数据的初步分析。

收集调查区域内乡镇级别的社会经济基础数据,包括常住人口、畜禽养殖状况、农药化肥施用情况等。对研究区域社会经济发展状况有整体的把握,分析区域内常住人口较多、畜禽养殖较为集中、农药化肥施用量较大的乡镇。

(2)污染物治理现状初步研判。

收集调查区域内现有的生活污水治理设施和生活垃圾处理设施的名称、位置、设计处理规模、实际处理规模、服务范围等，对研究区域整体的污染物治理状况进行初步研判，梳理现有污染物治理状况较差的乡镇。

(3)主要河流水系梳理。

收集研究区域河流水系分布图，细化至研究区域内骨干河流的二级支流，根据河流水系分布分析研究区域内水系较为丰富的乡镇。

(4)筛选调查点位。

根据流域内的乡镇数量情况，优先选择全部或绝大部分面积位于研究区域内、常住人口较多、畜禽养殖较为集中、农药化肥施用量较大、污染物治理现状较差、河流水系较为丰富的乡镇作为实地调查的备选乡镇。原则上每个乡镇选择 2~3 个行政村进行调查，每个行政村选择 8~10 户进行入户调查。行政村的选择遵循均布性的原则，重点选择有主要河流流经的，兼顾镇区东南西北四个方位上的行政村。

5.3　调查方法

典型区域面源污染物入河量调查主要采用现场调查法和资料收集法。

对于各类面源污染，调查过程中均应收集所需的相关数据资料。对于农村生活、农田、分散式畜禽养殖面源，除了收集资料，还应着重开展现场调查。到达当地镇政府之后先了解所在镇人口情况、供用水情况、生活污水和垃圾处理情况、农村厕所改造情况、农业种植情况、畜禽养殖情况等。而后开展入村调查，入村之后先赴村委会向书记或村主任了解本村人口、农村生活、农业种植等基本情况，再进行入户调查。

城镇地表径流、水土流失面源污染主要以资料收集法为主。现场调查过程中可对调查路线行经之处的城市建设状况、地形地貌、植被覆盖、土壤侵蚀状况进行直观调查了解。

5.4　主要调查内容

5.4.1　现场调查

现场调查以农村生活、农田、分散式畜禽养殖三种面源污染类型为主，主要调查内容如下：

(1)农村生活面源污染情况调查。

每个调查村庄选择 2~3 户实地查看农户的污水收集和处理设施、垃圾收集及处理设施、厕所建设情况等，同时调查农户的一些基本信息，包括用排水情况、垃圾产生处理情况等。具体调查内容见附表 1。对于有集中外排水出水口的住户进行外排水出水口的定位。

(2)农田面源污染情况调查。

农田面源污染情况调查选用入户问卷调查。入户问卷调查主要是选取研究区域内有代表性的村庄,对农户进行入户调查,调查内容主要包括(人均)耕地面积,农作物种植类型,各类农作物施肥次数、种类、名称及单位面积施肥量,各类农作物农药喷洒次数、种类、名称及单位面积喷洒量。调查表见附表2。调查布点要考虑区域代表性,遵循以下原则:覆盖整个研究区域;在研究区域内重点河流及湖库周边适当增加调查点数;要涉及区域内所有耕地类型。每个调查村庄选择2~3户开展入户调查,与农村生活面源污染调查同步进行。对于农田区域集中退水口或排涝口进行定位。

(3)分散式畜禽养殖面源污染调查。

选择典型区域内的典型村庄、不同养殖类型的畜禽养殖户,座谈了解并现场调查不同养殖类型的饲养条件、饲养周期、畜禽粪便污水的收集情况、畜禽粪便污水的处理和利用情况、畜禽养殖户与河距离、养殖户周边地形等,调查表见附表3。在各乡镇对接时,首先了解本乡镇有无分散式畜禽养殖的集中分布区域,入村后对周围分散式畜禽养殖情况进行了解,选取分散式畜禽养殖点进行入户调查,样本数量的选择结合实际情况确定。对于分散式畜禽养殖的粪污储存场所、处理场所进行定位。

5.4.2　资料收集

面源污染物入河量调查核算所需基础数据资料较多,数据来源以政府部门发布的年鉴、报告及相关监测数据等为主,个别资料以实地调查作为补充。面源污染物入河量调查与核算所需收集的主要数据资料如表5-1所示。

表5-1　面源污染物入河量调查与核算所需收集的主要数据资料

核算类别	数据类别	数据来源	数据时间
农村生活面源污染	农村人口	《河南省统计年鉴2017》;各市、县2017年统计年鉴	2016年
农田面源污染	农作物种植面积	《河南省统计年鉴2017》;各市、县2017年统计年鉴	2016年
	化肥施用量	《河南省统计年鉴2017》;各市、县2017年统计年鉴;当地统计部门收集	2016年
	农药施用量	实地调查	2017年、2018年
分散式畜禽养殖面源污染	分散式畜禽养殖数量	各市、县2017年统计年鉴;当地统计部门收集	2016年、2017年
城镇地表径流面源污染	县级以上建成区面积	相关县(市、区)政府工作报告	2016年
	县级以上建成区绿地覆盖率	相关县(市、区)政府工作报告	2016年
	降水量	当地气象部门监测数据	2016年

续表 5-1

核算类别	数据类别	数据来源	数据时间
水土流失面源污染	泥沙流失量	《中国河流泥沙公报 2017》; 《长江泥沙公报 2017》; 《2014—2015 年河南省水土保持公报》	2015 年、2017 年
	土壤表层氮磷含量	中国土种数据库	2014 年

第 6 章　典型区域面源污染物入河量核算

6.1　农村生活面源

6.1.1　核算方法

农村生活面源污染物核算主要采用产排污系数法，通过核算污染物的产生量、排放量（流失量）和入河量，来确定流域/区域农村生活面源污染情况。农村生活面源污染物核算思路如图 6-1 所示。

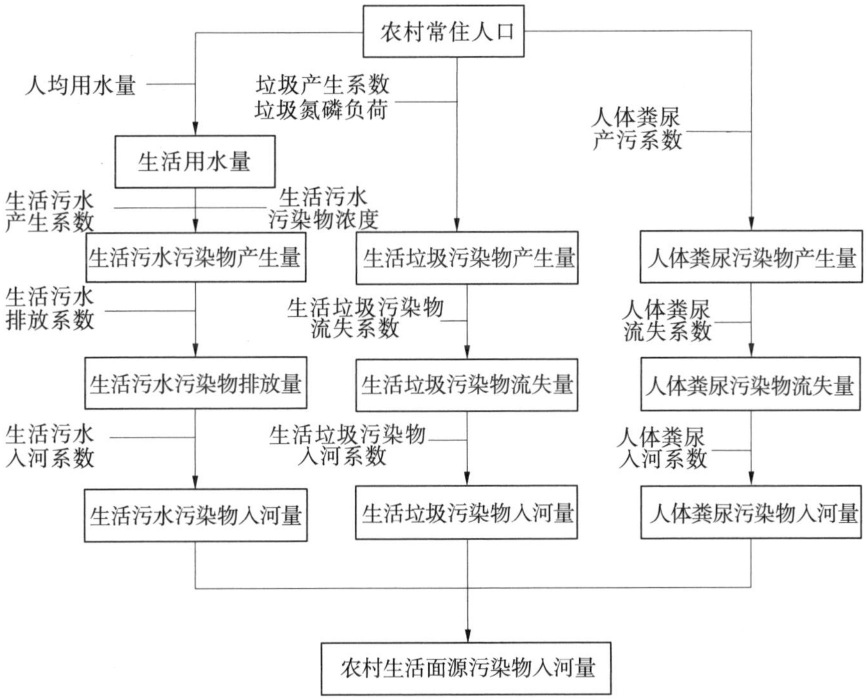

图 6-1　农村生活面源污染物核算思路

农村生活污染来源于生活污水、生活垃圾和人体粪尿三部分，采用产排污系数法测算区域农村生活污水、生活垃圾和人体粪尿的产生、排放量。

6.1.1.1　农村生活污染物产生量核算

农村生活污染物产生量采用产污系数进行核算，核算公式如下：

$$W_{产生} = W_{污水产生} + W_{垃圾产生} + W_{粪尿产生}$$

$$W_{污水产生} = R_p \times P_w \times S_{污水} \times C_{污水} \times 0.01$$
$$W_{垃圾产生} = R_p \times S_{垃圾} \times C_{垃圾} \times 0.01 \times 365$$
$$W_{粪尿产生} = R_p \times S_{粪尿} \times 10$$

式中，$W_{产生}$为农村生活污染物产生量，t/a；$W_{污水产生}$为农村生活污水污染物产生量，t/a；$W_{垃圾产生}$为农村生活垃圾污染物产生量，t/a；$W_{粪尿产生}$为人体粪尿污染物产生量，t/a；R_p为农村常住人口，万人；P_w为农村人均用水量，m^3/(a·人)；$S_{污水}$为污水产生系数；$C_{污水}$为污水污染物浓度，mg/L；$S_{垃圾}$为人均垃圾产生系数，kg/(人·d)；$C_{垃圾}$为生活垃圾析出污染物负荷，g/kg；$S_{粪尿}$为人体粪尿产污系数，kg/(a·人)。

6.1.1.2 农村生活污染物排放量核算

生活污染物排放量是在生活污染物产生量的基础上，结合污染物排放系数核算得到，公式如下：

$$W_{排放} = W_{污水排放} + W_{垃圾排放} + W_{粪尿排放}$$
$$W_{污水排放} = W_{污水产生} \times E_{污水}$$
$$W_{垃圾排放} = W_{垃圾产生} \times E_{垃圾}$$
$$W_{粪尿排放} = W_{粪尿产生} \times E_{粪尿}$$

式中，$W_{排放}$为农村生活污染物排放量，t/a；$W_{污水排放}$为农村生活污水污染物排放量，t/a；$W_{垃圾排放}$为农村生活垃圾污染物排放量，t/a；$W_{粪尿排放}$为人体粪尿污染物排放量，t/a；$E_{污水}$为农村生活污水污染物排放系数；$E_{垃圾}$为农村生活垃圾污染物排放系数；$E_{粪尿}$为人体粪尿污染物排放系数。

6.1.1.3 农村生活污染物入河量核算

采用入河系数法核算农村生活污染物入河量，公式如下：

$$W_{入河} = W_{污水排放} \times R_{污水入河} + W_{垃圾排放} \times R_{垃圾入河} + W_{粪尿排放} \times R_{粪尿入河}$$

式中，$W_{入河}$为农村生活污染物入河量，t/a；$R_{污水入河}$为农村生活污水污染物入河系数；$R_{垃圾入河}$为农村生活垃圾污染物入河系数；$R_{粪尿入河}$为人体粪尿污染物入河系数。

6.1.2 相关系数确定

6.1.2.1 产生系数

1. 农村污水产生系数

污水产生系数是污水产生量占用水量的比例，农村生活污水产生系数与农户卫生设施水平、用水习惯、排水系统完善程度等因素有关。

(1)《河南省农村生活污水治理技术导则(试行)》(2018 年 8 月发布)。

根据《河南省农村生活污水治理技术导则(试行)》，农村污水产生系数一般取 50%～80%，包括灰水和经过化粪池处理过的黑水，产生系数可取上限，只包含灰水时，产生系数可取下限。

(2)《华北地区农村生活污水处理技术指南》(中华人民共和国住房和城乡建设部，2010 年 9 月发布)。

根据《华北地区农村生活污水处理技术指南》，农村生活污水产生系数为 0.33～0.39，远低于城市居民生活污水的产生系数。其原因是村民生活习惯的影响，和一部分用过后仍比较清洁的水被直接利用,没有排入下水道。因此,河南省农村居民生活污水产生系数可参考表6-1。

表6-1　河南省农村居民生活污水产生系数

收集特点	系数
全部生活污水混合收集进入污水管网	0.8
只收集全部灰水进入污水管网	0.5
只收集部分混合生活污水进入污水管网	0.4
只收集部分灰水进入污水管网	0.2

根据住房和城乡建设部2017年发布的《农村生活污水处理设施技术标准(征求意见稿)》,农村生活污水产生量一般为总用水量的40%~80%,有洗衣污水室外泼洒、厨房污水喂猪等习惯的地方可取下限值,排水设施完善的地方可取上限值。

根据现场调查情况,宿鸭湖水库流域内约有80%的农户生活污水通过简易管渠直接排放,约20%的农户生活污水直接泼洒到房前屋后地面上。结合流域内农村生活污水排放实际情况,参考相关技术指南中对农村生活污水排放系数的规定,确定宿鸭湖水库流域内农村生活污水产生系数为0.4。

陆浑水库所涉及的栾川县农村生活污水产生系数为0.4,陆浑水库所涉及的嵩县农村生活污水产生系数为0.2。

南湾水库流域内农村生活污水尚未统一建设收集管网,部分农户通过简易沟管排放到环境中,这类农户约占60%;剩下部分农户将生活污水直接泼洒到房前屋后在地面上蒸发掉,这部分农户所占比例约为40%,综合确定南湾水库流域农村生活污水产生系数为0.4。

彰武水库流域农村尚未建设排水管网,农户生活污水主要通过户用管道排出户外,进入户外的排水沟,通过下渗和蒸发过程,污水很少进入河道,部分靠近河道的农户将生活污水通过户用管道排入河道,对河流水质产生一定的影响,综合确定彰武水库流域范围内农村生活污水产生系数为0.2。

尖岗水库流域内多数农村地区排水管网尚未完全普及,部分区域只收集部分混合生活污水进入污水管网,根据上述分析确定尖岗水库汇水区农村生活污水产生系数为0.35。

南阳市农村区域排水管网目前尚未普及,根据南阳市各县域城镇化率,将城镇化率较高区域(宛城区、卧龙区、西峡县、桐柏县、邓州市)农村生活污水产生系数定为0.4,将城镇化率相对较低区域(南召县、镇平县、内乡县、淅川县、社旗县、唐河县、新野县、方城县)农村生活污水产生系数定为0.2。

各典型区域农村生活污水产生系数如表6-2所示。

2.农村人均垃圾产生系数

1)人均垃圾产生系数

随着农村经济的发展和农民生活水平的提高,农村生活垃圾产生量快速增加,目前政府部门尚未出台相关文件对农村生活垃圾产生量进行明确,结合相关专家学者对农村生活垃圾产生量的实际取样调查,以及各典型区域实际情况确定流域内农村生活垃圾人均产生量。相关研究关于生活垃圾产排情况如表 6-3 所示。

表 6-2　各典型区域农村生活污水产生系数

<table>
<tr><th colspan="2">区域</th><th>农村生活污水产生系数</th><th colspan="2">区域</th><th>农村生活污水产生系数</th></tr>
<tr><td colspan="2">宿鸭湖水库</td><td>0.4</td><td colspan="2">彰武水库</td><td>0.2</td></tr>
<tr><td rowspan="2">陆浑水库</td><td>栾川县</td><td>0.4</td><td colspan="2">尖岗水库</td><td>0.35</td></tr>
<tr><td>嵩县</td><td>0.2</td><td rowspan="2">南阳市</td><td>宛城区、卧龙区、西峡县、桐柏县、邓州市</td><td>0.4</td></tr>
<tr><td colspan="2">南湾水库</td><td>0.4</td><td>南召县、镇平县、内乡县、淅川县、社旗县、唐河县、新野县、方城县</td><td>0.2</td></tr>
</table>

表 6-3　相关研究关于生活垃圾产排情况

相关研究	研究区域	生活垃圾产生量[kg/(人·d)]
靳琪(2015 年)	全国 21 个省份抽样调查	0.79(0.41~1.17)
岳波(2014 年)	全国 134 个村庄	0.76(东部 0.77,中部 0.98,西部 0.51)
冯庆(2009 年)	北京密云水库流域	0.88(0.73~1.50)
李志龙(2016 年)	12 省市 72 村镇	0.64
陈志明(2013 年)	广西农村	0.42

农村生活垃圾的产生量、组成成分等与经济发展水平、生活习惯、能源结构等因素有关,根据全国不同区域农村生活垃圾产生量的调查结果,结合区域经济社会发展水平,将陆浑水库、彰武水库、尖岗水库流域以及南阳市的农村人均生活垃圾产生量确定为 1.0 kg/(人·d);将宿鸭湖水库、南湾水库流域的农村人均生活垃圾产生量确定为 0.9 kg/(人·d)。

2)生活垃圾污染物析出负荷

刘东(2013)对各类垃圾历时 90 天的浸出试验研究结果为,混合生活垃圾的 COD 析出负荷为 44.31 g/kg,氨氮的析出负荷为 1.76 g/kg。秦哲(2017)对白洋淀内生活垃圾的浸出试验研究结果为,生活垃圾中 COD 的最大浸出量为 17.1 g/kg,总磷的最大浸出量为 0.96 g/kg,总氮的最大浸出量为 7.8 g/kg。

综合上述研究结果,确定各典型区域内生活垃圾的 COD、氨氮、总氮、总磷的析出负荷分别为 44.31 g/kg、1.76 g/kg、7.8 g/kg、0.96 g/kg。

3. 人体粪尿产污系数

参考蔡路灵(2017)等相关文献,确定各典型区域人体粪尿产生系数 COD 为 19.8

kg/(a·人),总氮为 3.06 kg/(a·人),总磷为 0.524 kg/(a·人)。

6.1.2.2　流失系数

1. 农村生活污水流失系数

农村生活污水的流失与有无排水设施密切相关,结合各典型区域的调查结果进行确定。宿鸭湖水库流域内约 80%农户的生活污水是通过简易沟渠直接排放的,另有约 20%的农户生活污水直接泼洒到庭院中,自然下渗到土壤中。

现场调查中发现宿鸭湖流域内各乡镇均未建设污水处理设施,调查的 22 个村庄(社区、居委会)中仅有 2 个建有化粪池,覆盖率为 9.1%,且村集体化粪池规模较小,仅能收集村中一少部分农户的生活污水,因此确定宿鸭湖水库流域内的农村生活污水流失系数为 98%。

结合调查情况将嵩县农村生活污水流失系数定为 95%;将栾川县农村生活污水流失系数定为 85%。

南湾水库流域内调查乡镇建有简易污水处理设施,临近乡镇的部分农户生活污水可以得到处理,但大部分农村生活污水未经处理直接排放即直接流失到环境中,因此确定南湾水库流域内的农村生活污水流失系数为 98%。

结合彰武水库流域的实际情况,确定彰武水库流域农村生活污水流失系数为 96%。尖岗水库流域农村生活污水流失系数为 96%。

南阳市城镇化率相对较高的宛城区、卧龙区、镇平县生活污水处理设施相对规范,将南阳市城镇化率较高区域(宛城区、卧龙区、西峡县、桐柏县、邓州市)农村生活污水流失系数定为 85%;将其余县域农村生活污水流失系数定为 95%。

2. 农村生活垃圾流失系数

根据现场调查情况,宿鸭湖水库流域内基本上所有乡镇的农村生活垃圾都实施了集中收集运输,各村庄中每几户农户门前放置一个垃圾收集箱,农户将垃圾放置到垃圾箱中。现场调查的村庄中,有 19 个村庄的生活垃圾收集后运到县城或市区垃圾填埋场处理,调查村庄中有 3 个未进行集中收集处理,利用人工挖掘或天然的土坑自行填埋,无任何防渗漏措施。考虑宿鸭湖水库流域农村生活垃圾收集运输处置的实际情况,确定宿鸭湖水库流域内农村生活垃圾流失系数为 10%。

结合调查情况将陆浑水库流域内嵩县农村生活垃圾流失系数定为 20%;将栾川县农村生活垃圾流失系数定为 10%。

南湾水库流域内大部分生活垃圾实现了集中收集处置,考虑南湾水库流域农村生活垃圾收集运输处置的实际情况,确定南湾水库流域内农村生活垃圾流失系数为 10%。

结合彰武水库流域的实际情况,确定彰武水库流域农村生活垃圾流失系数为 10%。尖岗水库流域农村生活垃圾溶出物流失系数为 5%。

南阳市城镇化率相对较高的宛城区、卧龙区、镇平县生活垃圾收集到位,将城镇化率较高区域(宛城区、卧龙区、西峡县、桐柏县、邓州市)农村生活垃圾流失系数定为 10%,将其余县域农村生活垃圾流失系数定为 20%。

3. 人体粪尿流失系数

现场调查发现,宿鸭湖水库流域内约有 20%的农户使用水冲厕,这部分人体粪尿随生活污水一起排放，在生活污水的排放部分考虑该部分人体粪尿的流失；另有约80%的农户使用旱厕，这部分人体粪尿主要有三种处置方式，约5%的旱厕粪尿用于沼气，约70%的旱厕粪尿还田用于农户菜地或作农田有机肥，约5%的旱厕粪尿被农户随意堆弃在农村粪堆上。综合流域内农户厕所类型和厕所粪尿处置方式，考虑农户随意堆弃在农村粪堆上的粪尿和作为有机肥施用到菜地农田流失到环境的比例，确定宿鸭湖流域内人体粪尿流失系数为10%。

结合调查情况将嵩县人体粪尿流失系数定为8.5%；将栾川县人体粪尿流失系数定为7.0%。南湾水库流域约有10%的农户使用水冲厕，这部分人体粪尿随生活污水一起排放，在生活污水的排放部分考虑该部分人体粪尿的流失；另有约90%的农户使用旱厕，这部分人体粪尿基本都被农户用作菜地或作农田有机肥。综合流域内农户厕所类型和厕所粪尿处置方式，考虑仅有作为有机肥施用到菜地农田的人体粪尿流失到环境，确定南湾水库流域内人体粪尿流失系数为8%。

结合彰武水库流域的实际情况，确定彰武水库流域人体粪尿流失系数为3.5%。

尖岗水库流域内改厕力度较高，流域内农田少，人体粪尿较少用于农家肥，人体粪尿流失系数定为7%。

南阳市城镇化率相对较高的区域（宛城区、卧龙区、西峡县、桐柏县、邓州市）人体粪尿流失系数定为7%；将其余县域人体粪尿流失系数定为8.5%。

典型区域农村生活污染流失系数见表6-4。

表6-4　典型区域农村生活污染流失系数　（%）

区域		生活污水	生活垃圾	人体粪尿
宿鸭湖水库		98	10	10
陆浑水库	栾川县	85	10	7
	嵩县	95	20	8.5
南湾水库		98	10	8
彰武水库		96	10	3.5
尖岗水库		96	5	7
南阳市	宛城区、卧龙区、西峡县、桐柏县、邓州市	85	10	7
	南召县、镇平县、内乡县、淅川县、社旗县、唐河县、新野县、方城县	95	20	8.5

6.1.2.3　入河系数

农村生活污染物入河系数的大小和村庄离河的远近、村庄周围地形、区域降水量等有关。本书通过分析相关学者对农村生活污染物入河系数的研究结果，结合各典型区域农村生活污染排放实际情况确定污染物入河系数。相关文献中农村生活面源污染物入河系数如表6-5所示。

表 6-5　相关文献中农村生活面源污染物入河系数

文献来源	基础入河系数分区		基础入河系数			入河系数修正
	分区	分区根据	生活污水	生活垃圾	人体粪尿	
桂平婧等(2015)	Ⅰ类	根据流经河流类型分区	0.35	0.1	0.1	地形修正为平原 1.0、丘陵 1.2、山地 1.5,降水量修正为 1.1~2.2
	Ⅱ类		0.3	0.075	0.075	
朱梅(2011)	A 类	根据是否有河流流经分区	0.3	0.1	0.1	平原县 1.0,丘陵县 1.2,山地县 1.5。降水量 300~400 mm,0.8;降水量 400~500 mm,0.9;降水量 500~600 mm,1.0;降水量 600~700 mm,1.1;降水量 700~800 mm,1.2
	B 类		0.25	0.075	0.075	
	C 类		0.2	0.05	0.05	

从上述相关学者的研究结果可以看出,生活污水的入河系数大于生活垃圾的入河系数,不同研究区域的农村生活污染入河系数相差较大。考虑典型区域内不同村庄与河道距离远近不同,其入河系数也应不同,根据是否有河流流经及流经河流类型把典型区域内的乡镇进行分类,有主要河流流经的、湖库周围(无护堤)有汇入河流流经的乡镇为 A 类,仅有主要河流支流流经的、湖库周围(无护堤)无汇入支流流经的乡镇为 B 类,无河流流经、湖库周围(有护堤)无入库支流流经的乡镇为 C 类。

典型区域各类乡镇农村生活污染物入河系数如表 6-6 所示。

表 6-6　典型区域各类乡镇农村生活污染物入河系数

典型区域	乡镇类别	不同类型污染物入河系数		
		生活污水	生活垃圾	人体粪尿
宿鸭湖水库	A	0.35	0.10	0.15
	B	0.3	0.075	0.10
	C	0.25	0.05	0.05
陆浑水库(栾川县)	A	0.25	0.075	0.075
	B	0.2	0.05	0.05
	C	0.1	0.05	0.05
陆浑水库(嵩县)	A	0.3	0.1	0.1
	B	0.25	0.075	0.075
	C	0.2	0.05	0.05
南湾水库	A	0.35	0.1	0.1
	B	0.30	0.075	0.075
	C	0.25	0.05	0.05

续表 6-6

典型区域	乡镇类别	不同类型污染入河系数		
		生活污水	生活垃圾	人体粪尿
彰武水库	A	0.30	0.1	0.1
	B	0.25	0.075	0.075
	C	0.20	0.05	0.05
尖岗水库	A	0.30	0.1	0.1
	B	0.25	0.075	0.075
	C	0.20	0.05	0.05
南阳市	A	0.3	0.1	0.1
	B	0.25	0.075	0.075
	C	0.2	0.05	0.05

除与河道的距离外，地形和降水量也是影响入河系数的重要因素，坡地更容易使农村生活污染物流入水体，丰沛的降水更容易把农村生活污染物冲刷到水体中。因此，对上述入河系数要根据不同的地形及降水量进行修正。

参考《全国水环境容量核定技术指南》关于坡度和降水的修正，对典型区域内各乡镇的入河系数进行修正，坡度在25°以上，修正系数为1.2~1.5；坡度在25°以下，修正系数为1.0~1.2；降水量为800~900 mm，修正系数取1.2，降水量为900~1 000，修正系数取1.3，降水量为1 000 mm以上，修正系数取1.4。

6.2　农田面源

6.2.1　核算方法

农田面源污染物入河量的核算思路是首先基于农田面源污染物现状调查，根据获得的各类化肥和农药的施用量核算氮、磷的施用纯量，即为农田面源污染物的产生量；然后根据不同耕地类型农田面源污染物的流失系数核算地表径流和地下淋溶两种方式的流失量，合计即为总的流失量；最后根据不同污染物的入河系数核算出各类农田面源污染物的入河量。农田面源污染物入河量核算思路如图6-2所示。采用分阶段输出系数模型核算农田面源污染物入河量，具体方法如下。

6.2.1.1　农田面源污染物产生量核算

调查统计施入农田的肥料及农药施用量，核算出氮素和磷素折纯量，即为农田面源污染物产生量，公式如下：

$$W_{产生} = W_{肥产生} + W_{药产生}$$

式中，$W_{产生}$为农田面源污染物产生量，t/a；$W_{肥产生}$为施肥产生的农田面源污染物量，即肥料

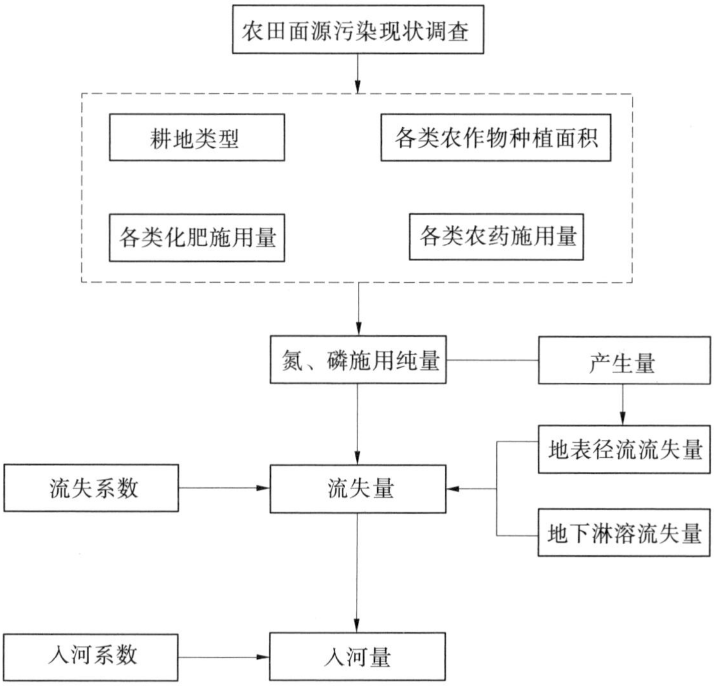

图 6-2　农田面源污染物入河量核算思路

施用纯量，t/a；$W_{药产生}$为施用农药产生的农田面源污染物量，即农药施用纯量，t/a。

6.2.1.2　**农田面源污染物流失(排放)量核算**

采用农田面源污染物流失(排放)量估算模型计算农田面源肥料、农药污染物流失量，包括地表径流流失量和地下淋溶流失量。

1. 地表径流流失量

地表径流流失量公式如下：

$$W_{径流流失} = W_{肥产生} \times E_{肥流失} + W_{药产生} \times E_{药流失}$$

式中，$W_{径流流失}$为农田面源污染物地表径流流失量，t/a；$E_{肥流失}$为施肥产生的污染物的地表径流流失系数；$E_{药流失}$为施用农药产生的污染物的地表径流流失系数。

2. 地下淋溶流失量

地下淋溶流失量公式如下：

$$W_{淋溶流失} = W_{肥产生} \times E'_{肥流失} + W_{药产生} \times E'_{药流失}$$

式中，$W_{淋溶流失}$为农田面源污染物地下淋溶流失量，t/a；$E'_{肥流失}$为施肥产生的污染物的地下淋溶流失系数；$E'_{药流失}$为施用农药产生的污染物的地下淋溶流失系数。

6.2.1.3　**农田面源污染物入河量核算**

采用入河系数法核算农田面源肥料、农药污染物入河量，公式如下：

$$W_{入河} = (W_{径流流失} + W_{淋溶流失}) \times R$$

式中，$W_{入河}$为农田面源污染物入河量，t/a；R 为农田面源污染物入河系数。

6.2.2 相关系数确定

农田面源污染物入河量核算所需确定系数为污染物的流失系数和入河系数。

6.2.2.1 流失系数

根据《第一次全国污染源普查—农业污染源 肥料流失系数手册》和《第一次全国污染源普查 农药流失系数手册》，初步确定不同耕地类型的基础流失系数。而后结合流域内各乡镇地形地貌、各区域降水量对基础流失系数进行修正。

选取《第一次全国污染源普查—农业污染源 肥料流失系数手册》中设置的黄淮海半湿润平原区相关肥料、农药流失系数，如表 6-7 所示。

表 6-7 农田肥料流失系数

典型区域	耕地类型	地表径流流失系数(%)			地下淋溶流失系数(%)		
		总氮	总磷	氨氮	总氮	总磷	氨氮
宿鸭湖水库	平地-旱地-大田两熟	0.95	0.375	0.123	1.393	—	0.038
	平地-旱地-园地	0.598	0.36	0.052	0.976	—	0.038
	平地-旱地-露地蔬菜	0.668	0.443	0.004	1.535	0.01	0.030
陆浑水库	平地-旱地-大田两熟	0.95	0.375	0.123	(大田小麦玉米两熟)1.393	—	0.038
					(大田其他两熟)1.534	—	0.166
	平地-旱地-大田一熟	0.563	0.350	0.020	0.767	—	0.020
	平地-旱地-园地	0.598	0.36	0.052	0.976	—	0.038
	平地-旱地-露地蔬菜	0.668	0.443	0.004	1.535	0.01	0.030
南湾水库	陡坡地-非梯田-横坡-旱地-园地	0.346	0.122	0.016	—	—	—
	平地-旱地-露地蔬菜	1.464	0.873	0.165	2.329	0.198	0.284
	平地-水田-单季稻	1.047	0.363	0.164	—	—	—
彰武水库	黄淮海半湿润平原区-平地-旱地-大田两熟	0.95	0.375	0.123	1.393	—	0.038
	黄淮海半湿润平原区-平地-旱地-园地	0.598	0.36	0.052	0.976	—	0.038
	黄淮海半湿润平原区-平地-旱地-露地蔬菜	0.668	0.443	0.004	1.535	0.01	0.030

续表 6-7

典型区域	耕地类型	地表径流流失系数(%)			地下淋溶流失系数(%)		
		总氮	总磷	氨氮	总氮	总磷	氨氮
尖岗水库	黄淮海半湿润平原区-平地-旱地-大田小麦玉米两熟	—	—	—	1.393	—	0.038
	黄淮海半湿润平原区-平地-旱地-露地蔬菜	0.668	0.443	0.004	1.535	0.010	0.030
	黄淮海半湿润平原区-平地-旱地-园地	0.598	0.360	0.052	0.976	—	0.038
	黄淮海半湿润平原区-平地-旱地-大田两熟及以上	0.950	0.375	0.123	—	—	—
南阳市	平地-旱地-大田两熟	0.95	0.375	0.123	1.393	—	0.038
	平地-旱地-园地	0.598	0.36	0.052	0.976	—	0.038
	平地-旱地-露地蔬菜	0.668	0.443	0.004	1.535	0.01	0.030

宿鸭湖水库流域内进行核算的 3 种农药中仅乙草胺位列其中,因此其余两种农药也选用乙草胺的流失系数,即“平地-旱地-大田两熟”模式中的地表径流流失系数为 0.072 6%,地下淋溶流失系数为 0.043 9%。

陆浑水库流域内进行核算的农药中仅乙草胺位列其中,其余农药也选用“乙草胺#地下淋溶#黄淮海半湿润平原区”模式下的相关流失系数,地下淋溶流失系数为 0.043 9%。经分析,手册中北方地区农药地表径流流失系数普遍为 0,因此陆浑水库的农药地表径流流失系数取为 0。

南湾水库流域内茶叶施用的草甘膦和丁醚·噻虫啉均不在其中,手册中在“南方山地丘陵区-陡坡地-非梯田-横坡-旱地-园地”模式下各类农药的流失系数均为 0。因此,对南湾水库流域内农药的流失量不予考虑。

彰武水库流域内进行核算的 3 种农药中仅乙草胺位列其中,因此其余两种农药也选用乙草胺的流失系数,采用“乙草胺#地下淋溶#黄淮海半湿润平原区-平地-旱地-大田小麦玉米两熟”中的乙草胺的地下淋溶流失系数为 0.043 9%,地表径流流失系数为 0。

尖岗水库流域内主要为林地,其次为耕地和经济果林,另有少量菜地,主要施用化肥和有机肥,几乎不打农药,因此不考虑农药流失。

南阳市的农药地下淋溶流失系数均选用“乙草胺#地下淋溶#黄淮海半湿润平原区”模式下的地下淋溶流失系数 0.043 9%,地表径流流失系数取为 0。

以上列出的为基础流失系数,地表径流流失系数的大小与区域地形和降水量等有直接关系,《第一次全国污染源普查—农业污染源　肥料流失系数手册》给出的流失系数是结合区域试验进行测算的,反映了不同区域的地形、降水影响。黄淮海地区只有平地的流失系数,因此依据《全国水环境容量核定技术指南》,结合各乡镇(街道)土地坡度情况对流失系数进行修正,土地坡度在 25°以下,修正系数为 1.0~1.2,土地坡度在 25°以上,修正系数为 1.2~1.5,据此给定流域内各乡镇的流失系数。

6.2.2.2 入河系数

目前,相关研究对农田面源污染入河系数的取值基本都在 0~0.1。区域地形、水系、降水量对入河系数均有影响。参考朱梅(2011)的研究结果,首先将各乡镇基础入河系数定为 0.1,再结合区域地形、降水、水系情况进行修正。

6.3 分散式畜禽养殖面源

6.3.1 核算方法

采用系数法核算分散式畜禽养殖面源污染物的入河情况,根据分散式畜禽养殖污染的形成过程,分散式畜禽养殖面源污染物的核算包括污染物产生量、排放量和入河量的核算。分散式畜禽养殖面源污染物入河量核算过程如图 6-3 所示。

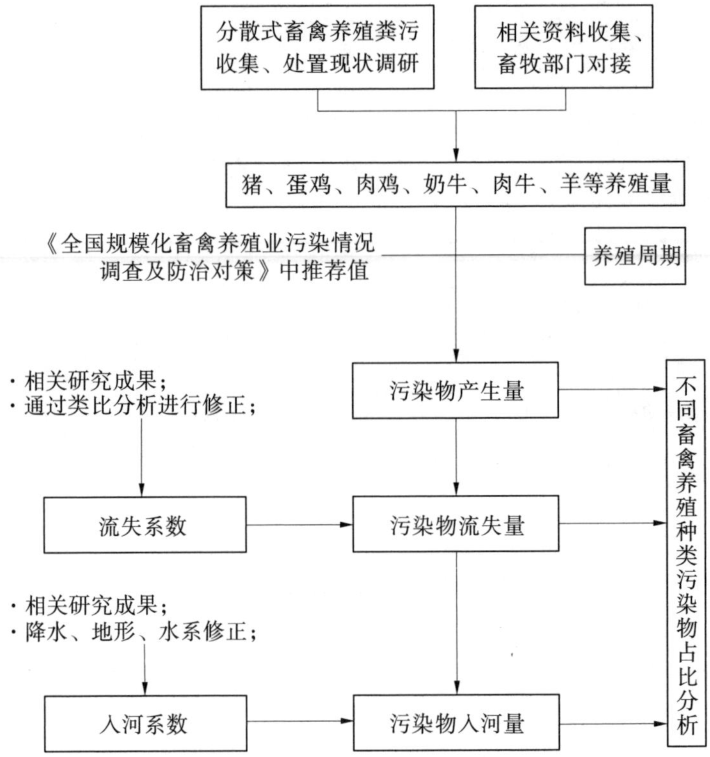

图 6-3　分散式畜禽养殖面源污染物入河量核算过程

6.3.1.1 分散式畜禽养殖面源污染物产生量核算

采用分散式畜禽养殖面源污染物产生量核算公式计算畜禽养殖产生的粪便及粪便中污染物的含量,即产生量,公式如下:

$$W_{产生} = \sum Q \times P \times S \times C \times 10^{-6}$$

式中，$W_{产生}$为畜禽养殖某种污染物产生量，t/a；Q 为某种畜禽的饲养数量，头或只；P 为该种畜禽的饲养周期，d；S 为该种畜禽的产污系数，kg/(头·d)；C 为该种畜禽粪便中该种污染物平均含量，kg/t。

6.3.1.2　分散式畜禽养殖面源污染物排放量核算

采用畜禽粪便污染物输出量核算模型计算排放到周围环境中的污染物，即排放量，公式如下：

$$W_{排放} = W_{产生} \times E$$

式中，$W_{排放}$为分散式畜禽养殖面源污染物排放量，t/a；E 为分散式畜禽养殖面源污染物的排放系数。

6.3.1.3　畜禽粪便污染物入河量核算

采用入河系数法核算畜禽粪便污染物入河量，公式如下：

$$W_{入河} = W_{排放} \times R$$

式中，$W_{入河}$为畜禽粪便污染物的入河量，t/a；R 为分散式畜禽养殖面源污染物的入河系数。

6.3.2　相关系数确定

6.3.2.1　产生系数

分散式畜禽养殖面源污染物产生系数是指在典型的正常生产和管理条件下，一定时间内，单个畜禽所产生的原始污染物量，包括粪尿量，以及粪尿中各种污染物的产生量。畜禽污染物排放系数是指在典型的正常生产和管理条件下，单个畜禽每天产生的原始污染物经处理设施削减或利用后，或未经处理利用而直接排放到环境中的污染物量。

随着畜禽养殖业环境问题的日益突出，各国纷纷研究制定了相关的产排污系数。美国农业工程师学会编制出版了《动物粪便产生的特性参数标准》，该标准给出了不同动物的产污系数；日本作为畜禽粪便污染防治立法最多的国家，不仅颁布了《关于畜禽排泄物的适当管理与有效利用的法律》和《畜禽排泄物的适当管理与有效利用的法律的执行细则》，而且在粪便特性和产排污系数方面有大量数据；丹麦出版有粪便产排污系数手册。中国在开展第一次污染源普查时，在 2009 年也发布了《第一次全国污染源普查　畜禽养殖业源产排污系数手册》，手册中给出了全国华北区、东北区、华东区、中南区、西南区、西北区等 6 大分区的猪、奶牛、肉牛、蛋鸡、肉鸡等 5 种畜禽在不同区域的产排放系数，给出的畜禽养殖业产污系数和排污系数涉及粪便产生量、尿液产生量、化学需氧量、总氮、总磷、铜、锌，其中排污系数按照畜禽养殖场、畜禽养殖小区和畜禽养殖户进行分类。

《全国规模化畜禽养殖业污染情况调查及防治对策》中给出了推荐的畜禽粪便产生系数和畜禽粪便中污染物平均含量(见表 6-8、表 6-9)。

表 6-8 分散式畜禽养殖面源污染物产生系数

项目	单位	牛	猪	羊	家禽
粪	kg/d	20.0	2.0	2.6	0.125
	kg/a	7 300.0	398.0	950.0	26.25
尿	kg/d	10.0	3.3	—	—
	kg/a	3 650.0	656.7	—	—
饲养周期	d	365	199	365	210

表 6-9 畜禽粪便中污染物平均含量 (单位:kg/t)

项目	COD	氨氮	总磷	总氮
牛粪	31.0	1.71	1.18	4.37
牛尿	6.0	3.47	0.40	8.0
猪粪	52.0	3.08	3.41	5.88
猪尿	9.0	1.43	0.52	3.3
羊粪	4.63	0.8	2.6	7.5
禽类	45.7	2.8	5.8	10.4

采用《全国规模化畜禽养殖业污染情况调查及防治对策》中确定的畜禽粪便产生系数和畜禽粪便中污染物含量,计算出每头(只)畜禽每年排泄粪便中污染物含量如表 6-10 所示。

表 6-10 每只(头)畜禽每年排泄粪便中污染物含量 [单位:kg/(头·a)]

项目		牛	猪	羊	禽
COD	粪	226.3	20.7	4.4	1.165
	尿	21.9	5.91	—	—
氨氮	粪	12.48	1.23	0.57	0.125
	尿	12.67	0.84	—	—
总氮	粪	31.9	2.34	2.28	0.275
	尿	29.2	2.17	—	—
总磷	粪	8.61	1.36	0.45	0.115
	尿	1.46	0.34	—	—

国内多位学者对畜禽养殖业产排污系数进行了研究,在畜禽产污系数的试验研究中,处于不同生长阶段的畜禽,其产污系数不同,不同畜禽种类的产污系数不同,考虑相关试验研究主要是对猪、奶牛等牲畜,鲜有对鸡、羊产污系数的研究。典型区域主要参考《全国规模化畜禽养殖业污染情况调查及防治对策》中给出的畜禽产污系数。

6.3.2.2　流失系数

国家环境保护总局在 2000 年年底启动了一项面向全国 23 个省、自治区、直辖市的畜禽养殖业污染情况调查，根据南京环境科学研究所对畜禽养殖场粪便流失进行研究，从全国来看，畜禽粪便的流失率：粪为 2%～8%，尿为 50%。全国畜禽粪便污染物流失率如表 6-11 所示。

表 6-11　全国畜禽粪便污染物流失率　(%)

污染物	牛粪	猪粪	羊粪	家禽粪	牛猪尿
COD	6.16	5.58	5.50	8.59	50
BOD	4.87	6.14	6.70	6.78	50
氨氮	2.22	3.04	4.10	4.15	50
总磷	5.50	5.25	5.20	8.42	50
总氮	5.68	0.34	5.30	8.47	50

根据对典型区域现场调查情况，以南京环境科学研究所对畜禽养殖场粪便流失进行的研究结果为基础，结合流域内畜禽粪便流失情况，确定典型区域内分散式畜禽养殖粪便流失率为 2%～8%，尿为 10%，具体如表 6-12 所示。

表 6-12　典型区域畜禽粪便污染物流失率　(%)

污染物	牛粪	猪粪	羊粪	家禽粪	牛猪尿
COD	6.16	5.58	5.50	8.59	10
BOD	4.87	6.14	6.70	6.78	10
氨氮	2.22	3.04	4.10	4.15	10
总磷	5.50	5.25	5.20	8.42	10
总氮	5.68	0.34	5.30	8.47	10

6.3.2.3　入河系数

畜禽养殖排放的粪便和污水并非都能进入水体，养殖场周围是否有河道、距河道的距离和坡度、途中的植被覆盖情况等都是影响因素，一部分污染物在进入河道的过程中被净化掉。进入水体的污染物称为入河量，入河量和排放量的比例为入河系数。

上海市环保局(2000)对集约化畜禽养殖场污染情况的调查发现，畜禽粪便进入水体的入河系数达 25%～30%。黄婧(2009)采用系数法核算了清江流域范围内农业非点源污染的产生量及入河量，分散式畜禽养殖污染入河量核算采用的入河系数为 12%。

上述研究中畜禽粪便污染物的入河系数没有扣除处理利用部分，入河系数应是指扣除处理利用部分流失到环境中的粪便进入水体的比例。流失到环境中的畜禽粪便有多大比例能够进入水体，主要取决于养殖场与河道的距离。与河道的距离远近可以用是否有河流流经来表示。根据是否有河流流经及流经河流类型，把典型区域内的乡镇进行分类，有主要河流流经的、湖库周围(无护堤)有汇入河流流经的乡镇为 A 类，仅有主要河流支流流经的、湖库周围(无护堤)无汇入支流流经的乡镇为 B 类，无河流流经、湖库周围(有护堤)无入库支流流经的乡镇为 C 类。典型区域内各类乡镇分散式畜禽养殖污染物入河系数如表 6-13 所示。

表 6-13　典型区域内各类乡镇分散式畜禽养殖污染物入河系数

典型区域	A 类乡镇	B 类乡镇	C 类乡镇
宿鸭湖水库	0.25	0.20	0.15
陆浑水库	0.20	0.15	0.10
彰武水库	0.20	0.15	0.10
南阳市	0.25	0.20	0.15

注:南湾水库、尖岗水库流域内不涉及分散式畜禽养殖。

除与河道的距离外,地形和降水量也是影响入河系数的重要因素,需结合实际情况进行修正。

6.4　城镇地表径流面源

6.4.1　核算方法

城镇地表径流面源污染物入河量核算思路见图 6-4。

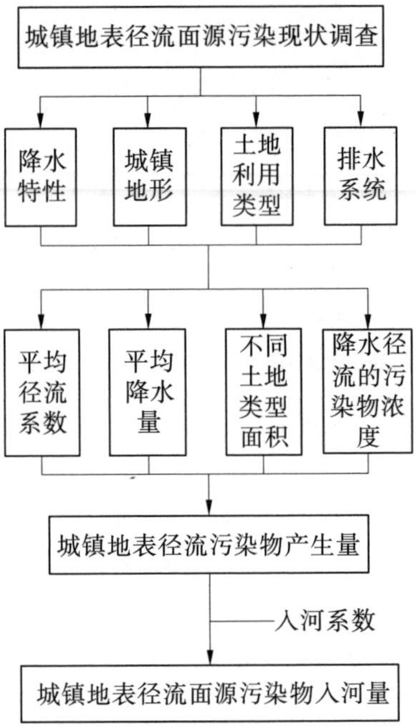

图 6-4　城镇地表径流面源污染物入河量核算思路

城镇地表径流的具体核算方法如下:

(1)城镇地表径流面源污染物排放量核算。

采用多场径流平均浓度和年平均降水量估算降水产生的径流所排放污染物的总质量,即城镇地表径流面源污染物排放量,公式如下:

$$W_{排放} = C_F \times \psi \times A \times F \times C \times 0.001$$

式中，$W_{排放}$为城镇地表径流面源污染物排放量，t/a；C_F 为不产生径流的降水校正因子，也即产生径流的降水事件占总降水事件的比例，缺乏资料时取 0.9；ψ 为集水区平均径流系数，是径流量与降水量的比值；A 为集水区面积，km^2；F 为年平均降水量，mm；C 为多场降水径流平均浓度，mg/L；0.001 为单位换算系数。

(2)城镇地表径流面源污染物入河量核算。

采用入河系数法核算城镇地表径流面源污染物入河量，公式如下：

$$W_{入河} = W_{排放} \times R$$

式中，$W_{入河}$为城镇地表径流面源污染物入河量，t/a；R 为城镇地表径流面源污染物的入河系数。

6.4.2　相关系数确定

城镇地表径流面源污染物入河量核算需要确定的系数主要有城市建成区平均径流系数和城镇地表径流面源污染物的入河系数。

6.4.2.1　平均径流系数

《建筑给水排水设计规范》(GB 50015—2003)(2009 年版)给出了各种屋面、地面的雨水径流系数，如表 6-14 所示。

表 6-14　《建筑给水排水设计规范》(GB 50015—2003)(2009 年版)中各种屋面、地面雨水径流系数

屋面、地面种类	径流系数	屋面、地面种类	径流系数
屋面	0.90~1.0	干砖及碎石路面	0.40
混凝土和沥青路面	0.90	非铺砌路面	0.30
块石路面	0.60	公园绿地	0.15
级配碎石路面	0.45		

《室外排水设计规范》(GB 50014—2006)(2016 年版)给出了不同地面种类的径流系数，如表 6-15 所示，并给出了各类区域的综合径流系数取值范围，如表 6-16 所示。

表 6-15　《室外排水设计规范》(GB 50014—2006)(2016 年版)中各种屋面、地面雨水径流系数

屋面、地面种类	径流系数	屋面、地面种类	径流系数
各种屋面、混凝土和沥青路面	0.85~0.95	干砌砖石或碎石路面	0.35~0.40
大块石铺砌路面或沥青表面的各种碎石路面	0.55~0.65	非铺砌土路面	0.25~0.35
级配碎石路面	0.40~0.50	公园或绿地	0.10~0.20

表 6-16　《室外排水设计规范》(GB 50014—2006)(2016 年版)中不同区域综合径流系数

区域情况	径流系数
城镇建筑密集区	0.60~0.70
城镇建筑较密集区	0.45~0.60
城镇建筑稀疏区	0.20~0.45

可以看出,对于城市建成区来说,下垫面的类型、透水性能决定了径流系数的大小。屋面、混凝土和沥青路面的径流系数相对较大,公园绿地的径流系数最小。结合目前的城市建设现状,城市建成区内屋面、混凝土和沥青路面、公园绿地占比较大,城市道路基本全部实行硬化,仅有部分人行道采用块石或碎石铺砌路面。因此,流域内涉及城市建成区的平均径流系数采用绿地与其他区域加权平均的方法进行计算。绿地的径流系数取 0.15,城市建成区除绿地以外的区域径流系数选取表 6-16 中城镇建筑密集区对应的系数 0.65,县级建成区除绿地以外的区域径流系数选取表 6-16 中城镇建筑较密集区对应的系数 0.50。通过下式计算城市建成区平均径流系数:

$$\psi = \psi_{绿地} \times \eta_{绿地} + \psi_{非绿地} \times (1 - \eta_{绿地})$$

式中,ψ 为城市建成区平均径流系数;$\psi_{绿地}$ 为绿地径流系数;$\eta_{绿地}$ 为城市建成区内绿地率(%);$\psi_{非绿地}$ 为城市建成区内绿地以外区域径流系数。

经计算,典型区域内各县(市、区)城市建成区平均径流系数如表 6-17 所示。

表 6-17　典型区域内各县(市、区)城市建成区平均径流系数

序号	行政区	平均径流系数	序号	行政区	平均径流系数
宿鸭湖水库流域					
1	驿城区	0.48	3	确山县	0.41
2	遂平县	0.38			
陆浑水库流域					
1	嵩县	0.37	2	栾川县	0.36
彰武水库流域					
1	林州市	0.42			
南阳市					
1	南阳市区	0.43	7	社旗县	0.37
2	南召县	0.37	8	唐河县	0.38
3	西峡县	0.37	9	新野县	0.39
4	镇平县	0.37	10	方城县	0.38
5	内乡县	0.41	11	邓州市	0.39
6	淅川县	0.39			

注:南湾水库、尖岗水库流域内不涉及城镇地表径流。

6.4.2.2　入河系数

城镇降水径流产生后会经管道、沟渠等途径汇入河流,城镇地表径流入河系数的大小与城市建成区地形、河道距离、建成区内雨水管道建设情况等有直接关系。

雨水管网覆盖率越高,则雨水径流越易通过管网进入河流;若雨水管网覆盖率较低,则降水径流只能通过路面漫流、沟渠通道等入河,损失较多。依据《全国水环境容量核定技术指南》,雨水收集管网覆盖率在 30%以下,取管网修正系数为 0.6;覆盖率在 30%~

50%的，取修正系数为 0.8；覆盖率在 50%～70%的，取修正系数为 1。根据目前城市建设情况，新城区基础设施配套较为完善，一般均有雨水管网，但一些老城区，尤其是县级的老城区基础设施建设不完善，雨水管网配套不完善。典型区域内市级建成区的雨水管网修正系数取为 0.8，县级建成区的雨水管网修正系数取为 0.6。

产生降水径流后，其汇入河流过程中经过的距离也会影响其入河量。依据《主要水污染物总量分配指导意见》，污染源产生污染到入河口的距离小于 1 km 的，修正系数为 0.1；位于 1～10 km 的，取 0.9；位于 10～20 km 的，取 0.8；位于 20～40 km 的，取 0.7；大于 40 km 的，取 0.6。

宿鸭湖水库流域内驿城区、遂平县、确山县建成区内分别有练江河、汝河、小沙河及其支流流经，修正系数均取为 0.9。

陆浑水库流域内栾川县、嵩县建成区分别有伊河水库和陆浑水库，修正系数均取为 1.0。

彰武水库流域内林州市建成区修正系数取为 0.9。

南阳市区、社旗县、南召县、唐河县、内乡县、新野县、淅川县、西峡县、方城县、邓州市建成区均有长江流域支流流过，修正系数均取为 0.9。

通过下式计算城镇径流的入河系数：

$$R = R_{管网} \times R_{距离}$$

式中，R 为城镇地表径流入河系数；$R_{管网}$为雨水管网修正系数；$R_{距离}$为距离修正系数。

经计算，驿城区的城镇地表径流入河系数为 0.72，遂平县和确山县入河系数为 0.54。嵩县和栾川县的城镇地表径流入河系数为 0.6。林州市的城镇地表径流入河系数为 0.54。南阳市区城镇地表径流入河系数为 0.72，其他县级城市的城镇地表径流入河系数为 0.54。

6.5　水土流失面源

6.5.1　核算方法

水土流失面源污染物入河量的核算思路是首先基于国家及流域泥沙公报、水土保持公报、相关水土保持监测成果、区域调查成果，核算研究区域内泥沙流失量；然后根据中国土壤数据库数据、土壤监测数据确定研究区域内不同土壤类型的表层氮、磷含量；由泥沙流失量和土壤表层的氮、磷含量计算水土流失型面源污染物的流失量；确定水土流失型面源污染物的入河系数，计算入河量。其核算思路如图 6-5 所示。

采用水土流失面源污染物流失量研究领域应用较多的负荷估算模型对水土流失面源污染物流失量进行估算，其计算原理在于吸附态污染物的发生是以土壤侵蚀为运移载体的，同时其流失负荷也受到氮磷元素在土壤颗粒中的富集比例的影响，因此该模型的计算主要是通过泥沙负荷量、土壤中氮磷的背景含量和吸附态氮磷的土壤富集比三者之间的叠加得到的。最后，采用入河系数法对水土流失类面源污染物入河量进行核算。

(1)水土流失类面源污染物流失量。

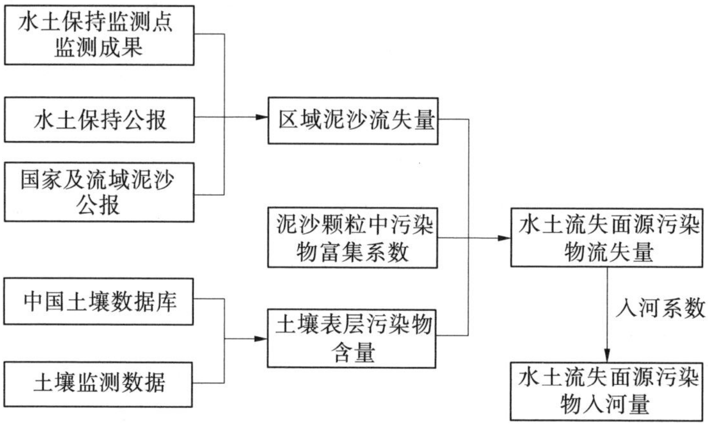

图 6-5 水土流失面源污染物入河量核算思路

水土流失类面源污染物流失量采用下式估算：

$$W_{流失} = W_{泥沙} \times C_{泥沙} \times e \times 10^{-6}$$

式中，$W_{流失}$是流域随泥沙运移流失的污染负荷，t/a；$W_{泥沙}$是流域内泥沙流失量，t/a；e 是污染物富集系数；$C_{泥沙}$是土壤中污染物平均含量，mg/kg。

(2)水土流失类面源污染物入河量核算。

采用入河系数法核算水土流失类面源污染物的入河量，公式如下：

$$W_{入河} = W_{流失} \times R$$

式中，$W_{入河}$为水土流失类面源污染物入河量，t/a；R 为面源污染物的入河系数。

6.5.2 相关系数确定

水土流失类面源污染物入河量核算需确定的系数包括土壤表层颗粒氮、磷的富集系数及泥沙颗粒挟带的污染物的入河系数。

(1)富集系数。

参考《第三次全国水资源调查评价技术细则》并结合相关研究推荐的富集系数，土壤表层颗粒上氮的富集系数为 3.0，磷的富集系数为 2.0。

(2)入河系数。

参考李强坤(2008)的研究，河流床沙中氨氮浓度是流域内土壤中平均浓度的 2.193 倍、硝酸盐氮浓度是流域内表层土壤中平均浓度的 0.527、总磷浓度是流域内土壤中平均浓度的 0.747，结合土壤表层泥沙颗粒氮、磷的富集系数可以估算出水土流失面源污染物中，总氮的入河系数为 0.5、总磷的入河系数为 0.6。

第 7 章　平原区大型水库面源污染物入河量调查与核算

7.1　区域特征

7.1.1　区域范围

根据汇水区域划分方法,结合驻马店市水系图、行政区划图,最终划定宿鸭湖水库的汇水区域。宿鸭湖水库汇水区域面积 4 426.6 km^2,全部位于驻马店市境内,涉及驿城区和遂平县、确山县、泌阳县、汝南县,49 个乡镇和县(市、区)辖街道,见表 7-1 和附图 2-1。

表 7-1　宿鸭湖水库汇水区域面积和涉及乡镇(街道)

涉及县(市、区)	流域内涉及面积(km^2)	涉及乡镇
驿城区	4 426.6	水屯镇、蚁蜂镇、沙河店镇、老河乡(94.78%)、板桥镇(92.53%)、诸市镇、胡庙乡、古城乡、关王庙乡、朱古洞乡、区辖街道
遂平县		嵖岈山镇(29.79%)、玉山镇(31.22%)、花庄镇(97.75%)、阳丰镇(90.38%)、文城乡、褚堂乡、常庄镇(25.05%)、石寨铺镇、县辖街道(86.06%)
确山县		竹沟镇、任店镇、新安店镇(39.99%)、留庄镇(93.62%)、刘店镇、瓦岗镇、石滚河镇、普会寺乡、县辖街道
泌阳县		付庄乡(80.79%)、贾楼乡(82.05%)、春水镇、黄山口乡(41.73%)、象河乡(83.37%)、玉店镇(22.64%)、杨家集乡(11.89%)、官庄镇(2.61%)、下碑寺乡
汝南县		张楼镇(58.51%)、罗店镇、韩庄镇、老君庙镇、三桥镇(18.71%)、金铺镇(6.70%)、东官庄镇、常兴镇(25.06%)、和孝镇(90.94%)、梁祝镇(30.52%)、县辖街道(9.72%)

7.1.2　自然环境概况

7.1.2.1　地理位置

宿鸭湖水库位于河南省驻马店市汝南县罗店镇东 2 km,淮河支流洪汝河水系汝河干流上。宿鸭湖水库流域全部位于驻马店市境内,基本覆盖驻马店市的中西部,整体上位于河南省中南部。

7.1.2.2 地形地貌

宿鸭湖水库流域大部分均位于平原地区,整体地势西高东低,西部为山地丘陵地貌,中东部为平原。西南部确山县有桐柏山余脉,西北部泌阳县和遂平县有伏牛山余脉。流域涉及的确山县和泌阳县山地较多,其余地区基本为平原地貌。

7.1.2.3 河流水系

宿鸭湖水库流域主要有汝河和臻头河两大水系(见附图 2-1)。主要河流包括汝河及其支流、臻头河及其支流、库西入库河流。流域内还包括板桥水库和薄山水库两座大型水库,依据《河南省人民政府办公厅关于印发河南省城市集中式饮用水源保护区划的通知》(豫政办〔2007〕125 号),板桥水库是驻马店市的饮用水水源地,同时是水利部认定的全国重要饮用水水源地名录中位于我省的 25 处之一;依据《河南省人民政府办公厅关于印发河南省县级集中式饮用水水源保护区划的通知》(豫政办〔2013〕107 号),薄山水库是驻马店市确山县的饮用水水源地。

汝河水系:汝河是洪河的重要支流,发源于泌阳县五峰山,汇入宿鸭湖水库前流经驿城区和泌阳、遂平、汝南三县。从流向上看,汝河源于泌阳县境内黄山口乡东北大寨子北麓,过象河流向东南,经春水、毛胡张入板桥水库,出水库经沙河店至梨树湾出县境,再折向东北,经遂平、入汝南,于汝南县城西北固庄汇入宿鸭湖水库。板桥水库的入库支流较多,有春水河、曹庄河、双山河等,板桥水库以下汝河主要支流有口门河、石头河、黄溪河、赵文献河、阳丰河、李秀河等。

臻头河水系:臻头河为淮河北岸支流汝河的分支,发源于确山与泌阳交界的千眼岭,流经确山、汝南两县,于汝南县老君庙镇东北汇入宿鸭湖,全长 135 km。其上游确山县境内有薄山水库。薄山水库以上其主要支流有竹沟河、何大庙河、芦庄河,薄山水库以下其主要支流有胡寨河、十里河、邓河、小沙河(陶河)、吕岗河等。

库西入库河流:宿鸭湖水库西侧河流水系发达,有众多小支流经水库西侧湿地汇入宿鸭湖。主要河流有韩溪河、练江河、冷水河(楚铺河)、小清河等。

7.1.2.4 水资源概况

1. 降水量

依据历年河南省水资源公报和宿鸭湖水库流域各县(区)降水量监测数据,分析驻马店市和宿鸭湖水库流域 2011~2016 年降水量的变化趋势,如图 7-1 所示。从降水量上看,宿鸭湖水库流域可以反映出驻马店市的一般性特征,无明显不一致之处。

驻马店市 2016 年降水量为 935.6 mm,位居全省 18 个省辖市第 2,仅次于信阳市,比全省 787.1 mm 的平均值高出 18.87%。宿鸭湖水库流域 2016 年降水量为 927.36 mm,两者基本相当。

从近几年变化情况看,驻马店市 2014 年降水量最高,达到了 970.3 mm,其次是 2016 年,其余年份相差不大。驻马店市 2011~2016 年平均降水量为 770.98 mm,宿鸭湖水库流域 2011~2016 年降水量均值为 795.12 mm,稍高于驻马店市。

依据宿鸭湖水库流域各县(区)降水量监测数据,分析 2011~2016 年宿鸭湖水库流域

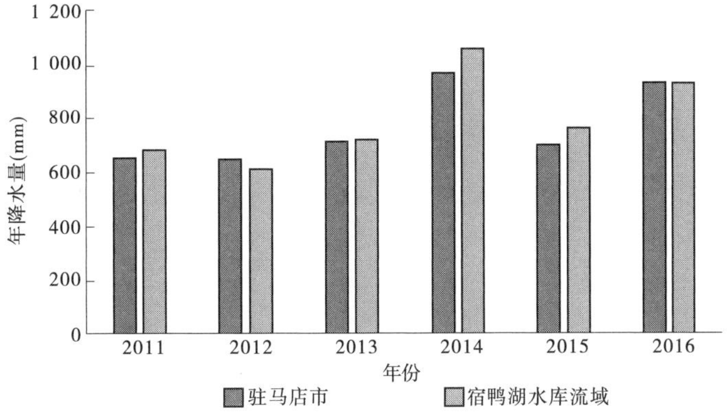

图7-1　2011~2016年降水量变化趋势

各县(区)降水量变化趋势,如图7-2所示。可以看出,各县(区)之间差别并不大。2016年,驿城区、遂平县、汝南县、确山县、泌阳县年降水量分别为970.7 mm、829 mm、1 021.4 mm、988.4 mm、827.3 mm,各县(区)降水量的高低顺序为汝南县>确山县>驿城区>遂平县>泌阳县。

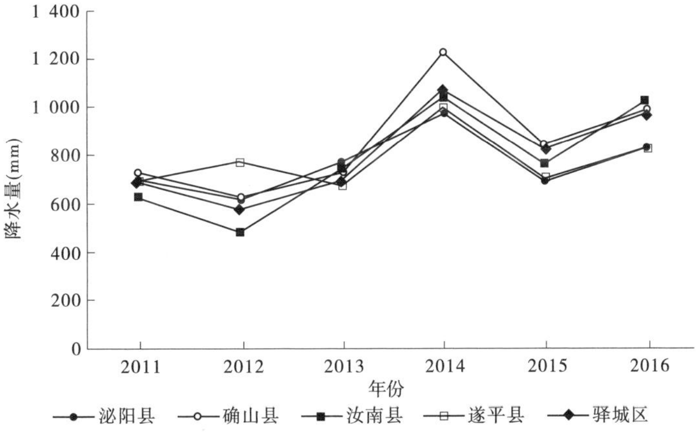

图7-2　2011~2016年宿鸭湖水库流域内各县(区)降水量变化趋势

2. 水库蓄水量

宿鸭湖水库流域内主要水库有宿鸭湖水库、板桥水库和薄山水库,均为大型水库。依据2013~2016年河南省水资源公报分析这3座水库近年来年末蓄水量的变化情况,如图7-3所示。可以看出,3座水库近年来的蓄水量均呈现波动变化,相较于2013年,板桥水库2016年的蓄水量减少了19.73%,宿鸭湖水库和薄山水库分别增加了35.38%和42.77%。就2016年情况看,宿鸭湖水库蓄水量最高,其次为薄山水库,最后是板桥水库。

3. 水资源总量

依据2011~2016年历年河南省水资源公报分析驻马店市水资源总量、地表水资源量、地下水资源量的变化趋势,如图7-4所示。可以看出,驻马店市近几年水资源量整体

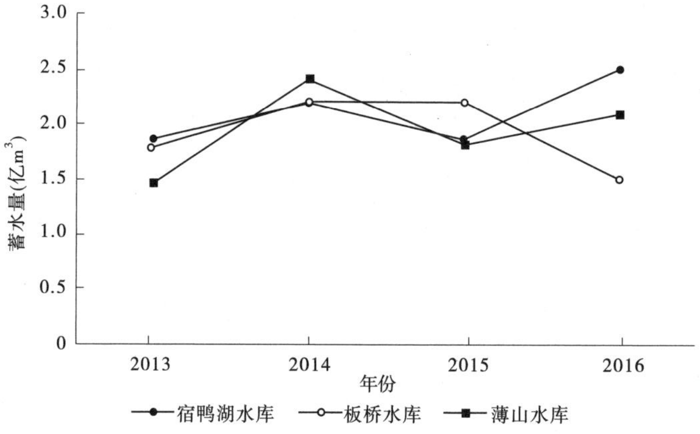

图 7-3　2013~2016 年宿鸭湖水库流域主要水库蓄水量变化趋势

呈上升趋势。相较于2011年,2016年水资源总量达38.63亿 m^3,增加了97.99%;地表水资源量达21.18亿 m^3,增加了98.07%;地下水资源量达24.99亿 m^3,增加了75.87%。

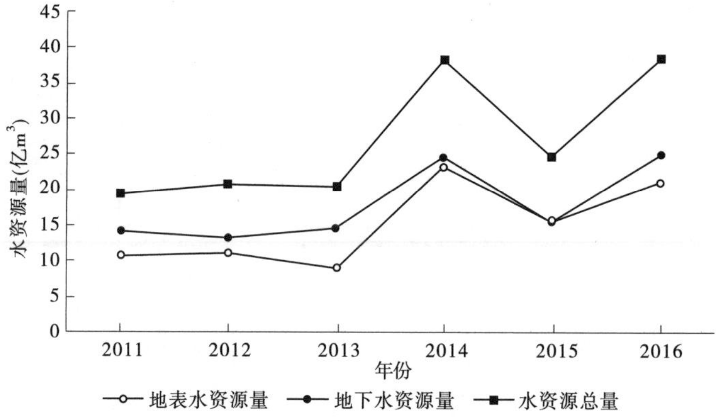

图 7-4　2011~2016 年驻马店市水资源量变化趋势

7.1.3　社会经济概况

7.1.3.1　**人口概况**

1. 驻马店市

依据河南省统计年鉴,2016年驻马店市常住人口699万人,位居全省18个省辖市第5;其中农村常住人口421万人,位居全省18省辖市第4,仅次于南阳市、周口市和商丘市;城镇化率39.8%,位居全省18省辖市第17,仅比周口市略高。驻马店市整体人口数量较多,农村人口基数大,城市化进程相对较慢,城镇化率低。

2. 宿鸭湖水库流域涉及县(区)

依据历年河南省统计年鉴和驻马店市统计年鉴中驿城区、遂平县、确山县、汝南县、泌阳县的统计数据分析宿鸭湖水库流域人口情况。2016年宿鸭湖水库流域涉及县(区)人口情况如图 7-5 所示,可以看出,泌阳县、汝南县的农村人口数量较多,确山县最少;驿城区的城镇化率最高,汝南县最低。整体来看,驿城区的城市化程度最高,汝南县最低。

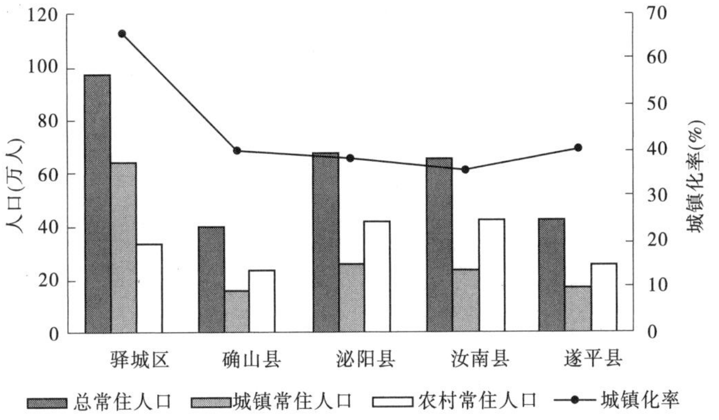

图 7-5　2016 年宿鸭湖水库流域涉及县(区)人口情况

7.1.3.2　社会经济发展概况

1. 驻马店市

驻马店市 2016 年生产总值 1 972.988 亿元,人均生产总值 28 305 元,分别在全省 18 个省辖市中排名第 11 位和第 16 位。2011～2016 年,驻马店市生产总值及三产占比变化情况如图 7-6 所示。从三产占比情况看,近年来第一产业下降趋势较为明显,从 2011 年的 27.31%下降至 2016 年的 20.93%,降幅达 23.36%;第二产业也有下降趋势,第三产业则呈上升趋势。驻马店市生产总值不断提高,第一产业对生产总值的贡献不断下降。

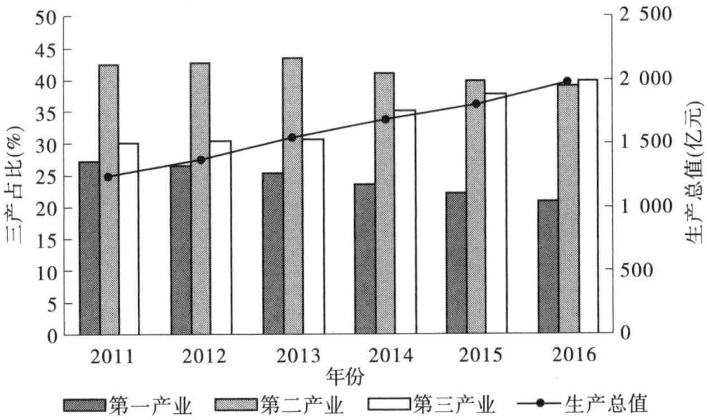

图 7-6　驻马店市 2011～2016 年生产总值及三产占比变化趋势

2. 宿鸭湖水库流域涉及县(区)

宿鸭湖水库流域涉及的 4 县 1 区,2016 年生产总值为 1 041.62 亿元,占驻马店市全市的 52.79%。由图 7-7 可以看出,驿城区的生产总值最高,确山县最低。从三产产业结构看,各县(区)均以第二、第三产业为主导,驿城区第一产业占比最低,汝南县第一产业占比最高。

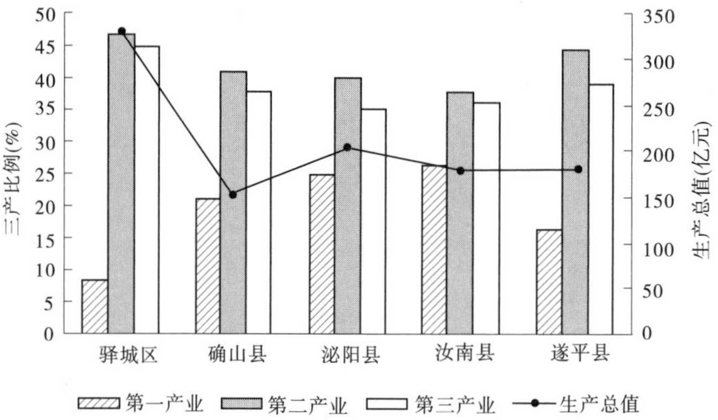

图 7-7 宿鸭湖水库流域涉及县(区)2016 年生产总值及三产占比

7.2 面源污染物入河量调查

7.2.1 调查时间和点位

宿鸭湖水库流域现场调查时间为 2018 年 10 月 29 日至 11 月 6 日。

宿鸭湖水库流域涉及驻马店市驿城区、确山县和遂平县、泌阳县以及汝南县的部分区域。调查选取了上述“四县一区”内宿鸭湖水库周边、主要入库河流涉及的乡镇,各乡镇选取一定数量的村庄进行入户调查,首选水库周边、入库河流两侧、人口数量较多的村庄,共调查村庄 22 个。宿鸭湖水库流域现场调查区域如表 7-2 所示。

表 7-2 宿鸭湖水库流域现场调查区域

所在流域	调查县(市、区)	调查乡镇(街道)	调查村庄
宿鸭湖水库流域	驿城区	板桥镇、水屯镇	2 个村庄
	遂平县	嵖岈山镇、常庄镇、文城乡	3 个村庄
	确山县	任店镇、石滚河镇	3 个村庄
	汝南县	老君庙镇、张楼镇、罗店镇、古塔街道	13 个村庄
	泌阳县	付庄乡	1 个村庄

7.2.2 调查内容

为深入了解宿鸭湖水库流域目前面源污染现状,为面源污染物入河量核算提供基础支撑,特开展宿鸭湖水库流域面源污染现状调查。本次调查选取了宿鸭湖水库流域涉及的驻马店市驿城区、确山县和遂平县、泌阳县以及汝南县的 12 个乡镇进行。共调查村庄 22 个,入户调查 17 户,获取调查表 141 份。

7.2.2.1　驿城区

1. 板桥镇

板桥镇户籍总人口 47 000 人,常住人口 31 000 人,收入以养殖、种植和务工为主。农村一半有集中供水,镇区无污水处理设施,生活污水直排。农村生活垃圾集中收集运往遂平县处理。10%的住户为水冲式厕所,人粪尿上菜地。全镇耕地 72 000 亩[1],全部为坡地,主要农作物为小麦、玉米、花生,其中花生有 7 000 亩。全镇养殖户较多,有 3 500 头猪、1 800 头牛、4 000 只羊、40 000 只鸡。板桥镇现场调查情况见图 7-8。

图 7-8　板桥镇现场调查情况

现场调查时,在前往马湾村路过林庄时,道路旁建有 6 个环保深埋生活垃圾桶,每个垃圾桶直径约 1.5 m,深 3 m。马湾村村道上有垃圾桶,村道上较整洁。该村养殖场较多,西石河(汝河支流)滩地有 6 家养殖户,粪便和生活垃圾堆放在河滩上,个别养殖场采用露天化粪池。西石河马湾村段河中扔有大量生活垃圾,沿河前往西石河与汝河交汇处,中途河岸上有人为倾倒的生活垃圾,在大雨形成径流时易冲到西石河。

2. 水屯镇

水屯镇户籍总人口 72 000 人,常住人口 57 600 人,收入以养殖、种植和务工为主。自来水供应除 2 个村未覆盖外,其余均为自来水。镇区无污水处理设施,生活污水直排,通过管道等流入练江河,最后进入宿鸭湖。农村生活垃圾集中收集,运至上蔡县处理,镇区不中转。全镇 1/3 的住户为水冲式厕所,人粪尿上菜地。全镇耕地 94 000 亩,主要农作物为小麦、玉米、花生,还有 500 亩梨树。全镇养殖户较多,养 38 500 头猪、800 头牛、5 500 只羊、2 000 只

[1] 1 亩 = 1/15 hm^2,余同。

鸡。在水屯镇的高庄道路旁,也建有与板桥镇一样的环保深埋生活垃圾桶。

在石庄村调查了解到,全村户籍总人口 6 168 人,常住人口 4 934 人,集中供水,生活污水直排,住户家中多为旱厕,粪便上地。村容较整洁,生活垃圾集中收集,运至上蔡县处理,镇区不中转。全镇耕地 9 441 亩,主要农作物为小麦、玉米、花生,近几年来,农业产业结构进行了调整,园地 1 000 亩,蔬菜 500 亩。全镇养殖户不多,养 500 头猪、10 头牛、70 只羊、1 000 只鸡。

7.2.2.2　遂平县

遂平县主要选择距离汝河或奎旺河较近的文城乡、嵖岈山镇和常庄镇进行调查。

1. 文城乡

文城乡位于遂平县西南部,汝河北岸。全乡户籍总人口 36 000 人,常住人口 30 000 人,厕所多数为旱厕,粪便作为菜地有机肥。全乡 12 个村有自来水,4 个村正在接。农村生活污水直排,生活垃圾集中收集,运至驻马店市垃圾填埋场。有耕地 77 000 亩,均为平地,主要种植农作物为小麦、玉米和花生,一年两季。全乡规模以下猪养殖量为 3 000~4 000 头,牛为 800 头,羊为 1 000 头。

选择文城乡南部位于汝河南岸的马楼村进行调查。马楼村全村户籍总人口为 2 354 人,常住人口为 2 000 人,村内厕所多数为旱厕,厕所粪便上菜地,有集中供水,生活污水直排。耕地面积 4 514.6 亩,主要种植小麦、玉米、花生,一年两季。该村有规模以下生猪养殖 100 头。马楼村常用肥料为天脊系列,玉米常用肥料为天脊硝酸磷肥($N-P_2O_5-K_2O$ 为 26.5-11.5-0),花生常用肥料为天脊硝酸磷钾肥($N-P_2O_5-K_2O$ 为 22-8-10),小麦常用肥料为复合肥($N-P_2O_5-K_2O$ 为 15-15-15)。

2. 嵖岈山镇

嵖岈山镇位于遂平县西部,南石羊河(奎旺河上游)北岸,紧邻下宋水库。嵖岈山镇户籍总人口 28 000 人,各户厕所多数为旱厕,厕所粪便用作菜地有机肥。大部分村庄有集中供水,有 2 个村级污水处理设施。生活垃圾集中收集至县里处理,不在镇里中转。全镇耕地面积 38 000 亩,主要种植小麦、玉米和花生,一年两季。有散养猪 100 头。

选择嵖岈山镇常韩村进行调查,常韩村位于南石羊河北岸,全村户籍总人口 2 960 人,常住人口 2 000 人。各户厕所多数为旱厕,厕所粪便用作菜地有机肥。大部分村庄有集中供水,生活污水直排。生活垃圾集中收集至县里处理,不在镇里中转。全村有耕地面积 5 000 多亩,主要种植小麦、玉米和花生,一年两季。有散养猪 500 头、鸡 5 000 只。

3. 常庄镇

常庄乡位于遂平县东部,汝河北岸。常庄乡户籍总人口 51 000 人,其中常住人口 34 000 人,目前各户多数为旱厕,厕所粪便上菜地,有集中供水,生活污水直排,镇区无污水处理设施,生活垃圾集中收集至县里处理,不在镇里中转。全乡耕地面积 80 000 亩,主要种植小麦、玉米、花生、油菜(8 000 亩)。全乡有 100 多户生猪养殖户。

选择大兴村进行调查,大兴村位于汝河北岸。全村户籍总人口 4 560 人,常住人口 3 000 人,80%是水冲式厕所,厕所粪便作为菜地有机肥,几十户建有沼气池,已实行集中供水,生活污水直排,生活垃圾集中收集至县里处理,不在镇里中转,全村耕地面积 5 760 亩,种植小麦、玉米、花生,一年两季。

7.2.2.3　确山县

确山县主要选择距离臻头河较近的石滚河镇和任店镇进行调查。

1. 石滚河镇

石滚河镇位于确山县西部，薄山水库上游臻头河岸边。全镇总人口 25 000 人，常住人口 16 666 人，人均年纯收入 6 200 元，多数为旱厕（改造还未推进），厕所粪便作为菜地有机肥。全镇有 3 个村有安全饮水工程，生活污水直排。生活垃圾正在进行集中收集，目前集中拉到镇里深坑填埋。全镇耕地面积 3 万~4 万亩，均为坡地，有 25 000 亩板栗。中药材是镇里的特色产业，在种植玉米或花生后再种中药材。全镇有养殖户 132 户。

袁棚村位于臻头河南岸，总人口 2 089 人，常住人口 1 500 人，厕所主要是旱厕（改造还未推进），厕所粪便用作菜地有机肥，无集中供水，生活污水直排。生活垃圾正在进行集中收集，目前集中拉到镇里深坑填埋，全村耕地面积 3 434 亩，均为坡地，种植玉米、花生和中药材，一年两季，玉米、花生各 1 500 亩，药材 2 000 亩。

何大庙村位于臻头河东岸，户籍总人口 3 000 人，常住人口 2 000 人，厕所主要是旱厕（改造还未推进），厕所粪便用作菜地有机肥，有集中供水，生活污水直排，生活垃圾集中处理。现有耕地面积 3 232 亩，有 1 000 亩种植药材。全村有散养生猪 100 头、牛 50 头。

2. 任店镇

任店镇位于薄山水库下游，臻头河北岸，户籍总人口 52 000 人，常住人口 39 000 人，厕所基本为旱厕，厕所粪便用作菜地有机肥，有七八个村实行集中供水，生活污水直排，生活垃圾统一收集经镇中转，到县里填埋。全镇主要农作物为小麦和玉米，一年两季。畜禽养殖以猪、牛为主。任店镇新建成的垃圾中转站已投入使用，农业种植所用肥料主要是桂湖系列复合肥。

选择巩庄村进行调查，巩庄村位于臻头河北岸。全村总人口 2 522 人，厕所多数为旱厕，厕所粪便用作菜地有机肥，已实行集中供水，生活污水直排，生活垃圾集中收集，全村耕地面积 3 756 亩，均为平地，水田面积 400 亩，主要种植药材、水稻或水稻、小麦，一年两季。全村有规模以下牛养殖 25 头、羊 100 头。

7.2.2.4　泌阳县

泌阳县主要选择位于汝河岸边的付庄乡进行调查。

付庄乡位于板桥水库上游，汝河北岸。全乡总人口 38 000 人，厕所主要是旱厕，厕所粪便用作菜地有机肥，有 6 个村集中供水，生活污水直排（镇区有污水处理设施，200 m^3/d），生活垃圾由各村自主填埋，全乡耕地面积 43 000 亩，有 1 000 多亩梨树，主要农作物是小麦、玉米、花生，一年两季。

选择位于汝河南岸的庵子村进行调查，全村总人口 3 895 人，常住人口 1 000 多人，厕所中一半为水冲式，厕所粪便主要用作菜地有机肥，全村一半有集中供水，生活污水直排，生活垃圾找坑填埋，全村耕地面积 4 000 亩，均为坡地，主要种植小麦、玉米、花生（80%都是花生）。从垃圾填埋情况看，基本就是将垃圾堆放于天然的或人工开挖的坑中，条件简陋，无任何防渗漏措施，而且周边仍存在垃圾随意倾倒的情况。规模较小的畜禽养殖户，设施不完善，粪便往往直接露天堆放，村内干道上随处可见粪便等畜禽排泄物。庵子村垃圾填埋场和养牛场如图 7-9 所示。

图 7-9 庵子村垃圾填埋场和养牛场

7.2.2.5 汝南县

宿鸭湖水库的入库支流汝河和臻头河流经汝南县，选择离汝河、臻头河、宿鸭湖水库较近的罗店镇、古塔街道、老君庙镇、张楼镇进行调查。

1. 罗店镇

罗店镇位于宿鸭湖水库西岸。罗店镇户籍总人口 56 000 人、78 000 亩耕地，全镇已实行集中供水，生活污水直排，生活垃圾集中收集处理，但仍有随意倾倒现象。选择距离宿鸭湖水库较近的双庙村和尤庄村进行调查，见图 7-10。

图 7-10 罗店镇随意倾倒的垃圾以及位于河沟边的旱厕

双庙村户籍总人口 3 340 人，村内厕所多数为旱厕，厕所粪便多用作菜地有机肥，已实行集中供水，生活污水直排，生活垃圾集中收集，全村耕地面积 3 540 亩（湖边滩地还有 3 000 多亩），主要种植小麦、玉米和花生。规模以下养殖猪、牛、羊、鸡分别为 500 头、60 头、40 只和 50 000 只。

尤庄村户籍总人口为 3 600 人，常住人口 2 500 人，全村有一半为水冲式厕所，已实行集中供水，生活污水直排，生活垃圾集中收集，全村共有 4 300 亩耕地（有几百亩滩地），主要种植小麦、玉米、花生，全村有规模以下猪、牛、羊、鸡养殖数量 600 头、200 头、60 只、6 500 只。

2. 古塔街道

古塔街道调查了果园村、汪庄村、屈庄村 3 个村庄，均在村委会对 3 个村庄的整体情况进行了了解，另外又单独调查了村户，果园村调查了 4 个村户，汪庄村调查了 1 个村户，屈庄村调查了 1 个村户。

1）果园村

在果园村村委了解了村里整体情况，具体情况如下：

果园村全村 4 500 人，常住人口 3 500 人，供水为集中供水，生活污水直接排放，生活垃圾集中收集；采用水冲厕、旱厕比例为 20%、80%，水冲厕直接排放到河沟，旱厕粪污少数用于菜地，多数直接排到沟里。

全村耕地面积为 6 400 亩，主要种植小麦、玉米、花生、大豆、油菜等，其中蔬菜地种植面积 160 亩，油菜 400 亩，果园 200 亩；主要使用复合肥，使用周期为 2 次/a，使用量约 60 kg/亩；农药使用时间主要为“一喷三防”时期，主要是防病虫害药物。14 户散养猪 420 头，1 户散养肉鸭 1 200 只，养猪对猪粪清理后用于农田，其余养殖废水直接外排。全村浇灌使用漫灌方式，旱期浇灌 1~2 次。

在果园村调查了 4 户居民，其中 1 户种植有 120 亩葡萄园，使用有机肥浇灌，主要来源于规模以上养殖场的沼液；1 户种植有 4 亩番茄大棚，采用金正大水溶肥料稀释灌溉，0.5 月/次，未使用有机肥，农药采用杀菌剂等，0.5 月/次；其余 2 户跟全村情况基本一致。

2）汪庄村

在汪庄村村委了解了村里整体情况，具体情况如下：

汪庄村全村 3 160 人，常住人口 3 000 人，供水为集中供水，生活污水直接排放，生活垃圾集中收集；采用水冲厕、旱厕比例为 15%、85%，水冲厕直接排放到沟里，旱厕粪污用于农田。

全村耕地面积为 3 300 亩，主要种植小麦、玉米、花生、大豆、油菜等，其中油菜种植面积 450 亩；主要使用史丹力、宣化复合肥，使用周期 2 次/a，使用量约 50 kg/亩；农药使用时间主要为“一喷三防”时期，主要是防病虫害药物。7 户散养猪约 300 头，养猪对猪粪清理后用于农田，其余养殖废水直接外排。全村浇灌使用喷洒式浇灌。

3）屈庄村

在屈庄村村委了解了村里整体情况，具体情况如下：

屈庄村全村 3 316 人，全供水为集中供水，生活污水直接排放，生活垃圾集中收集后处理；采用水冲厕、旱厕比例为 20%~30%、70%~80%，水冲厕通过管道直接排放到河沟，旱厕粪污用于农田。

全村耕地面积为 5 900 亩，主要种植小麦、玉米、花生、大豆等，其中果园（猕猴桃、葡萄）1 450 亩；主要使用复合肥，使用周期 2 次/a，使用量为 50~60 kg/亩；农药使用时间主要为“一喷三防”时期，主要是防病虫害药物。全村浇灌使用喷洒方式。10～20户散养户养猪，共养殖200～1 000头、2户养牛10头、2户养羊10头，养猪对猪粪、牛粪清理后用于农田，其余养殖废水直接外排。

3. 老君庙镇

老君庙镇调查了小方村、肖屯村、余子河村、老君庙社区，均在村委会对4个村庄的整体情况进行了了解，另外又单独调查了小方村1户村户。

老君庙镇总人口4.1万人，少部分为水冲厕所，大部分为旱厕，生活污水直接排放，生活垃圾集中收集后处理；总耕地面积为6万亩，其中蔬菜600～900亩，梨树15亩，主要种植小麦、玉米、花生和大豆，主要使用复合肥，使用周期2次/a，使用量为50～60 kg/亩；农药使用时间主要为：“一喷三防”时期，主要是防病虫害药物。全镇浇灌使用喷洒方式。全镇有300家散养猪，共养殖猪2.2万头、牛100头、羊600头，对猪粪、牛粪清理后用于农田，其余养殖废水直接外排。

1）小方村

在小方村村委了解了村里整体情况，具体情况如下：

小方村全村4 000人，常住人口3 500人，全村供水为集中供水；部分采用水冲厕，部分采用旱厕，生活污水仅一个组有村集体化粪池，粪污水排入化粪池沉淀后排入河沟，其他组没有化粪池直接排放；生活垃圾集中收集。

全村耕地面积为4 850亩，主要种植小麦、玉米、花生、大豆、油菜等，其中种植油菜1 200亩，其他蔬菜地种植面积约350亩；使用复合肥和有机肥（猪粪、鸡粪颗粒状物质），复合肥使用周期2次/a，使用量为50～60 kg/亩，有机肥使用周期1次/a，使用量为65 kg/亩；农药使用时间主要为“一喷三防”时期，主要是防病虫害药物。全村浇灌使用喷洒方式。

2户散养猪200头，2户养牛20头、1户养羊70只；对粪清理后用于农田，其余养殖废水直接外排。

2）肖屯村

在肖屯村村委了解了村里整体情况，具体情况如下：

肖屯村全村3 539人，全村供水为集中供水；10%～15%采用水冲厕，部分采用旱厕，水冲厕部分有村集体化粪池，部分户改水冲厕的直接下水管排到河沟。

全村耕地面积为3 893亩，主要种植小麦、玉米、花生、油菜等，其中种植油菜1 290亩，其他蔬菜地种植面积为700～800亩；复合肥使用周期为2次/a，使用量为50～60 kg/亩；农药使用时间主要为“一喷三防”时期，主要是防病虫害药物。全村浇灌使用漫灌方式。

2户散养猪150头，2户养牛15头；对粪清理后用于农田，其余养殖废水直接外排。

3）余子河村

在余子河村村委了解了村里整体情况，具体情况如下：

余子河村全村4 326人，常住人口4 000人，全村供水为集中供水；30%居民采用水冲厕，其余采用旱厕，水冲厕通过管道排放到河沟，旱厕粪污用于农田。

全村耕地面积为5 960亩，主要种植小麦、玉米、花生、大豆等，其中种植蔬菜80～160亩，果园种植梨树100亩，种植绿化林雪松300亩；使用复合肥和有机肥（猪粪、鸡粪颗粒状物质），复合肥使用周期2次/a，小麦及玉米使用量为50～60 kg/亩，西红柿使用量为

200~250 kg/亩；有机肥使用周期1次/a，使用量约50 kg/亩；农药使用时间主要为“一喷三防”防时期，主要是防病虫害药物。全村浇灌使用喷洒方式。

100~200户散养猪2 000头、养牛10头、养羊1 000~2 000只；设置有沼气池、沉淀池，仅有养殖3~5头养殖户对粪清理后用于农田，其余养殖废水直接外排。

4）老君庙社区

在老君庙社区了解了村里整体情况，具体如下：

老君庙社区共有人口4 219人，常住人口4 000人，全村供水为集中供水；约25%采用水冲厕，其余采用旱厕，生活污水直接排放；生活垃圾集中收集后处理。

全村耕地面积为6 300亩，主要种植小麦、玉米、花生、油菜等，其中种植油菜1 700亩，种植蔬菜25亩，果园种植梨树、桃树30亩，种植绿化林雪松600亩；主要使用复合肥，使用周期为2次/a，使用量为50~60 kg/亩；农药使用时间主要为“一喷三防”时期，主要是防病虫害药物。全村浇灌使用漫灌方式。散养猪50~60头、养牛20~30头；粪污设置有化粪池。

4. 张楼镇

张楼镇调查了姚湾村、张楼社区、方桥社区、王沟村，均在村委会对4个村庄的整体情况进行了了解。

张楼镇总人口3.6万人，部分为水冲厕所，部分为旱厕，生活污水直接排放，生活垃圾集中收集后处理；总耕地面积为2.8万亩，其中蔬菜1 400亩，果园560亩，主要种植小麦、玉米、花生和大豆等，主要使用复合肥，使用周期2次/a，使用量为50~60 kg/亩；农药使用时间主要为“一喷三防”时期，主要是防病虫害药物。全镇浇灌使用喷洒方式。全镇共散养猪2万~3万头、牛1万~2万头、羊2万~3万只，对猪粪、牛粪清理后用于农田，其余养殖废水直接外排。

1）姚湾村

在姚湾村村委会了解了村里整体情况，具体如下：

姚湾村全村3 200人，常住人口3 000人，全村供水为集中供水；约50%采用水冲厕，约50%采用旱厕，水冲厕通过管道直接排放到河沟，旱厕粪污用于农田；生活垃圾集中收集后处理。

全村耕地面积为3 273亩，主要种植小麦、玉米、花生等，其中种植蔬菜为100~200亩；主要使用复合肥，使用周期2次/a，使用量为50~60 kg/亩；农药使用时间主要为“一喷三防”时期，主要是防病虫害药物。全村浇灌使用喷洒和漫灌相结合方式。

散养猪500头，养牛60~70头、养羊1 700~2 000只；对粪清理后用于农田，其余养殖废水直接外排。

2）张楼社区

在张楼社区居委会了解了社区整体情况，具体如下：

张楼社区4 089人，常住人口3 300人，全社区供水为集中供水；约10%采用水冲厕，其余住户采用旱厕，水冲厕通过管道直接排放到河沟，旱厕粪污用于农田；生活垃圾集中收集后处理。

全社区耕地面积为2 811亩，主要种植小麦、玉米、花生等，其中种植蔬菜约10亩，果园50~60亩；主要使用复合肥，使用周期2次/a，使用量为50~60 kg/亩；农药使用时间主要为“一喷三防”时期,主要是防病虫害药物。全社区浇灌使用喷洒和漫灌相结合方式。

散养猪 100 头,养牛 66 头、养羊 3 000 只;养猪场部分设置有沉淀池,剩余部分对粪清理后用于农田,其余养殖废水直接外排。

3)方桥社区

在方桥社区居委会了解了社区整体情况,具体如下:

方桥社区 3 631 人,常住人口 3 400 人,全社区供水为集中供水;大部分住户采用旱厕,水冲厕通过管道直接排放到河沟,旱厕粪污用于农田;生活垃圾集中收集后处理。

全社区耕地面积为 2 222 亩,主要种植小麦、玉米、花生等,其中种植蔬菜约 20 亩,果园 20 亩;主要使用复合肥,使用周期 2 次/a,使用量为 50~75 kg/亩;农药使用时间主要为“一喷三防”时期,主要是防病虫害药物。全社区浇灌使用喷洒和漫灌相结合方式。

散养猪 150~200 头,养牛 200 头、养羊 200 只;对粪清理后用于农田,其余养殖废水直接外排。

4)王沟村

在王沟村村委会了解了村里整体情况,具体如下:

王沟村全村 3 895 人,常住人口 3 000 人,全村供水为集中供水;约 10%采用水冲厕,剩余住户采用旱厕,水冲厕通过管道直接排放到河沟,旱厕粪污用于农田;生活垃圾集中收集后处理。

全村耕地面积为 3 386 亩,主要种植小麦、玉米、花生等,其中种植蔬菜 20~30 亩,种植花木 70~80 亩;主要使用复合肥,其中 400~500 亩使用有机肥;复合肥使用周期 2 次/a,使用量约 50 kg/亩;农药使用时间主要为“一喷三防”时期,主要是防病虫害药物。全村浇灌使用漫灌方式。

散养猪 200 头,养牛 15 头、养羊 70~80 只;对粪清理后用于农田,其余养殖废水直接外排。

7.2.2.6　河流水库调查

1. 臻头河石滚河镇段

臻头河石滚河镇段位于薄山水库上游,该段河流生态环境较好,水质较好。

2. 薄山水库

薄山水库位于确山县中南部,臻头河上游是确山县的饮用水水源地。现场调查发现,薄山水库现状水质、周边水生态环境较好,薄山水库的人为干扰较低。薄山水库环境状况如图 7-11 所示。

图 7-11　薄山水库环境状况

3. 汝河

1) 文城乡 S220 桥处

文城乡 S220 桥处汝河河道较宽，但河流水面较窄，河漫滩上种植有小麦，河流流速慢，如图 7-12 所示。

图 7-12　文城乡 S220 桥处汝河现状

2) S206 汝河桥

S206 汝河桥处距汝河汇入宿鸭湖水库处约 17 km，该处河流流速较小，河漫滩上种植有农作物，S206 桥处汝河现状如图 7-13 所示。

图 7-13　S206 桥处汝河现状

3) 汝河分洪道 S206 桥

汝河分洪道始于遂平县东南王庄，汇入宿鸭湖水库，全长约 16 km，是汝河的分洪工程，汝河分洪道河道笔直，两侧各有宽约 140 m 的河漫滩，河漫滩上均是农田，种植有农作物，粗略估算汝河分洪道河漫滩内耕地面积为 6 720 亩，汝河分洪道 S206 桥处现状如图 7-14 所示。

4. 板桥水库

板桥水库（见图 7-15）位于汝河上游，是驻马店市的饮用水水源地。从现场调查情况看，板桥水库现状水质较好。

图 7-14　汝河分洪道 S206 桥处现状

图 7-15　板桥水库

5. 西石河与汝河交汇处

西石河是汝河支流，主要流经板桥镇，沿岸村庄规模以下畜禽养殖分布较多，西石河河道宽阔、河滩较广，沿河有村民在河道内洗衣服，河流沿岸有生活垃圾随处乱扔的现象，西石河与汝河交汇处如图 7-16 所示。

图 7-16　西石河与汝河交汇处

6. 宿鸭湖水库

1) 宿鸭湖水库西岸湿地

宿鸭湖水库西岸有广阔的湿地(见图 7-17)，土地肥沃、水草丰美，沿湖没有堤坝等设施。从调查情况看，宿鸭湖湿地内有放牧现象，鹅、牛、羊均有，湿地内陆地上畜禽粪便较多,湿地内草地有的已被开垦,种植了农作物。

图7-17　宿鸭湖水库西岸湿地

2)宿鸭湖水库东岸

宿鸭湖水库东岸沿湖有堤岸,湖堤将水库和东岸村庄隔离开。现场调查来看,湖堤内岸坡上仍有生活设施,散落有生活垃圾,见图7-18。

图7-18　宿鸭湖水库东岸河堤

7.韩西河(老君庙镇小方庄村处)

韩西河流经小方庄村后汇入宿鸭湖水库,存在部分畜禽养殖废水流入河道,现场调查时正在拆迁河道两侧的畜禽养殖场,河面上有垃圾漂浮,见图7-19。

图 7-19　韩西河(老君庙镇小方庄村处)

8. 练江河(接近汇入宿鸭湖水库处)

练江河为南汝河支流,发源于驻马店西南乐山,东流入驻马店市南郊,又东流入宿鸭湖水库。现场调查时,部分河段河岸两侧已进行整治,沿河未发现有垃圾堆放,见图 7-20。

图 7-20　练江河(接近汇入宿鸭湖水库处)

9. 臻头河(老君庙镇余子河村处)

臻头河为淮河北岸支流南汝河分支,流经确山、汝南两县,于汝南县沙口村注入汝河。据现场调查,河流上无漂浮物,但沿岸仍有部分养殖场存在,河岸两侧无垃圾,见图 7-21。

图 7-21　臻头河(老君庙镇余子河村)

10. 臻头河与宿鸭湖水库交汇处东侧

据现场调查,臻头河与宿鸭湖水库交汇处东侧有养殖户生活设施存在,河岸上散落有生活垃圾,生活污水直排入河,见图 7-22。

图 7-22　臻头河与宿鸭湖水库交汇处东侧

7.2.3　调查结论

(1)基础设施建设滞后,农村生活面源污染突出。

驻马店市 2016 年城镇化率 39.8%,位居全省省辖市倒数第 2,其农村人口基数大。根据调查,宿鸭湖水库流域内农村生活污水基本直排,调查的 22 个村庄(社区、居委会)中仅有 2 个建有化粪池,覆盖率为 9.1%;生活垃圾处理系统建设不完善,大部分地区均是自行处理,利用人工挖掘或天然的土坑进行填埋,无任何防渗漏措施,调查村庄(社区、居委会)中有 8 个进行了生活垃圾的集中收集,占比为 36.4%。农村厕所革命目前处于起步阶段,调查的 22 个村庄中,水冲厕比例仅为 19.6%。在一些沟渠边上仍建有旱厕。整体来看,其农村生活面源污染较为突出。

(2)位于河南省粮食主产区,农田面源污染较重。

驻马店市是河南省的粮食主产区,其土地面积占全省的 9%,截至 2016 年年末,农作物播种面积却占全省的 12%,生产了全省 12%的粮食和 20%的油料。宿鸭湖水库流域主要农作物为小麦和玉米,一年两季。其农业种植可以反映河南省平原地区农业生产的一般性特征。驻马店市境内河流水系发达,且宿鸭湖水库流域内有板桥水库、薄山水库、宿鸭湖水库 3 个大型灌区,农业生产有充足的水源保障。目前,流域内农作物种植过程中普遍施用化肥,以复合肥为主,有机肥用量很少,肥料营养成分以氮为主。农药也广泛使用,以除草剂和杀虫剂为主。因此,驻马店市农田面源污染较重。

(3)畜禽养殖是农村经济支柱,散养量大。

畜禽养殖是驻马店市广大农村的主要经济来源,调查过程中发现宿鸭湖水库流域各乡镇均有分散式畜禽养殖。尽管近年来驻马店市已经针对畜禽养殖开展了多项整治行动,但因长期以来遗留下来的养殖习惯,在一些河流滩地仍存在养殖场,其粪污露天堆积和存储。在宿鸭湖湿地保护区内调查时,发现有散养的牛、羊、鸭等。整体来看,宿鸭湖水库流域内分散式畜禽养殖存在多而广的特点。

(4)区域降水量丰沛,易产生城镇地表径流面源污染。

驻马店市 2016 年降水量 935.6 mm,位居全省 18 个省辖市第 2,城镇地表径流产生量较大。宿鸭湖水库流域内有驻马店市区、遂平县城、确山县城 3 个县级以上建成区,建成区面积合计达 124 km^2。建成区范围内分别有练江河、汝河、小沙河(陶河)流过,降水产生的城镇地表径流较易通过排水管道或地表沟渠汇入河流。

7.3 面源污染物入河量核算

7.3.1 农村生活面源污染物入河量核算

7.3.1.1 所需数据

核算过程中需要农村常住人口和农村人均生活用水量。

1. 农村常住人口

根据驻马店市统计数据,经核算宿鸭湖水库流域内各乡镇的常住农村人口数量为 91.02 万人。

2. 农村人均生活用水量

1)《河南省农村生活污水治理技术导则(试行)》(2018 年 8 月发布)

根据《河南省农村生活污水治理技术导则(试行)》,农村居民用水量数据可在调查当地用水现状、生活习惯、经济条件等基础上参考表 7-3 确定。

表 7-3　农村居民日用水量参考值

村庄类型	用水量[L/(人·d)]
经济条件好,有独立淋浴、水冲厕所、洗衣机、旅游区	100~150
经济条件较好,有独立厨房和淋浴设施	60~100
经济条件一般,有简单卫生设施	50~80
无水冲式厕所和淋浴设备,水井较远,需自挑水	40~60

2)河南省《农业用水定额》(DB 41/T 958—2014)

河南省《农业用水定额》(DB 41/T 958—2014)确定了河南省农村居民生活用水定额,如表 7-4 所示,按照集中供水和分散供水给出了农村居民生活用水定额。

表 7-4　农村居民生活用水定额

行业名称	产品名称	定额单位	用水定额	调节系数	说明
农村居民生活	有给排水	L/(人·d)	55	0.9~1.1	集中供水
	有给水	L/(人·d)	46	0.9~1.1	分散供水

3)《河南省农村环境综合整治生活污水处理适用技术指南(试行)》

根据河南省环境保护厅 2012 年发布的《河南省农村环境综合整治生活污水处理适用技术指南(试行)》,确定河南省农村居民生活用水量参考取值如表 7-5 所示。从表 7-5 中可知,根据村庄基础条件的不同,设置了不同的农村居民用水定额标准。

表 7-5 河南省农村居民生活用水量参考取值

村庄类型	用水量[L/(人·d)]
基础条件较好,自来水普及,各家各户均有卫浴设备,给排水设施完善	100~120
基础条件一般,自来水普及,部分村户内有卫浴设备,给排水设施完善	50~100
基础条件较差,各村户水源为自打井,个别村户内有卫浴设备,给排水设施不完善	30~50

根据《2016 河南省水资源公报》,2016 年河南省农村居民生活人均用水为 73 L/d,考虑宿鸭湖流域内农村生活条件一般,根据现场调查情况流域内农户都有独立的厨房,约 20%的农户使用淋浴和水冲厕,其他农户使用旱厕,参考省住建厅 2018 年发布的《河南省农村生活污水治理技术导则(试行)》,结合宿鸭湖流域内农村生活用水实际情况,确定宿鸭湖流域内农村生活用水量为 60 L/(人·d)。

3. 农村生活污水污染物浓度

农村生活污水主要来自农家的厕所冲洗水、厨房洗涤水、洗衣机排水、洗漱排水及其他排水等。污水水质随污水来源、有无水冲厕所、时段特征等变化幅度较大。南方农村人均生活用水量较大,其中洗涤、淋浴用水量占 80%左右,使得农村污水浓度较低,而北方地区人均生活用水量较小,相应农村污水浓度较高。

根据《河南省住房和城乡建设厅关于印发河南省农村生活污水治理技术导则(试行)的通知》(2018 年 8 月),村庄生活污水水质可参考表 7-6 取值。

表 7-6 村庄生活污水水质参考取值

主要指标	pH	SS	COD	BOD	NH_3-N	TN	TP
范围	6.5~8.5	100~200	100~450	60~200	20~90	40~120	2~10

根据《河南省农村环境综合整治生活污水处理适用技术指南(试行)》确定的河南省农村居民生活污水水质参考取值如表 7-7 所示。

表 7-7 河南省农村居民生活污水水质参考取值

序号	项目	参考值	说明
1	pH	6~9	无量纲
2	化学需氧量	150~500	mg/L
3	悬浮物	100~200	mg/L
4	氨氮	15~65	mg/L
5	总磷	1.3~6.5	mg/L

根据住建部 2017 年发布的《农村生活污水处理设施技术标准(征求意见稿)》,农村

居民生活污水水质可参考表 7-8 取值。

表 7-8 农村居民生活污水水质参考取值 （单位：mg/L）

主要指标	pH	SS	COD	BOD_5	NH_3-N	TP
建议取值范围	6.5~8.5	100~200	100~450	70~300	20~90	2.0~7.0

农村生活污水成分、污染物浓度与居民的生活习惯、生活水平和水资源的享有状况有关，不同的农村地区，排放污水中的有机物浓度差别很大，如我国南方地区最低只有几十毫克每升，而北方地区 COD 有时高达几百毫克每升。通过分析不同文献对不同地区农村生活污水的调查结果，综述不同区域农村的生活污水水质、水量情况和排放现状。

通过对文献的梳理发现，由于研究区域和研究方法的不同，污染物产排情况差别较大。相关研究关于农村生活污水浓度见表 7-9。

表 7-9 相关研究关于农村生活污水浓度

相关研究	研究区域	生活污水污染物浓度(mg/L)			
		COD	氨氮	总氮	总磷
孙瑞敏(2010 年)	湖北(不饲养家畜的村庄)	213.91	44.18	66.35	3.32
	湖北(饲养家畜的村庄)	1 579.57	38.52	51.45	14.6
周晓莉(2017 年)	江苏省	154.6	27.8	38.3	3.4
孙兴旺(2010 年)	巢湖流域	800~1 200	10	20~40	4~6
谭平等(2012 年)	巢湖农村地区	718	6.2	24	3.1
唐晓燕等(2013 年)	太湖上游	718	96.377	142.477	11.461
冯庆(2009 年)	北京密云水库	134.61~727.75	—	20.29~48.13	2.12~7.74
卢金涛(2012 年)	重庆市垫江县	1 360.91	18.16	62.51	6.66
袁晓燕等(2010 年)	大清河小流域	781	71.7	118.9	9.75

根据现场调查情况，宿鸭湖流域内约 20%的农户使用水冲厕，考虑流域内农村生活污水包括厨房洗涤水、洗衣机排水、洗漱排水、水冲厕出水等，参考相关农村生活污水处理技术指南和相关文献对农村生活污水浓度的调查结果，确定宿鸭湖水库流域内农村生活污水中 COD、氨氮、总氮、总磷浓度分别为 300 mg/L、45 mg/L、65 mg/L、5 mg/L。

7.3.1.2　核算结果

1. 产生量

采用农村生活污染物产生量估算模型，计算出宿鸭湖水库流域内各个乡镇农村生活污染物产生量。宿鸭湖水库流域内农村生活产生 COD 为 33 662.48 t/a，氨氮 885.04 t/a，总氮 5 635.65 t/a，总磷 803.85 t/a。

宿鸭湖水库流域内生活源污染物产生量从产生区域上，主要来自驿城区，其次是确山县和汝南县，遂平县和泌阳县占比最少。

农村生活源污染物来自农村生活污水、生活垃圾和人体粪尿三部分，宿鸭湖水库流域内生活污染物来源如图 7-23 所示。

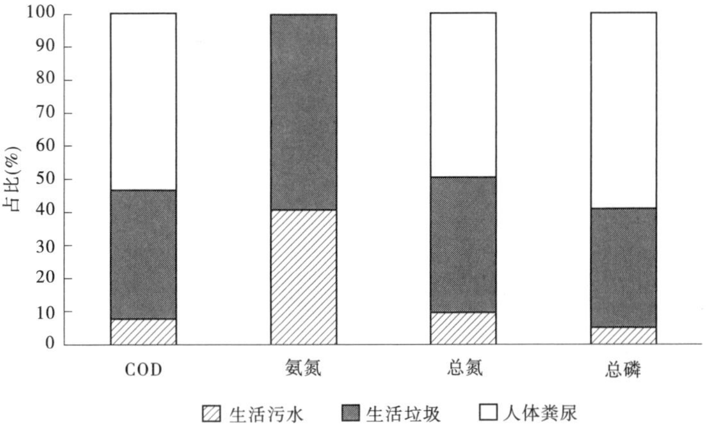

图 7-23　宿鸭湖水库流域内生活污染物来源

从宿鸭湖水库农村生活污染物产生来源来看，COD 主要来自人体粪尿（53.54%）和生活垃圾（39.36%）；氨氮主要来自生活垃圾（59.46%）和生活污水（40.54%）；总氮主要来自人体粪尿（49.42%）和生活垃圾（41.38%）；总磷主要来自人体粪尿（59.33%）和生活垃圾（35.71%）。

2. 排放量

采用农村生活污染物排放量估算模型，计算出宿鸭湖水库流域内各个乡镇生活污染物排放量。宿鸭湖水库流域内生活源污染物 COD 排放量为 4 543.80 t/a，氨氮排放量为 367.41 t/a，总氮排放量为 856.38 t/a，总磷排放量为 95.37 t/a。

对农村生活源生活污水、生活垃圾、人体粪尿污染物排放量分别进行核算，得出各类污染物排放到环境中的来源，如图 7-24 所示。

从宿鸭湖水库农村生活污染物排放来源来看，COD 流失主要来源于生活污水（51.59%）和人体粪尿（39.66%）；氨氮主要来源于生活污水（95.70%）；总氮主要来源于生活污水（59.31%）和人体粪尿（32.52%）；总磷主要来源于人体粪尿（50.01%）和生活污水（40.96%）。

3. 入河量

采用农村生活污染物入河量估算模型，计算出宿鸭湖水库流域内各个乡镇农村生活

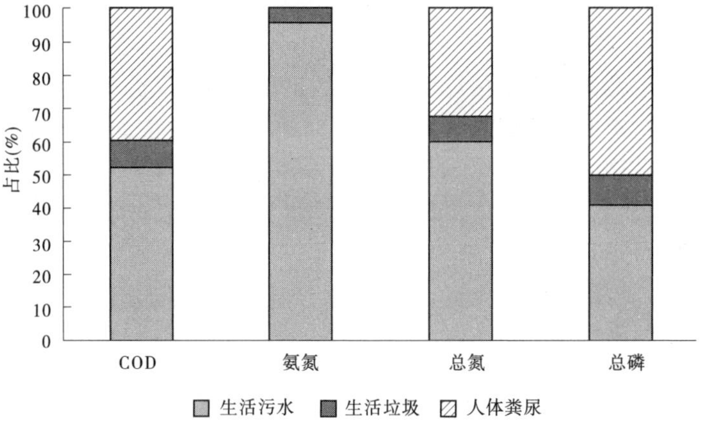

图 7-24　宿鸭湖水库流域内农村生活污染物流失量来源

污染物的入河量。宿鸭湖流域生活污染造成的 COD 入河量为 1 377. 52 t,氨氮为 155. 15 t,总氮为 277. 38 t,总磷为 26. 22 t。

对农村生活源生活污水、生活垃圾、人体粪尿污染物流失量分别进行核算,得到各类污染物入河量来源,如图 7-25 所示。

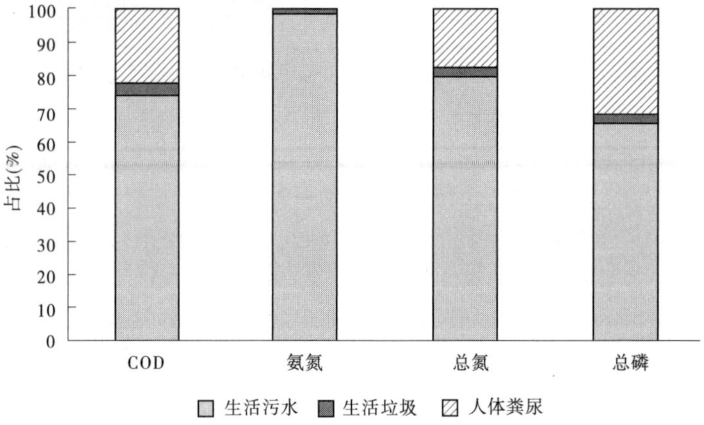

图 7-25　宿鸭湖水库流域内农村生活污染物入河量来源

从宿鸭湖水库农村生活污染物入河来源来看,COD 入河量主要来源于生活污水(74. 18%),其次是人体粪尿(22. 39%);氨氮入河量主要来源于生活污水(98. 79%);总氮入河量主要来源于生活污水(79. 82%),其次是人体粪尿(17. 19%);总磷入河量主要来源于生活污水(64. 96%),其次是人体粪尿(31. 14%)。

7. 3. 2　农田面源污染物入河量核算

7. 3. 2. 1　所需数据

1. 主要农作物种植面积

依据《2017 驻马店统计年鉴》,统计宿鸭湖流域内各县(区)主要农作物种植面积,如

表7-10所示。由表7-10可以看出,小麦和玉米是宿鸭湖水库流域内主要种植的农作物,油料作物以花生为主,驿城区和汝南县蔬菜种植面积较大。稻谷、大豆、红薯、油菜、芝麻、瓜果及果园面积均较小。

表7-10 宿鸭湖水库流域各县(区)主要农作物种植面积 (单位:khm^2)

县(市、区)	夏粮	秋粮				油料			蔬菜	瓜果	果园
	小麦	稻谷	玉米	大豆	红薯	花生	油菜籽	芝麻			
驿城区	45.58	0.47	37.91	1.01	1.67	8.35	2.9	1.99	10.55	0.84	2.19
确山县	51.17	5.25	36.51	0.19	2.27	26.9	3.19	0.22	6.67	3.59	0.648
泌阳县	65.7	3.32	41.67	1.55	4.82	30.2	9.94	6.23	7.4	1.34	4.709
汝南县	74.2	1.56	40.04	2.94	1.16	32.46	2.34	2.52	17.52	2.13	0.592
遂平县	48.83	0	46.66	1.13	2.02	10.16	4.05	2.69	8.69	1.82	2.807

2. 化肥施用量

依据《2017驻马店市统计年鉴》,统计宿鸭湖水库流域各县(区)肥料施用量,如表7-11所示。

表7-11 宿鸭湖水库流域各县(区)肥料施用量(折纯量)

县(市、区)	氮肥(t)	磷肥(t)	复合肥(t)
驿城区	7 473	4 719	29 059
确山县	7 822	3 653	51 857
泌阳县	20 037	12 096	25 473
汝南县	17 569	9 528	54 277
遂平县	14 050	12 100	27 405

3. 农药施用量

由于缺乏较为详细的统计数据,宿鸭湖水库流域农药施用量通过实地调查情况进行核算。经调查,宿鸭湖水库流域内主要农作物为小麦和玉米,小麦施用的主要农药是高效氯氟氰菊酯和多菌灵等杀虫剂和杀菌剂,玉米主要使用的是以乙草胺为主的除草剂,均为含有机氮的农药。结合流域内小麦和玉米种植面积及高效氯氟氰菊酯、多菌灵和乙草胺的单位面积施用量及其有效成分含量和化学式中氮元素含量核算施用农药中的有机氮含量。

由于没有较为详细的乡镇级别的统计数据,因此结合流域内各县(区)主要农作物播种面积、化肥施用量、农药施用量及各乡镇面积,将相关数据分配至乡镇级别。

7.3.2.2 核算结果

1. 产生量

宿鸭湖水库流域农田面源污染物核算结果如表7-12所示。流域内氨氮、总氮、总磷的产生量分别为 52 984.66 t/a、85 596.33 t/a、23 459.84 t/a，总氮的产生量最大。污染物产生的主要来源是肥料施用，农药施用产生的污染物量很小，农药施用产生的总氮量仅占总量的 0.06%。

表 7-12　宿鸭湖水库流域农田面源污染物核算结果

县(区)	肥料施用污染物产生量(t/a)			农药施用污染物产生量(t/a)	各类污染物合计产生量(t/a)		
	氨氮	总氮	总磷	总氮	氨氮	总氮	总磷
驿城区	13 495.45	20 831.54	5 834.45	14.71	13 495.45	20 846.25	5 834.45
遂平县	6 241.08	12 816.29	4 169.55	7.73	6 241.08	12 824.02	4 169.55
汝南县	9 767.81	16 716.23	4 434.60	8.98	9 767.81	16 725.21	4 434.60
泌阳县	3 199.28	8 463.52	2 226.41	5.41	3 199.28	8 468.93	2 226.41
确山县	20 281.04	26 718.45	6 794.82	13.46	20 281.04	26 731.91	6 794.82
合计	52 984.66	85 546.03	23 459.83	50.30	52 984.66	85 596.33	23 459.83

从流域内各县(区)的产生量情况看，氨氮、总氮、总磷产生量最多的都是确山县，其次是驿城区、汝南县、遂平县，泌阳县的产生量最小。这主要是确山县、驿城区位于流域内的面积较大，而其他县仅有部分位于流域内。

宿鸭湖水库流域内各县(区)农田面源污染物产生量见图 7-26。

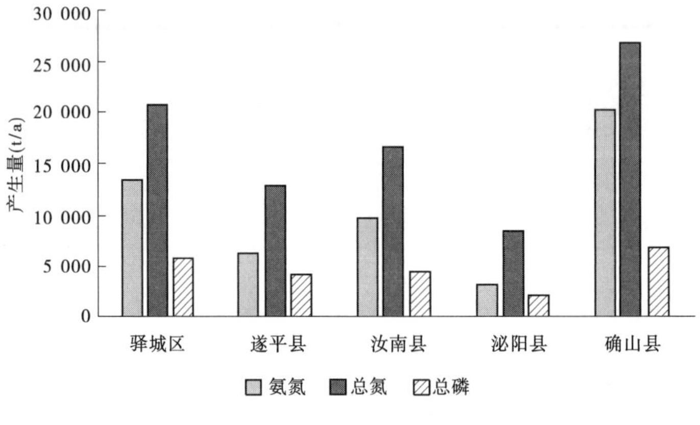

图 7-26　宿鸭湖水库流域内各县(区)农田面源污染物产生量

2. 流失量

宿鸭湖水库流域内农田面源污染物流失量核算结果如表 7-13 所示。流域内氨氮、总氮、总磷的流失量分别为 82.26 t/a、2 009.36 t/a、91.98 t/a，分别占流域内农田面源各类污染物产生量的 0.16%、2.35%和 0.39%。

表 7-13　宿鸭湖水库流域内农田面源污染物流失量核算结果

县(区)	氨氮流失量(t/a)	总氮流失量(t/a)	总磷流失量(t/a)
驿城区	21.08	493.12	23.55
遂平县	8.98	288.77	14.74
汝南县	14.59	388.04	17.05
泌阳县	5.35	204.90	9.28
确山县	32.26	634.53	27.36
合计	82.26	2 009.36	91.98

从流域内各县(区)农田面源污染物流失量情况看,与产生量的分布规律一致,确山县的农田面源污染物流失量最多,其次是驿城区、汝南县、遂平县,泌阳县最小。

3. 入河量

宿鸭湖水库流域内农田面源污染物入河量核算结果如表 7-14 所示。流域内农田面源污染物氨氮、总氮、总磷的入河量合计分别为 12.47 t/a、299.93 t/a、13.81 t/a,各类污染物入河量分别占流失量的 15.16%、14.93%、15.01%。

表 7-14　宿鸭湖水库流域内农田面源污染物入河量核算结果

县(区)	氨氮入河量(t/a)	总氮入河量(t/a)	总磷入河量(t/a)
驿城区	3.11	72.71	3.48
遂平县	1.16	36.04	1.96
汝南县	2.23	59.40	2.61
泌阳县	0.78	29.71	1.35
确山县	5.19	102.07	4.41
合计	12.47	299.93	13.81

从各县(区)农田面源污染物入河量看,确山县最高,其次是驿城区、汝南县、遂平县,最低的是泌阳县。

宿鸭湖水库流域内各县(区)农田面源污染物入河量如图 7-27 所示。

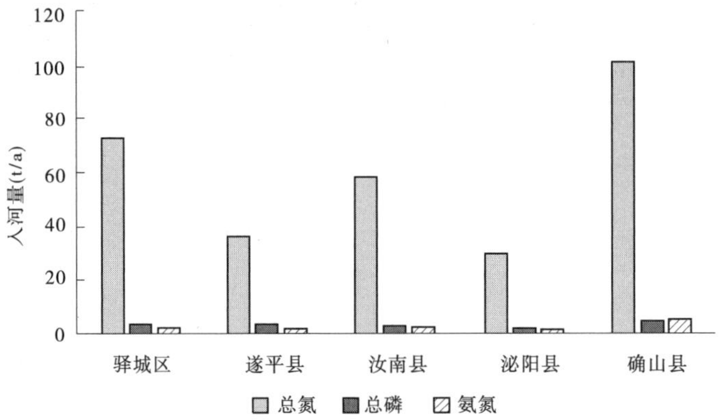

图 7-27　宿鸭湖水库流域内各县(区)农田面源污染物入河量

7.3.3　分散式畜禽养殖面源污染物入河量核算

7.3.3.1　所需数据

根据分散式畜禽养殖面源污染物核算公式,核算分散式畜禽养殖面源污染需要流域内分散式畜禽养殖数量、畜禽的饲养周期。

1. 分散式畜禽养殖数量

根据《河南省畜牧局　河南省环境保护厅关于调整畜禽养殖场规模标准的通知》(豫牧〔2017〕18 号),河南省畜禽养殖场规模标准为生猪年出栏 500 头以上(含 500 头)、蛋鸡存栏 10 000 羽以上(含 10 000 羽)、肉鸡年出栏 50 000 羽以上(含 50 000 羽)、奶牛存栏 200 头以上(含 200 头)、肉牛年出栏 200 头以上(含 200 头)、肉羊年出栏 1 000 只以上(含 1 000 只)。其他畜种可根据生产特点及猪当量进行换算。规模标准以下的即为分散式畜禽养殖,根据驻马店市畜禽养殖统计数据,确定宿鸭湖流域内各乡镇分散式畜禽养殖数量。

根据《畜禽养殖业污染物排放标准》(GB 18596—2001),对具有不同畜禽种类的养殖场,其规模可将鸡、牛的养殖量换算成猪的养殖量,换算比例为:30 只蛋鸡换算成 1 头猪,60 只蛋鸡折算成 1 头猪,1 头奶牛折算成 10 头猪,1 头牛折算成 5 头猪,3 只羊折算成 1 头猪。将宿鸭湖流域内各县(区)不同种类畜禽养殖量折算成猪,宿鸭湖水库流域内各县(区)折算后生猪养殖规模占比如图 7-28 所示。

按折算后生猪养殖量计,宿鸭湖流域内驿城区养殖量最大,占流域的 36%;其次是确山县,其养殖量占流域的 25%;泌阳县和遂平县的畜禽养殖量相差不大,占 14%左右,汝南县的占比最小,约为 11%。

2. 畜禽的饲养周期

根据《全国规模化畜禽养殖业污染情况调查及防治对策》,各类畜禽的饲养周期如表 7-15 所示。

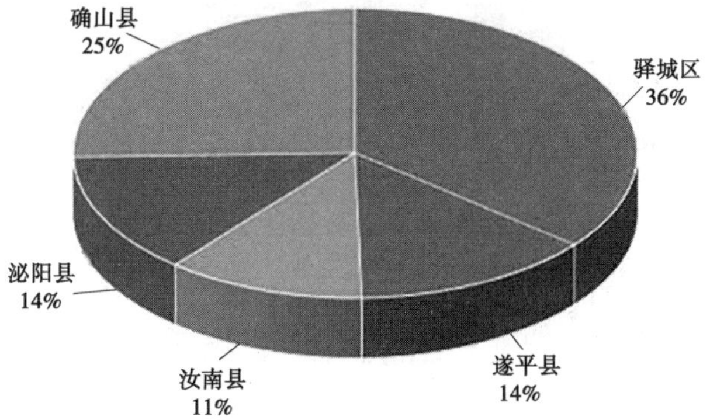

图 7-28　宿鸭湖水库流域内各县(区)折算后生猪养殖规模占比

表 7-15　各类畜禽的饲养周期

项目	单位	牛	猪	羊	家禽
粪	kg/d	20.0	2.0	2.6	0.125
	kg/a	7 300.0	398.0	950.0	26.25
尿	kg/d	10.0	3.3	—	—
	kg/a	3 650.0	656.7	—	—
饲养周期	d	365.0	199.0	365.0	210.0

7.3.3.2　核算结果

1. 产生量

采用农村生活污染物产生量估算模型,计算出宿鸭湖水库流域内各个乡镇分散式畜禽养殖污染物产生量。宿鸭湖水库流域内分散式畜禽养殖产生 COD 为 94 531.43 t/a,氨氮为 9 288.88 t/a,总氮为 22 015.33 t/a,总磷为 5 690.67 t/a。从畜禽养殖种类分析宿鸭湖流域内分散式畜禽养殖污染物产生来源,如图 7-29 所示。

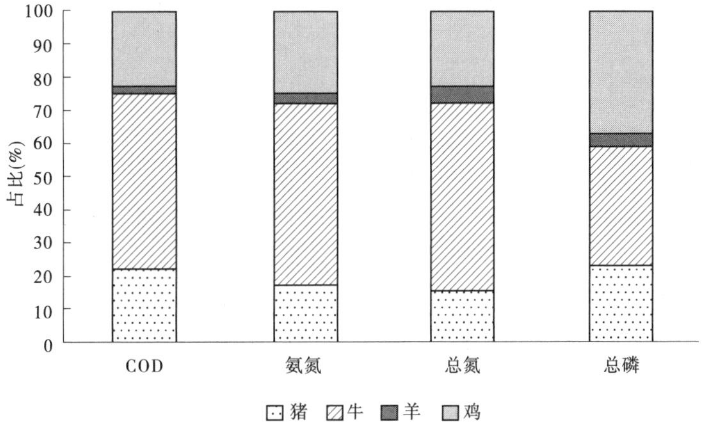

图 7-29　宿鸭湖水库流域内分散式畜禽养殖污染物产生来源

宿鸭湖水库流域内分散式畜禽养殖 COD、氨氮、总磷、总磷产生量主要来自养牛，其次是养猪和养鸡。

2. 流失量

采用分散式畜禽养殖污染物流失量估算模型，计算出宿鸭湖水库流域内分散式畜禽养殖 COD 流失量为 6 793.14 t/a，氨氮流失量为 727.10 t/a，总氮流失量为 1 691.48 t/a，总磷流失量为 402.26 t/a。核算各类畜禽养殖污染物流失到环境中的量，流域内分散式畜禽养殖 COD、氨氮、总氮、总磷流失量来源如图 7-30 所示。

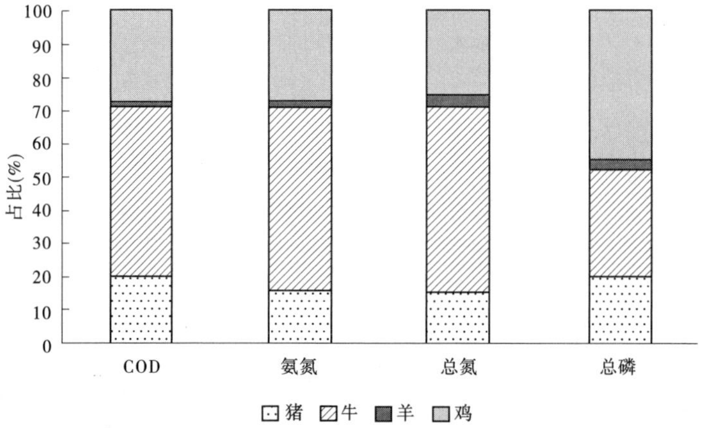

图 7-30　宿鸭湖水库流域内各类分散式畜禽养殖污染物流失量占比

从宿鸭湖分散式畜禽养殖污染物流失情况看，分散式畜禽养殖污染物流失量主要来自养牛，其次是养猪和养羊。

3. 入河量

采用分散式畜禽养殖污染物入河量估算模型，计算出宿鸭湖水库流域内各个乡镇分散式畜禽养殖污染物的入河量。流域内分散式畜禽养殖 COD 入河总量为 2 073.481 t/a，氨氮入河总量为 284.91 t/a，总氮入河总量为 509.19 t/a，总磷入河总量为 122.30 t/a。分析各区域对宿鸭湖水库流域分散式畜禽养殖污染物入河量的贡献，结果如图 7-31 所示。

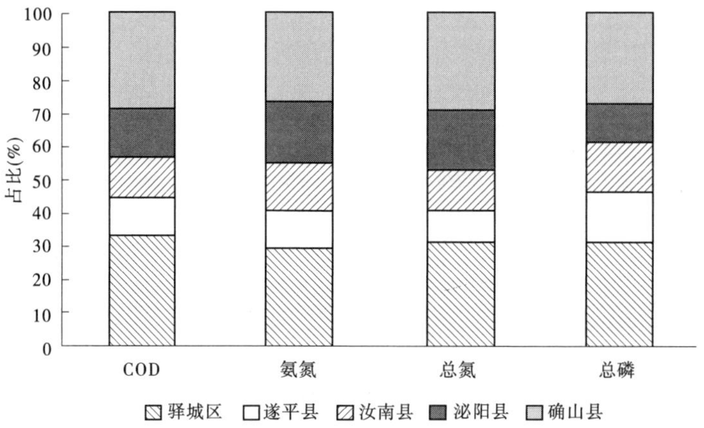

图 7-31　宿鸭湖水库流域内各区域分散式畜禽养殖污染物入河量占比

从宿鸭湖水库各区域分散式畜禽养殖污染物入河量情况看,驿城区占比最大,其分散式畜禽养殖污染物 COD、氨氮、总氮和总磷占比分别为 32.78%、29.63%、31.64% 和 31.27%;其次是确山县,其分散式畜禽养殖污染物 COD、氨氮、总氮和总磷占比分别为 28.25%、26.47%、28.51%和 26.90%,其次是泌阳县和汝南县,遂平县占比最低。

分析宿鸭湖水库流域内分散式畜禽养殖污染物入河量各类畜禽养殖种类的占比,结果如图 7-32 所示。

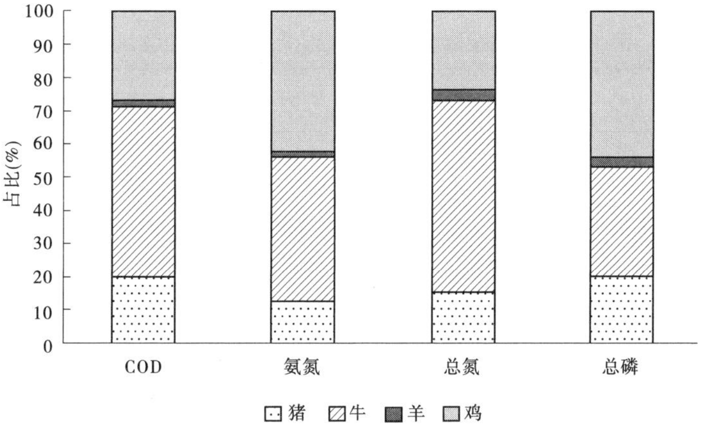

图 7-32 宿鸭湖水库流域内分散式畜禽养殖各养殖种类污染物入河量占比

从宿鸭湖水库分散式畜禽养殖污染物入河来源来看,COD 入河量主要来源于养牛(51.94%),其次是养鸡(26.77%)和养猪(19.53%);氨氮入河量主要来源于养牛(43.64%),其次是 42.55%;总氮入河量主要来源于养牛(57.69%),其次是养鸡(23.63%);总磷入河量主要来源于养鸡(44.21%)和养牛(32.62%)。

7.3.4 城镇地表径流面源污染物入河量核算

7.3.4.1 所需数据

1. 各县(区)建成区面积

宿鸭湖水库流域涉及驻马店市驿城区、遂平县、确山县的建成区,依据其政府工作报告,2016 年驿城区、遂平县、确山县建成区面积分别为 85 km^2、22 km^2、17 km^2,建成区内绿地覆盖率分别为 34.50%、35.00%、25.00%。

2. 年降水量

依据驻马店市各气象站点降水量监测数据,2016 年驿城区、遂平县、确山县的年降水量分别为 894 mm、763.8 mm 和 901.3 mm。

3. 降水径流污染物浓度

降水径流污染物浓度是指在整个降水过程中,降水径流的平均浓度。一般对于 1 个降水过程来说,初期雨水的污染物浓度往往较高,随着降水历时的延长,污染物浓度逐渐减小。

汇总相关研究中对不同城市降水径流污染物浓度的监测值如表 7-16 所示,由表 7-16 可以看出,目前关于城市降水径流污染的相关研究往往集中在省会等较大、较发达城市。

在不同的下垫面类型下,COD 浓度为 16~187 mg/L,氨氮浓度为 0.05~3.16,总氮浓度为 0.68~9.88,总磷浓度为 0.02~1.01。一般来说,城市主干道路、商业区、工业区等人流量、车流量大的区域降水径流污染物浓度较高,其次是居民区,最低的是公园绿地区域,县级城市建成区降水径流污染物浓度明显小于市级城市建成区。若城市建成区人口多、工商业发达、人车流量大,则城市降水径流污染物浓度往往较大。宿鸭湖水库流域内涉及的驻马店市相对于表 7-16 中所列城市发展水平较低,其降水径流污染物浓度也应低于相关研究成果。

表 7-16 相关研究中监测的城市降水径流污染物浓度

城市	下垫面类型	降水日期	径流污染物平均浓度(mg/L)				文献来源
			COD	氨氮	总氮	总磷	
武汉市	沥青路面	2015 年 4~5 月 3 场降水	157	—	3.57	0.46	王浩升(2015)
	水泥路面		187	—	5.57	0.85	
	停车场		37	—	2.83	0.11	
	油毡屋面(工业园)		110	—	8.63	0.13	
	油毡屋面(教工宿舍)		42	—	7.37	0.06	
	瓦屋面		25	—	2.75	0.04	
	水泥屋面		45	—	9.88	0.44	
南宁市	科教区	2016 年 7~8 月 6 次降水	56.10	1.58	1.97	0.17	秦雅琪(2018)
	交通区		69.72	1.91	2.19	0.26	
	商业区		114	2.48	3.08	0.36	
	公园		45.45	1.14	1.56	0.17	
	居住区		44.15	1.25	1.61	0.13	
海口市	水泥路面	2011 年 5~10 月 9 次降水	114.20		0.95	0.13	李春荣等(2013)
	沥青路面		83.60		0.95	0.12	
	屋面		44.80		1	0.04	
	绿化带		38.20		0.68	0.20	
宁波市	工业区	2014 年 2~10 月 7 场降水	133.30	1.45	3.69	0.318	王显海等(2016)
	商业区		178.30	1.28	6.88	1.01	
	居民区		103.10	1.58	3.49	0.60	
	屋面		71.18	3.16	8.83	0.107	
	绿地		56.05	0.336	0.856	0.894	

续表 7-16

城市	下垫面类型	降水日期	径流污染物平均浓度(mg/L)				文献来源
			COD	氨氮	总氮	总磷	
长治市	居民区屋面	2017 年 6~9 月 8 场降水	57.768		1.507	0.136	苏晶(2017)
	居民区路面		72.741		2.141	0.363	
	商业区屋面		79.601		2.843	0.137	
	商业区路面		91.939		1.576	0.380	
	工业区屋面		91.382		2.315	0.079	
	工业区路面		52.283		1.756	0.171	
秀山县(重庆市)	主干道(商业区)	2017 年 6~9 月 6 场降水	63.24	0.23		0.07	刘梦一(2018)
	居住区路面		44.48	0.16		0.05	
	居住区屋面		16.84	0.05		0.02	
	活动广场(公园内地面)		33.31	0.16		0.04	

综合考虑,相关城市中,长治市与驻马店市为同一等级城市,采用以长治市的监测成果为基础并结合其他城市公园绿地的监测结果取其均值的方法,将宿鸭湖水库流域内驿城区建成区降水径流中 COD、氨氮、总氮、总磷的平均浓度取为 69.0 mg/L、1.6 mg/L、1.8 mg/L、0.2 mg/L,因长治市未监测氨氮,所以氨氮浓度选用其他城市监测均值。遂平县和确山县的城市降水径流污染物浓度参考秀山县的监测成果均值进行选取,将 COD、氨氮、总氮、总磷的平均浓度取为 39.50 mg/L、0.20 mg/L、0.70 mg/L、0.05 mg/L,秀山县未监测总氮浓度,因此其总氮浓度选取其他城市监测结果的最低值,取为 0.7。

7.3.4.2　核算结果

宿鸭湖水库流域城镇地表径流面源污染物核算结果如表 7-17 所示。宿鸭湖水库流域城镇地表径流面源 COD、氨氮、总氮、总磷的产生量分别为 2 703.51 t/a、54.53 t/a、66.76 t/a、7.10 t/a,入河量分别为 1 865.48 t/a、38.85 t/a、46.63 t/a、5.00 t/a。

从各县(区)的城镇地表径流面源污染物产生量看,驿城区明显大于遂平县和确山县,主要原因是驿城区城市建成区面积大,城市发展水平高于遂平县和确山县。

表 7-17　宿鸭湖水库流域城镇地表径流面源污染物核算结果

县(区)	产生量(t/a)				入河量(t/a)			
	COD	氨氮	总氮	总磷	COD	氨氮	总氮	总磷
驿城区	2 253.31	52.25	58.78	6.53	1 622.38	37.62	42.32	4.70
遂平县	225.51	1.14	4.00	0.29	121.77	0.62	2.16	0.15
确山县	224.69	1.14	3.98	0.28	121.33	0.61	2.15	0.15
合计	2 703.51	54.53	66.76	7.10	1 865.48	38.85	46.63	5.00

7.3.5 水土流失面源污染物入河量核算

7.3.5.1 所需数据

宿鸭湖水库流域水土流失面源污染物入河量核算需要的数据包括流域内泥沙流失量和流域内易流失土壤的表层氮、磷含量。

1. 流域内泥沙流失量

因无宿鸭湖水库流域内控制站点的河流输沙量监测数据，本书采用《中国泥沙公报2017》中淮河干流控制站点的输沙量监测数据进行核算。如表7-18所示，息县水文控制站位于河南省信阳市息县，鲁台子水文控制站位于安徽省凤台县鲁台子村，阜阳水文控制站位于安徽省阜阳市颍河汇入淮河前。淮河干流息县—鲁台子区间主要有淮河北岸的洪汝河水系、沙颍河水系和淮河干流南岸的史灌河、寨河、白露河等水系汇入，宿鸭湖水库流域属于洪汝河流域。遵循在现有监测数据基础上尽量减少干扰的原则，以息县—鲁台子区间扣除颍河阜阳水文控制站数据的方式计算剩余区域的输沙模数，并以此来计算宿鸭湖水库流域泥沙流失量。经计算，宿鸭湖水库流域的泥沙流失量为15.30万t/a。

表7-18 淮河干流水文控制站实测2017年输沙量

项目	淮河息县	淮河鲁台子	颍河阜阳	息县—鲁台子区间扣除颍河阜阳
控制流域面积(万 km^2)	1.02	8.86	3.52	4.32
年输沙量(万t)	139	292	3.69	149.31
输沙模数[$t/(a \cdot km^2)$]	136	33	1.05	34.56

2. 流域内易流失土壤的表层氮、磷含量

从中国土壤数据库中获取驻马店市境内的土种信息，汇总宿鸭湖水库流域内易发生水土流失的土种数据信息，如表7-19所示。

表7-19 宿鸭湖水库流域内易发生水土流失的土种数据信息

土种名称	分布区域	表层总氮含量(g/kg)	表层总磷含量(g/kg)
僵黄土	黄土丘陵、垄岗坡地的中、上部	0.71	0.33
南阳僵黄土	黄土丘陵、垄岗坡地的中、下部	0.55	0.36
麻石土	中、低山坡地的陡坡	3.13	0.66
泥底灰砂土	沿河漫滩地	0.32	0.4
灰青砂土	河流两岸阶地及河流故道	0.63	0.54
夹砂灰两合土	河流两岸阶地	0.51	0.54
平均值		0.98	0.47

注：表中"南阳僵黄土"仅为土种名称，在河南省多地均有分布。

7.3.5.2 核算结果

宿鸭湖水库流域水土流失面源污染物入河量核算结果如表7-20所示。流域内总氮、总磷的产生量分别为 445.22 t/a、143.82 t/a，入河量分别为 222.61 t/a、86.29 t/a。

表 7-20　宿鸭湖水库流域水土流失面源污染物入河量核算结果

流域面积 (km²)	输沙模数 [t/(a·km²)]	总氮产生量 (t/a)	总磷产生量 (t/a)	总氮入河量 (t/a)	总磷入河量 (t/a)
4 426.65	15.30	445.22	143.82	222.61	86.29

7.4　核算结果分析

经核算，宿鸭湖水库流域内 COD、氨氮、总氮、总磷的产生量分别为 130 897.42 t/a、63 213.11 t/a、113 759.3 t/a、30 105.28 t/a，入河量分别为 5 316.49 t/a、491.39 t/a、1 355.74 t/a、253.63 t/a；COD、氨氮、总氮、总磷的入河量分别占产生量的 4.06%、0.78%、1.19%、0.84%。

宿鸭湖水库流域内各类面源污染物入河量占比如图 7-33 所示。从 COD 的入河量来看，分散式畜禽养殖占比最高，达到 39.00%，其次是城镇地表径流和农村生活，分别占 35.09%、25.91%。

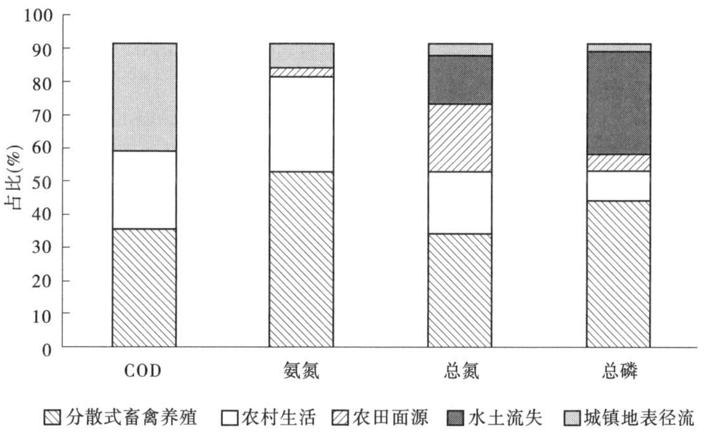

图 7-33　宿鸭湖水库流域内各类面源污染物入河量占比

从氨氮的入河量来看，分散式畜禽养殖占比高达 57.98%，其次是农村生活，占 31.57%。农田面源和城镇地表径流则相对较少。

从总氮的入河量来看，分散式畜禽养殖占比为 37.56%，农田面源、农村生活和水土流失占比相当，分别为 22.12%、20.46%、16.42%，城镇地表径流占比较小。

从总磷的入河量来看，分散式畜禽养殖占比依旧最大，达到 48.22%，其次是水土流失，占比为 34.02%。农村生活、农田面源和城镇地表径流占比相对较小。

综上所述，畜禽养殖产生的 COD、氨氮、总氮和总磷的入河量占各类污染物排放总量的比例分别为 39.00%、57.98%、37.56%和 48.22%，均大于其他类型面源污染。同时，农村生活对 COD、氨氮、总氮的贡献，农田面源对总氮的贡献，水土流失对总氮、总磷的贡献和城镇地表径流对 COD 的贡献也不容忽视。

第8章 山区大型水库面源污染物入河量调查与核算

8.1 区域特征

8.1.1 区域范围

根据汇水区域划分方法，结合陆浑水库所在地市的水系图、行政区划图，最终划定陆浑水库的汇水区域。陆浑水库汇水区域面积为 3 500.9 km^2，全部位于洛阳市境内，其中嵩县境内汇水区域面积占 37.37%，栾川县境内汇水区域面积占 62.63%，水库汇水区域主要涉及嵩县 13 个乡镇和栾川县 13 个乡镇的部分区域，嵩县和栾川县建成区也在其汇水区域内，见表 8-1 和附图 3-1。

表 8-1 陆浑水库汇水区域面积和涉及乡镇

涉及县市	流域内涉及面积(km^2)	涉及乡镇
嵩县	3 500.9	闫庄乡(6.29%)、田湖镇(5.78%)、大坪乡(74.84%)、城关镇、何村乡、德亭乡、大章乡、旧县镇、纸房乡(89.63%)、库区乡、饭坡镇(69.00%)、黄庄乡(6.41%)、车村镇(9.43%)
栾川县		潭头镇、秋扒乡、狮子庙乡、白土乡、陶湾镇(92.62%)、石庙乡、栾川乡、城关镇、赤土店镇、庙子乡、合峪镇、冷水镇(16.13%)、三川镇(6.87%)

8.1.2 自然环境概况

8.1.2.1 地理位置

陆浑水库位于黄河流域伊河中游洛阳市嵩县境内，距洛阳市 67 km，是 20 世纪 60 年代修建的一座以防洪为主的大型水库。陆浑水库流域全部位于洛阳市境内，位于洛阳市的中西部，整体上位于河南省西部。

8.1.2.2 地形地貌

陆浑水库位于由伏牛山、熊耳山和外方山合围的嵩县盆地出口峡谷地段。水库三面环山。陆浑水库大部分地段河谷开阔，河床宽度大于 1 km，水流由西南流向东北，至坝址区河床宽度骤然缩窄至 330 m，大坝两肩为岗状地形，左岸岗顶高程为 350~360 m，其北侧为一大冲沟(樱桃沟)，沟底高程为 280~300 m，右岸岗顶高程为 360~380 m，冲沟浅而短。

8.1.2.3　**河流水系**

陆浑水库位于黄河流域伊河上中游(见附图 3-1),总库容 13.2 亿 m^3,兴利库容 5.83 亿 m^3,水库建成后,在防洪、发电、灌溉和水产养殖等方面发挥了重要的作用。《河南省城市集中式饮用水源保护区划》(豫政办〔2007〕125 号)中明确,陆浑水库是洛阳市的地表水饮用水水源保护区。

伊河是中国黄河南岸支流洛河的支流之一,源于熊耳山南麓的栾川县陶湾镇,流经嵩县、伊川,蜿蜒于熊耳山南麓、伏牛山北麓,穿伊阙而入洛阳,东北至偃师注入洛河,与洛水汇合成伊洛河。至巩义注入黄河。全长 264.88 km,流域面积 6 100 多 km^2。在栾川县境,流域面积 1 053 多 km^2,河床宽度百米左右,水面宽 10~20 m 不等,年均径流量 3.68 亿 m^3。在嵩县境内,河床总长 80 km,流域面积 1 731 km^2,河床平均宽度为 1 500 m,常年有水,平均流量 10 m^3/s,旱季最小流量 1.1 m^3/s(1978 年 4 月),雨季最大流量 4 800 m^3/s(1982 年 7 月)。

8.1.2.4　**水资源概况**

1.降水量

依据历年洛阳市水资源公报,分析洛阳市和陆浑水库流域 2011~2016 年降水量的变化趋势,如图 8-1 所示。从降水量上看,陆浑水库流域可以反映出洛阳市的一般性特征,无明显不一致之处。

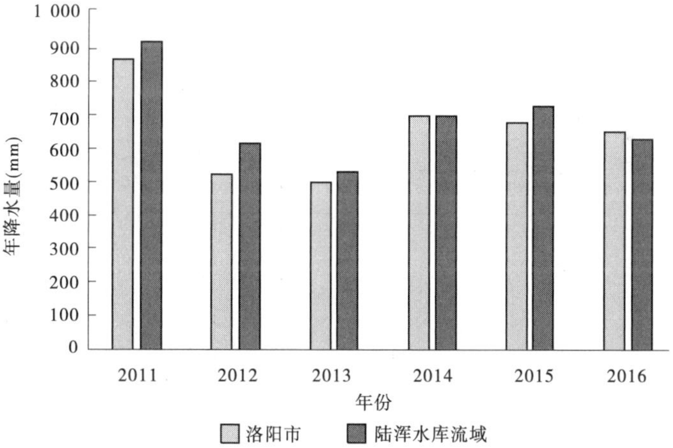

图 8-1　2011~2016 年降水量变化趋势

从近几年变化情况看,洛阳市 2011 年降水量最高,达到了 873.3 mm。洛阳市 2011~2016 年平均降水量为 656.95 mm,陆浑水库流域 2011~2016 年降水量均值为 691.29 mm,稍高于洛阳市。

依据陆浑水库流域各县(区)降水量监测数据,分析 2011~2016 年陆浑水库流域各县(区)降水量变化趋势,如图 8-2 所示。可以看出,嵩县和栾川县之间降水量差别并不大。2016 年,嵩县、栾川县年降水量分别为 598.8 mm、663.7 mm,栾川县的降水量稍大于嵩县。

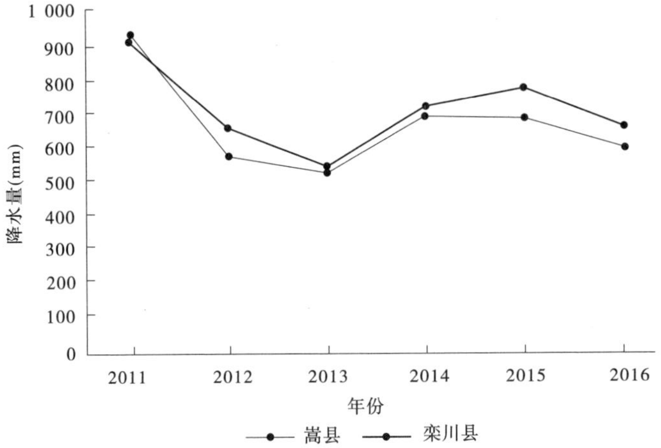

图 8-2　2011~2016 年陆浑水库流域内各县(区)降水量变化趋势

2. 水库蓄水量分析

根据河南省水资源公报,陆浑水库 2016 年初、年末蓄水量分别为 4.998 亿 m^3、4.056 亿 m^3,蓄水量降低 0.943 亿 m^3。2011~2016 年陆浑水库蓄水量变化趋势见图 8-3。由图 8-3 可见,2011~2016 年,陆浑水库蓄水量总体上呈下降趋势,在 2013 年末蓄水量低至 3.109 亿 m^3,2014 年以来蓄水量呈现上升又下降的波动趋势。

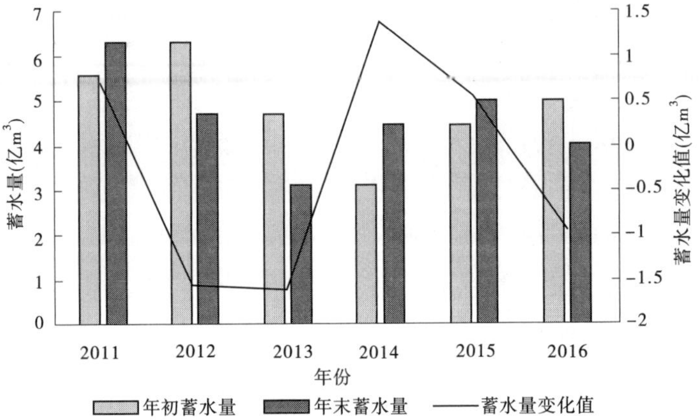

图 8-3　2011~2016 年陆浑水库蓄水量变化趋势

3. 水资源总量

依据 2011~2016 年历年洛阳市水资源公报分析洛阳市水资源总量、地表水资源量、地下水资源量的变化趋势,如图 8-4 所示。可以看出,洛阳市近几年水资源量呈先下降后上升趋势,但整体上是下降趋势。相较于 2011 年,2016 年水资源总量为 20.42 亿 m^3,减少了 50.12%;地表水资源量为 16.27 亿 m^3,减少了 56.28%;地下水资源量为 12.09 亿 m^3,减少了 27.82%。

8.1.2.5　水土保持概况

水土流失是指由于自然或人为因素的影响,雨水不能就地消纳而顺势下流、冲刷土

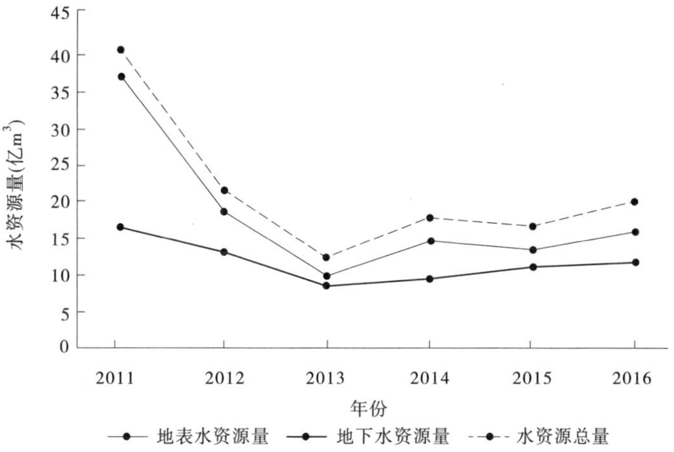

图 8-4　2011~2016 年洛阳市水资源量变化趋势

壤,造成水分和土壤同时流失的现象。主要原因是地面坡度大、土地利用不当、地面植被遭破坏、耕作技术不合理、土质松散、滥伐森林、过度放牧等。根据产生水土流失的“动力”,分布最广泛的水土流失可分为水力侵蚀、重力侵蚀和风力侵蚀三种类型。河南省水土流失类型以水力侵蚀为主,兼有风力侵蚀。水力侵蚀主要分布在低山、丘陵及岗地,以面蚀、沟蚀为主;风力侵蚀主要分布在黄河故道沿线和平原沙土区。

按照中国水土流失分布区划分,陆浑水库所在的洛阳市属于北方土石山区。陆浑水库流域所在的嵩县和栾川县是洛阳市水土流失的主要分布区域。嵩县位于伏牛山中条山国家级水土流失重点治理区,水土流失面积为 2 174.25 km^2,水土流失面积中轻度流失面积为 583.66 km^2,中度流失面积为 1 396.06 km^2,强度流失面积为 170.87 km^2,极强度流失面积为 23.66 km^2。栾川县位于丹江口库区及上游国家级水土流失重点预防区,水土流失侵蚀类型主要是水力侵蚀,部分山丘区存在着滑坡、崩塌、泥石流等重力侵蚀。水力侵蚀的表现形式主要是坡面面蚀,丘陵地区也有浅沟侵蚀及小切沟侵蚀。截至 2016 年,栾川县水土流失面积 428 km^2,占土地总面积的 17.3%。水土流失总的特点是强度不高、分布广、威胁大。

8.1.3　社会经济概况

8.1.3.1　人口概况

1. 洛阳市

依据河南省统计年鉴,2016 年,洛阳市常住人口 680.1 万人,位居全省 18 个省辖市第 6;其中农村常住人口 310.47 万人,位居全省 18 个省辖市第 6;城镇化率 54.35%,位居全省 18 个省辖市第 5。洛阳市整体人口数量较多,农村人口基数大。

2. 陆浑水库流域涉及县

依据历年河南省统计年鉴和洛阳市统计年鉴中嵩县、栾川县的统计数据分析陆浑水库流域人口情况。2016 年,陆浑水库流域涉及县(区)人口情况如图 8-5 所示,可以看出,嵩县的农村人口显著大于栾川县,栾川县的城镇化率高于嵩县。

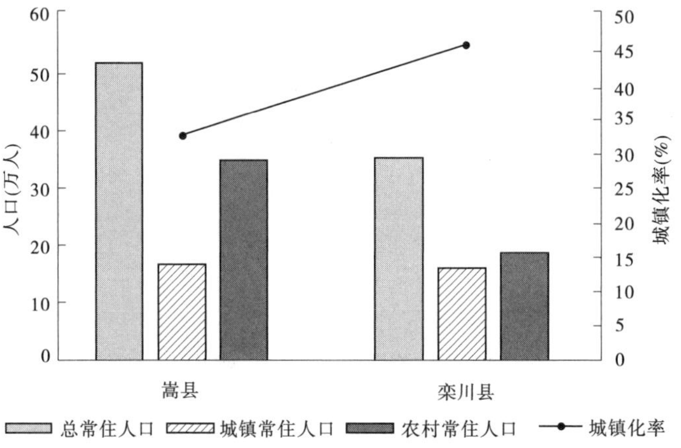

图 8-5　2016 年陆浑水库流域涉及县(区)人口情况

8.1.3.2　社会经济发展概况

1. 洛阳市

洛阳市 2016 年生产总值 3 820.11 亿元,人均生产总值 56 410 元。洛阳市 2011～2016 年生产总值及三产占比变化情况如图 8-6 所示。从三产占比情况看,近年来第一产业整体呈下降趋势,从 2011 年的 7.54%下降至 2016 年的 6.13%;第二产业也呈明显下降趋势,第三产业则呈上升趋势。洛阳市生产总值不断提高,第一产业和第二产业对生产总值的贡献不断下降。

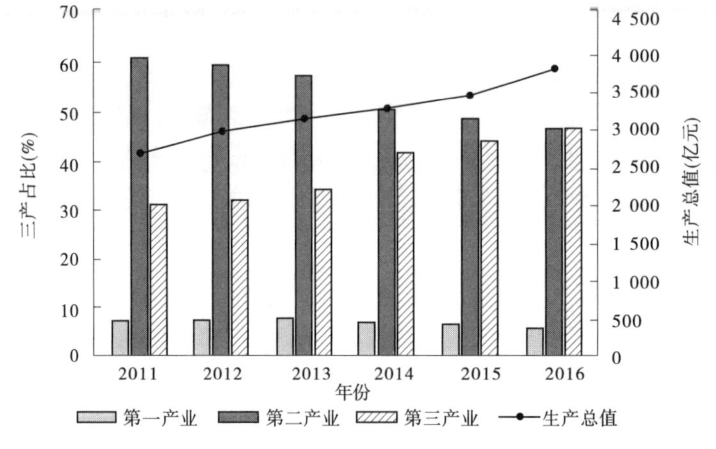

图 8-6　洛阳市 2011～2016 年生产总值及三产占比变化情况

2. 陆浑水库流域涉及县

陆浑水库涉及洛阳市的嵩县和栾川县。2016 年,嵩县全年实现生产总值 156.8 亿元,比上年增长 8.7%,第一产业、第二产业、第三产业比例为 18.8∶34.8∶46.4,嵩县以第三产业为主导。栾川县完成地区生产总值 164.4 亿元,同比增长 8.6%,第一产业、第二产业、第三产业结构之比为 8.7∶56.5∶34.8;栾川县以第二产业为主导。陆浑水库流域涉及县 2016 年生产总值及三产占比如图 8-7 所示。

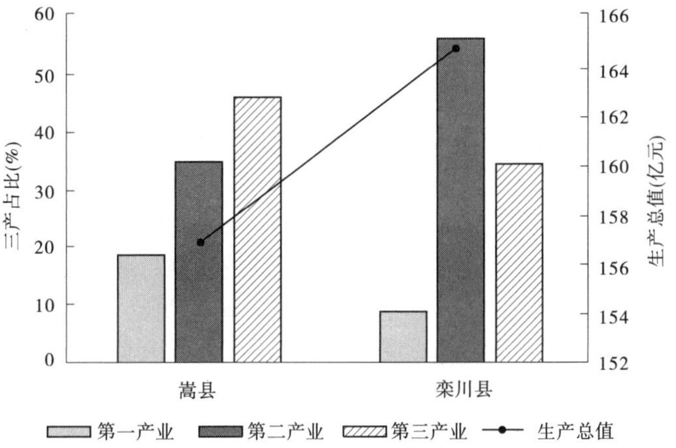

图 8-7　陆浑水库流域涉及县 2016 年生产总值及三产占比

8.2　面源污染物入河量调查

8.2.1　调查时间和点位

陆浑水库调查时间为 2018 年 10 月下旬至 11 月上旬。

调查区域主要选择陆浑水库流域内水库周边、主要入库河流涉及的乡镇,各乡镇选取一定数量的村庄进行入户调查,首选水库周边、入库河流两侧、人口数量较多的村庄。本次在陆浑水库流域内共调查 2 个县 6 个乡镇(嵩县纸房镇、旧县镇、大章镇、库区乡,栾川县石庙镇、赤土店镇)、12 个村庄、25 个农户、6 个河流(水库)节点,获取农村生活、农田面源、分散式畜禽养殖 3 类调查表近 80 份。

8.2.2　调查内容

8.2.2.1　**嵩县**

1. 纸房镇

纸房镇有 17 个行政村、4 个社区。全镇实现自来水全覆盖,镇区污水接入县城管网,农村未建设污水处理设施,生活污水直排入农田或菜地。各村垃圾统一收集后进行填埋。厕所以旱厕为主,水冲式厕所相对较少,配套建设有化粪池,人粪尿主要采用综合利用处理方式(用于菜地施肥)。

纸房镇农作物主要为小麦、玉米、杂粮(杂粮占 1/3,种植红薯、花生、大豆、棉花、谷类等)。化肥使用复合肥,用量为 50 kg/亩,一年施肥 1 次,农药使用量较低,没有水浇地。

散养猪养殖户约 50 户,养殖规模为 30~50 头猪,集中在石铺、龙头、台上、七泉村等,猪粪采用干清粪或水冲流入化粪池的方式,设置有沼气池。养羊养殖户约 12 户,采用圈养方式;养鸡养殖户约 45 户,鸡粪还田或装袋出售。养牛牛粪主要用于耕地。

1)纸房社区入户调查

纸房社区成立于2013年5月,位于嵩县伊东新区,辖区面积4.9 km^2。社区现有居民1 180户,4 950人,常住人口约4 300人。自来水实现全覆盖,个别村设置有自压井。1户(3~4口人)用水量平均为3~4 t/月。纸房社区地势南高北低,仅主街道建设有排水沟,小街道生活污水直接排到水泥路面或屋前排水沟。社区配置有垃圾池和垃圾箱,建设有村级垃圾填埋场,垃圾收集后运到村填埋场填埋,但个别垃圾池破损严重,小街道垃圾收集设施较少,少数垃圾池堆满了垃圾,未及时清理。住户厕所以旱厕为主,无化粪池,人粪尿直接用于农田。全社区没有水浇地,90%土地已经被征收,剩余10%的坡地种植红薯、小麦、玉米,基本不使用化肥,农药施用也较少。纸房镇纸房社区调查情况如图8-8所示。

图8-8　纸房镇纸房社区调查情况

2)七泉村入户调查

七泉村位于嵩县伊水南岸,纸房镇东南沙沟中段,常住人口 710 人。由于是山区,村民居住较为分散,80%以上实现供应自来水,其他家庭自建自备井,建设有水窖 20~30 座。生活污水通过管道通到门外。生活垃圾统一收集后填埋,各个组选择沟或坑进行填埋。厕所均为旱厕,人粪尿综合用于菜地。全村土地为坡地,种植玉米、花生。生猪养殖户居多,养殖户 13~14 户,规模较大的养殖户采用三级沉淀池,养殖规模为几头或十几头生猪的养殖户建设有化粪池。养羊养殖户 4 户,1 户规模较大,养殖有 200~300 只羊,采用圈养方式;其他规模较小的 3 户采用放养方式。纸房镇七泉村调查情况如图 8-9 所示。

图 8-9　纸房镇七泉村调查情况

2. 旧县镇

旧县镇有 16 个行政村,7 700 户,常住人口约 2. 8 万人。镇区及周边村使用自来水,其他村用山泉水或地下水,建有水窖。镇区建设有污水收集管网,污水处理厂正在建设,农村生活污水用于菜地。厕所以旱厕为主,人粪尿综合利用。生活垃圾集中收集清运至各村外填埋。

全镇耕地面积为 2 万多亩,平地 2 000 亩,其他为坡地,单季种植,主要农作物为玉米,还有花生、小麦、小豆等,主要使用农药杀虫和除草。另外,种植有蔬菜、核桃、桃树、梨树等。其中,河南村土地流转给农业公司,种植花卉,沟门村种植香菇,白庄村种植烟叶。

全镇大型养猪场 2 个(每个养猪场有猪 7~8 千头)、养牛场 1 个(奶牛 200 头)、养鸡场 1 个(蛋鸡 3 万只),分散养殖较少,为 7~8 户,养殖规模为 30~50 头。部分养猪场建设有三级沉淀池,粪便用作有机肥或生产沼气。

1)河南村入户调查

河南村常住人口 1 948 人,统一使用自来水,5 口人用水量为 6~7 t/月,生活污水用于农田或排到院外排水沟。厕所为旱厕,水冲式厕所较少(约 10%),人粪尿用于农田综合利用。全村共建有 12 个垃圾池,垃圾收集后运到村填埋场填埋。

全村每人 4~5 分地❶,种植小麦、玉米,双季种植。施底肥 1 次,使用除草剂。流转的耕地用来种植花卉和苗木,有绿化苗木、银杏、红枫、五角枫、紫荆、百日红、玉兰、海棠、木瓜树、苜蓿草等多种品种。

❶　1 分地 = 66. 67 m^2 地,余同。

据现场调查,村口有 4 个养猪场,养殖规模约 100 头。通过对距离伊河河边 20 m 左右养殖户进行了解,养殖规模为 60~70 头,养殖周期 10 个月,猪圈外修有沟渠和污水存储池(17 m×2.2 m×2 m),猪粪尿通过小沟排入存储池内,粪便用于林木和菜地。

旧县镇河南村调查情况如图 8-10 所示。

图 8-10　旧县镇河南村调查情况

2)东村入户调查

东村常住人口为 1 433 人,村委会位于国道边,由于是山区,村民居住较为分散。村内自备井统一供水,4 口人用水量为 5~6 t/月,生活污水排到院外排水沟或路面。垃圾集中收集运到村填埋场填埋,厕所以旱厕为主,粪尿用于农田。全村耕地为 800~900 亩,单季种植玉米、花生、红薯;坡地种植药材,如丹参、连翘、芍药。全年施肥一次。全村 2 个养猪场,共养殖 210 头猪,建设有沼气池,沼气沼液综合利用;羊、牛养殖户分别为 4 户(每户约 12 头)和 3 户(2~5 头)。旧县镇东村调查情况见图 8-11。

图 8-11　旧县镇东村调查情况

3. 大章镇

大章镇有17个行政村,常住人口3万~4万人,对2个村进行了入户调查。

1)阎沟村入户调查

阎沟村常住人口1 519人,供水为村里集中供水,3~4口之家每月水费5~8 t/月,污水排到院外的水泥砌排水沟。村里规划了污水处理厂(正在前期规划建设中)。旱厕使用率为50%,设置有沼气池;50%为水冲厕,人粪尿用作农田施肥。垃圾集中收集清运至镇填埋场填埋。全村耕地500亩,丘陵地,单季主要种植玉米、小麦,使用复合肥,全年用量为50 kg/亩,农药使用较少;种植核桃2 000多亩,板栗500~600亩。羊、牛、鸡养殖户较少。

2)学村入户调查

学村常住人口1 843人,村里统一打井供水,污水随意漫流。生活垃圾集中收集。全村共1 700多亩地,851亩耕地,主要种玉米、小麦,种植核桃树707亩,药材400~500亩,少量芝麻、红薯。圈养蛋鸡4 000只,圈养羊100~200头,散养羊几百只,养牛40~50头,原来全村共养殖1 000~2 000头猪,现在养殖较少,鸡粪和羊粪用于果园或农田。

4. 库区乡

库区乡19个行政村,常住人口4.7万人。集中供水,目前污水自流至院外排水沟,县里规划在库区沿水库周边建管道送至田湖镇产业集聚区污水处理厂和县城污水处理厂。生活垃圾集中收集,个别村有临时垃圾填埋场,统一送县垃圾填埋场。全乡耕地26 000亩,平地很少,水库公路以下是平地,有2 000多亩。双季种植小麦、玉米,还有花生、黄豆、红薯、土豆、辣椒、油菜,共约1万亩。

1)桥北村入户调查

桥北村3 600多人,统一供水,共有3口井。入户调查了解到6口人用水量5~6 t/月。全村30%区域建设有污水管网,污水输送至田湖镇产业集聚区污水处理厂处理,库区到大坝的主管网已建设,剩下的区域没有管网直排漫流。垃圾统一收集以后送至县垃圾填埋场,水冲厕约60%,旱厕粪便用于农田。全村1 000多亩耕地,全为坡地,主要种植丹参、皂角800多亩,人力除草不打药,核桃树与药材套种,还种有猕猴桃300多亩,用机井浇地,自动喷灌。养猪9户共200多头,粪便清理后用于农田,养鸡2户2 000多只,粪便晾晒后外售。

2)岗上村入户调查

岗上村为库区移民村,700多人。全村集中供水,入户调查了解到3口人用水量1~2 t/月。主要以旱厕为主,人粪尿用于农田。生活污水用于农田或自流至排水沟,垃圾送至县垃圾填埋场,但也会有清运不及时造成垃圾堆积的情况。全村耕地很少,人均2厘地❶,除水库边是平地外都是坡地。全村共有6~7户养猪户,养殖10~20头猪。一年有两三次下大雨会形成径流入河。

库区乡岗上村调查情况如图8-12所示。

8.2.2.2　栾川县

通过与栾川县水利局座谈,初步了解了栾川县农村生活用水与生活污水、农业种植以及

---

❶ 1厘地=6.67 m^2 地,余同。

图 8-12　库区乡岗上村调查情况

畜禽养殖情况:县城 2 个污水处理厂,陶湾镇建有 1 座污水处理厂,石庙乡、合峪镇建有人工湿地,栾川乡大部分区域污水进入县城污水处理厂处理。伊河流域一年两季,主要种植玉米、小麦,其他特色产业主要有赤土店镇种有药材,潭头镇种有杏树、冬桃、烟叶,合峪镇有油桃基地,庙子镇种植板栗。栾川水土流失情况主要是露天开矿造成的,集中在赤土店镇。

1. 石庙镇

石庙镇有 10 个行政村,常住人口 20 100 人,厂矿企业占一小部分,3 个村依靠旅游。自来水覆盖 6 个村,水费 1.9 元/t,4 个村还未通自来水。镇区建有 1 个污水处理站+人工湿地工程,周边 4 个村的污水已收纳,其他村的污水自流渗入地下。此外,有 2 个村也建有污水处理站。生活垃圾统一收集送至县填埋场。农村以水冲式厕所为主(80%~90%),均建有化粪池,其余是旱厕,人粪尿主要用作有机肥。

全镇耕地面积 6 920 亩,平地坡地各占一半,耕地少,主要种植玉米、小麦(约 1 000 亩),高山地区不种小麦。此外,大部分土地流转后种植红梨、板栗、苗木、花卉等,如赤土店镇种药材,潭头镇是杏、东桃、油桃种植基地,庙子镇种植板栗。

养猪 4 户,其中 2 户不到 100 头,另外 2 户 40~50 头,均建设有化粪池,粪便用于农田;散养户 450 户,每户养 2~3 头猪,粪便也是用于农田。养牛 4 户,共 100 多头牛,牛粪一部分用来制沼气,另一部分用作养蚯蚓。养羊 2 户,共 250 来只羊,圈养。养鸡 6 户,共 2.8 万只,蛋鸡,鸡粪一部分用作沼气,另一部分用于农田。

1) 上元村入户调查

上元村是较大的行政村,共 901 户 3 272 人。用水为自来水和山泉水,生活污水由院内管流至户外排水沟或路面上。全村共有 2 个垃圾池,生活垃圾集中收集送至填埋场。住房大部分为旱厕,水冲厕较少。

耕地面积 1 073 亩,平地坡地各占一半,其中玉米 500 亩、小麦不足 100 亩、苗木 300~400 亩,还种有葡萄、经济林、药材、核桃。苗木不需要打药,在幼苗时施少量肥,长成后不施肥。

石庙镇上元村调查情况如图 8-13 所示。

2) 下元村入户调查

下元村户籍人口 2 113 人,常住人口 1 900 人。村民用水由栾川县第四水源厂、石庙镇水厂统一供应;生活污水排到户外排水沟或化粪池。生活垃圾集中收集清运。全村住房水冲厕占 70%左右,自建化粪池,化粪池未做水泥防渗,没有出口。

图 8-13　石庙镇上元村调查情况

全村耕地面积 565 亩，其中 300 亩园地为坡地，土地流转前主要种植小麦和玉米，土地流转后主要有苗圃 500 多亩、药材 300 多亩（山萸肉生长周期为 5~6 年）。养殖户不超过 20 户，喂猪一般是每户 1~2 头，全村存栏量少于 25 头。

石庙镇下元村调查情况见图 8-14。

图 8-14　石庙镇下元村调查情况

2. 赤土店镇

赤土店镇 10 个行政村共约 1.5 万人,镇区用水为九鼎沟水,地表引水,自来水全覆盖。镇区建有 1 个污水处理站+人工湿地工程,仅收集镇区污水,农村污水排入渗坑或化粪池,化粪池比较多。生活垃圾统一收集送至垃圾填埋场;6 个村垃圾自行处理,使用尾矿库填埋生活垃圾。农村水冲厕占比 60%,40%使用旱厕,人粪尿用于农田。

全镇耕地面积 6 347 亩,主要种植玉米、土豆、大豆、药材和核桃。养猪多以个体户为主,养殖 10 头左右,设置有化粪池。养鸡鸡粪经化粪池处理。专业养牛户 1 户,圈养 20~30 头牛。

1)竹园村入户调查

竹园村共 2 885 人,集中供水,建设有 30 t/d 的污水处理站(暂未使用)。全村水冲厕占比 50%,设置有化粪池,废水 80%进入化粪池。生活垃圾集中收集后送至垃圾填埋场。全村耕地面积 800 亩(基本都是坡地),不种小麦,主要种植玉米(占 70%~80%)、土豆、经济林(500~600 亩),药材(100~200 亩)、核桃(20~30 亩)、樱桃几亩。养鸡 2 户,每户 3 000~4 000 只,粪便直接堆河滩上(现已要求停产)。养猪 30~50 头,养牛、羊分别为 15 头、110 只,粪便作为有机肥使用。

2)郭店村入户调查

郭店村共 560 户 2 432 人。全村基本都是集中供水,水量不充足有部分自建井,生活污水一般用于门前菜地。全村垃圾集中收集送至填埋场。全村水冲厕比例为 50%;建设有化粪池和沼气池。全村耕地面积 2 000 亩,平地不多,坡地占 60%~70%,不种小麦,以玉米、土豆为主。85%户种植核桃,50%~60%户种植药材,核桃树种植面积 500 多亩,施肥 2 次/a。全村共有 70~80 头猪,设置有化粪池,猪粪用于农田综合利用。养牛 2 户,每户 3~4 头牛。

8.2.2.3 河流水库

现场调查了解到,伊河及支流水质清澈,水量较小。伊河流经县城城关镇段,在橡胶坝上游形成宽阔的水面,景观宜人。伊河流经旧县镇境内水质清澈,水量仍然不大。陆浑水库近几年水面下降较严重,饮用水二级保护区内种植有玉米、小麦,还有部分菜地等,农田污染物随径流入河。

陆浑水库流域现状见图 8-15。

8.2.3 调查结论

(1)农村生活污水以直排为主,生活垃圾基本实现全收集。

嵩县普通村基本无水冲厕,镇区周边村庄及旅游村的水冲厕占比约 30%;栾川县普通村水冲厕占比 30%以上,特别在旅游村,50%以上农户使用水冲厕。受经济条件、生活习惯的影响,流域范围内的栾川县农村平均生活用水量[2 t/(月·人)]高于嵩县[1 t/(月·人)]。目前,嵩县城关镇、库区乡、何村乡周边村庄,以及德亭镇、大章镇的个别旅游村生活污水,栾川县陶湾镇、秋扒乡、合峪镇、石庙镇、赤土店镇镇区周边村庄,以及重渡沟和个别行政旅游村生活污水集中收集,流域内的农村生活污水直排现象较为突出,同时农村还存在化粪池未进行硬化防渗、污水渗入地下的问题。

嵩县和栾川县农村生活垃圾都实现了统一收集,配备有垃圾池或垃圾箱,但存在垃圾

(a)伊河（栾川县石庙镇段）

(b)伊河支流龙沟河（栾川县赤土店镇）

(c)伊河（栾川县城橡胶坝上游）

(d)伊河（栾川县城橡胶坝下游）

(e)伊河（嵩县旧县镇）

(f)陆浑水库（嵩县库区乡）

(g)陆浑水库

(h)陆浑水库大坝（大坝下游）

图 8-15　陆浑水库流域现状

池(箱)破损、收运不及时、垃圾池(箱)垃圾堆积现象。库区乡部分距离县城垃圾填埋场较近的农村垃圾运往县垃圾填埋场处理,其他农村生活垃圾由每个村自行消纳,简易填埋;栾川县陶湾镇、合峪镇、潭头镇建设有较规范的垃圾填埋场处理垃圾,其他农村生活垃圾也是由每个村自行消纳的,生活垃圾处理遭遇瓶颈。

(2)种植业以粮食作物和药材为主,施肥以复合肥为主。

嵩县和栾川县人均耕地面积均较少,约为 0.7 亩/人,以旱地为主,水浇地较少。陆浑水库流域按照种植结构来看,嵩县的各乡镇以大田作物小麦、玉米和谷物杂粮种植为主,其粮食种植面积约占所有农作物种植面积的 70%；栾川县除玉米种植外，药材种植面积大于小麦种植面积。不同种植结构差异决定着农业生产资料投入特点。种植小麦、玉米、花生等农作物施肥一次或两次，底肥（复合肥配方 $N-P_2O_5-K_2O$：小麦 25-15-0 或 24-16-0，玉米 28-6-6 或 30-5-5，花生 15-15-10 或 18-12-10）1 次，追肥（脲氨氮：氮≥27%）1 次，施肥量为 40~50 kg/亩，个别农户施肥量达到 75~100 kg/亩。

陆浑水库流域内农药主要用于农作物除草和杀虫，玉米、烟叶除草剂以乙草胺为主，果园除草剂以草甘膦为主；小麦以多菌灵杀虫剂为主，蔬菜、果园以高效氯氟氰菊酯杀虫剂为主，烟叶防治病虫害农药品种繁多且使用量大，有氨基寡糖素、超敏蛋白、霜霉威、吡蚜酮等；中草药及其他农作物不使用农药。

（3）分散式畜禽养殖以养猪为主，粪污以土地消纳为主。

嵩县农村分散式畜禽养殖较栾川县多，主要以养猪为主，养猪场采用水冲粪方式，混凝土浇筑化粪池，猪粪用于农田或制沼气。嵩县和栾川县近年来开展了畜禽养殖污染整治行动，分散式畜禽养殖场大部分进行了粪污处理，处理后的畜禽粪便作为农作物的肥料，投入到养殖场周边的菜田、果园及农田。农村分散式畜禽养殖场或个体养殖量少，养殖场数量多，畜禽业产生的污染是面源污染的重要组成部分，次于种植业，总体数量不容忽视。

（4）受地形、降水量和排水系统影响，城镇地表径流直接入河。

嵩县地势由东北向西南逐渐隆起，沟壑纵横交错，建成区为丘陵地带；栾川县建成区为河谷地带。陆浑水库流域嵩县建成区处于暖温带气候，年降水量为 500~600 mm；栾川县建成区处于中南部温凉湿润带，平均降水量 872.6 mm。伊河和陆浑水库分别穿栾川县、嵩县而过，现场调查了解到，栾川县老城区未实现雨污分流，新城区实现雨污分流，嵩县未实现雨污分流，受降水量、地形以及排水系统的影响，栾川县和嵩县城镇地表径流直接入河。

（5）流域内山地面积较大，水土流失分布广。

陆浑水库流域所在的嵩县和栾川县是洛阳市水土流失的主要分布区域。嵩县位于伏牛山中条山国家级水土流失重点治理区，水土流失面积 2 174.25 km^2，占土地总面积的 72.3%。栾川县水土流失面积 428 km^2，占土地总面积的 17.3%。通过座谈以及现场查勘，嵩县和栾川县由于地势的原因，在大雨时易发生水土流失。

8.3　面源污染物入河量核算

8.3.1　农村生活面源污染物入河量核算

8.3.1.1　所需数据

核算过程中需要农村常住人口和农村人均生活用水量。

1. 农村常住人口

根据《洛阳 2017 年统计年鉴》、嵩县相关统计数据、《栾川县 2017 年统计年鉴》及调查数据，陆浑水库所涉及嵩县农村人口约 27.1 万人，陆浑水库所涉及栾川县农村人口约 22.4 万人，陆浑水库流域农村人口总数为 49.5 万人。

2. 农村人均生活用水量

根据《2016 年洛阳市水资源公报》,洛阳市农村人均生活用水量为 65 L/(人·d)。根据现场调查,嵩县和栾川县由于受经济的影响,农村污水收集和处理设施、垃圾收集及处理设施、厕所建设情况有较大区别,栾川县水冲厕占比约 50%以上,设置有污水管网或化粪池。嵩县农村住户厕所以旱厕为主,少部分地区设置有化粪池。

根据农村居民生活用水量、洛阳市水资源公报,结合嵩县、栾川县农村生活给排水现状和相关农村生活用水定额,综合确定栾川县农村人均生活用水量为 65 L/(人·d)、嵩县农村人均生活用水量为 55 L/(人·d)。

3. 农村生活污水污染物浓度

结合陆浑水库流域内嵩县和栾川县的使用水冲厕情况,将陆浑水库所涉及嵩县农村生活污水 COD、氨氮、总氮、总磷浓度分别定为 280 mg/L、30 mg/L、32 mg/L 和 3 mg/L;栾川县农村生活污水 COD、氨氮、总氮、总磷浓度分别定为 325 mg/L、40 mg/L、46 mg/L 和 4 mg/L,见表 8-2。

表 8-2　陆浑水库流域生活污水浓度　(单位:mg/L)

区域		COD	氨氮	总氮	总磷
陆浑水库	栾川县	325	40	46	4
	嵩县	280	30	32	3

8.3.1.2　核算结果

1. 产生量

采用农村生活面源核算模型,计算出陆浑水库流域内各个乡镇农村生活污染物产生量。陆浑水库流域内农村生活产生 COD 为 18 805.14 t/a,氨氮为 435.78 t/a,总氮为 3 057.67 t/a,总磷为 442.68 t/a。陆浑水库流域内各县污染物产生量如图 8-16 所示。

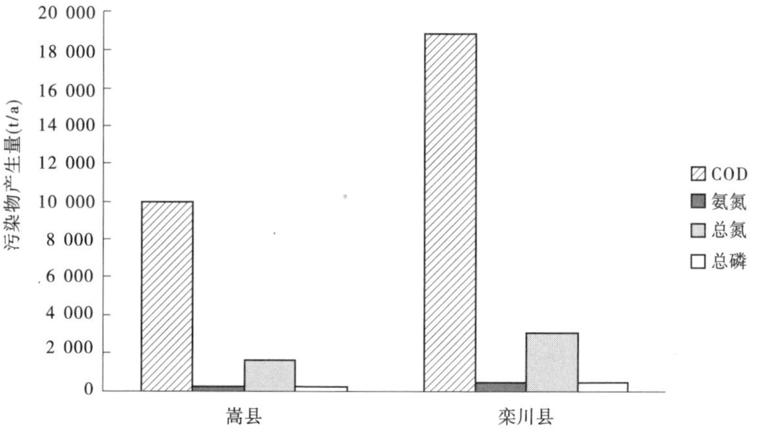

图 8-16　陆浑水库流域内各县污染物产生量

从产生区域来讲,栾川县产生量大于嵩县,主要是因为栾川县生活水平相对较高,污水污染物产生浓度较高。

农村生活源污染物来自农村生活污水、生活垃圾和人体粪尿三部分，陆浑水库流域内生活污染物产生来源如图 8-17 所示。

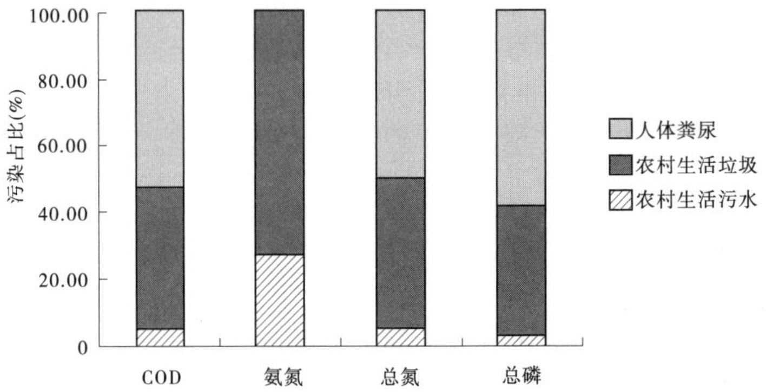

图 8-17　陆浑水库流域内生活污染物产生来源

从陆浑水库流域农村生活污染物产生来源来看，COD 主要来自人体粪尿（52.13%）和生活垃圾（42.58%）；氨氮主要来自生活垃圾（72.98%）；总氮主要来自人体粪尿（49.54%）和生活垃圾（46.10%）；总磷主要来自人体粪尿（58.15%）和生活垃圾（39.19%）。

2. 排放量

采用农村生活面源核算模型，计算出陆浑水库流域内各个乡镇农村生活污染物排放量。陆浑水库流域内农村生活面源排放量 COD 为 2 882.37 t/a、氨氮为 152.55 t/a、总氮为 420.1 t/a、总磷为 57.31 t/a。

对农村生活源生活污水、生活垃圾、人体粪尿污染物排放量分别进行核算，各类污染物排放来源如图 8-18 所示。

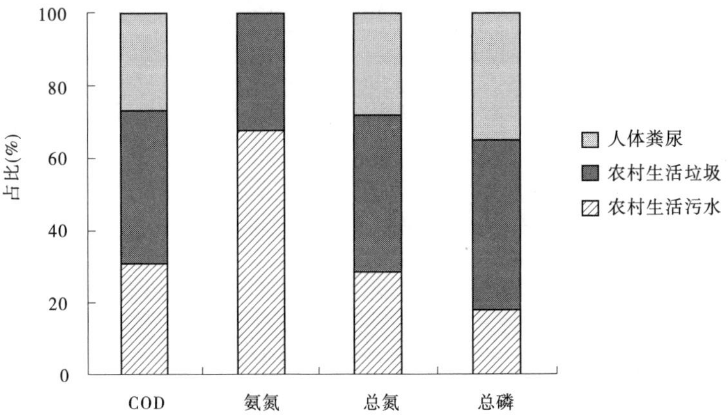

图 8-18　陆浑水库流域内生活污染物排放来源

从陆浑水库流域农村生活污染物排放来源来看，COD 主要来源于生活垃圾（42.97%）和生活污水（30.43%）；氨氮主要来源于生活污水（67.75%）；总氮主要来源于生活垃圾（43.99%）；总磷主要来源于生活垃圾（46.83%）。

3. 入河量

采用农村生活污染物入河量核算模型，计算出陆浑水库流域内各个乡镇农村生活污染物的入河量。陆浑水库流域内农村生活面源污染造成的 COD 入河量为 606.57 t/a、氨氮入河量为 47.66 t/a、总氮入河量为 77.19 t/a、总磷入河量为 10.1 t/a。

对农村生活源生活污水、生活垃圾、人体粪尿污染物入河量分别进行核算，各类污染物入河来源如图 8-19 所示。

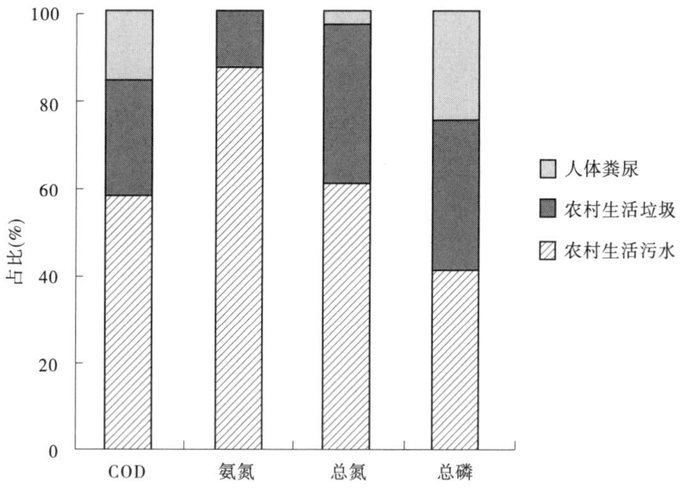

图 8-19　陆浑水库流域内农村生活污染物入河量来源

从陆浑水库流域内农村生活污染物入河来源来看，COD 入河量主要来源于生活污水（57.95%）；氨氮入河量主要来源于生活污水（86.76%）；总氮入河量主要来源于生活污水（60.50%）；总磷入河量主要来源于生活污水（40.99%）。

8.3.2　农田面源污染物入河量核算

8.3.2.1　所需数据

1. 主要农作物种植面积

陆浑水库流域包括嵩县和栾川县 2 个县级市 26 个乡镇，属于黄淮海农业区。根据嵩县、栾川县统计局统计数据，陆浑水库流域主要粮食作物有玉米、小麦、薯类、豆类等，主要经济作物有中药材、蔬菜、油料、烟叶等。

陆浑水库流域农作物总播种面积 5.793 万 hm^2，以种植粮食作物、药材和蔬菜瓜类为主，三项合计占总播种面积的 90%以上。冬小麦—夏玉米轮作是陆浑水库流域典型的种植模式，一年两熟。嵩县和栾川县是重要的药材种植区，除小麦、玉米外，药材种植面积最大，如栾川县药材种植面积大于小麦。另外，陆浑水库流域园地面积也有 0.189 万 hm^2，主要是果园。

陆浑水库流域不同耕地类型面积（复种重复计算）如表 8-3 所示。

表 8-3　陆浑水库流域不同耕地类型面积(复种重复计算)　(单位:万 hm^2)

行政区	合计	大田	蔬菜	园地
嵩县	4.015	3.620	0.306	0.089
栾川县	1.778	1.423	0.255	0.100
流域总计	5.793	5.043	0.561	0.189

2. 化肥施用量

根据嵩县和栾川县统计局数据,核算得出陆浑水库流域内农田氮肥施用量 8 111 t、磷肥施用量 3 752 t,复合肥施用量 5 908 t。结合现场调查时复合肥 $N-P_2O_5-K$ 比例,核算得到流域内施用氮纯量 11 399.87 t、磷纯量 2 416.40 t、氨氮纯量 3 289.35 t。

3. 农药用量

结合现场调查情况,陆浑水库流域内农药主要用于农作物除草和杀虫,玉米、烟叶除草剂以乙草胺为主,果园除草剂以草甘膦为主;小麦以多菌灵杀虫剂为主,蔬菜、果园以高效氯氟氰菊酯杀虫剂为主,烟叶防治病虫害农药品种繁多且使用量大,有氨基寡糖素、超敏蛋白、霜霉威、吡蚜酮等;中草药及其他农作物不使用农药。核算得到流域内农药氮纯量 6.33 t、磷纯量 0.69 t。

8.3.2.2　核算结果

1. 产生量

陆浑水库流域农田面源污染物核算结果如表 8-4 所示。流域内氨氮、总氮、总磷的产生量分别为 3 289.35 t/a、11 404.85 t/a、2 417.09 t/a,总氮的产生量最大。污染物产生的主要来源是肥料施用,农药施用产生的污染物量很小,农药施用产生的总氮量仅占总量的 0.04%,而农药施用产生的总磷量也仅占总量的 0.03%。

表 8-4　陆浑水库流域农田面源污染物核算结果

县(区)	肥料施用污染物产生量(t/a)			农药施用污染物产生量(t/a)		各类污染物合计产生量(t/a)		
	氨氮	总氮	总磷	总氮	总磷	氨氮	总氮	总磷
嵩县	2 335.88	6 573.14	1 720.02	3.85	0.33	2 335.88	6 576.99	1 720.35
栾川县	953.47	4 826.72	696.37	1.14	0.37	953.47	4 827.86	696.74
合计	3 289.35	11 399.86	2 416.39	4.99	0.70	3 289.35	11 404.85	2 417.09

从流域内各县(区)的产生量情况(见图 8-20)看,嵩县的氨氮、总氮、总磷产生量较栾川县大,主要是由于栾川县山区农作物种植面积较小,化肥农药施用量较小。

2. 流失量

陆浑水库流域内农田面源污染物流失量核算结果见表 8-5。流域内氨氮、总氮、总磷的流失量分别为 13.58 t/a、612.89 t/a、49.23 t/a,分别占流域内农田面源各类污染物产生量的 0.41%、5.37%和 2.04%。

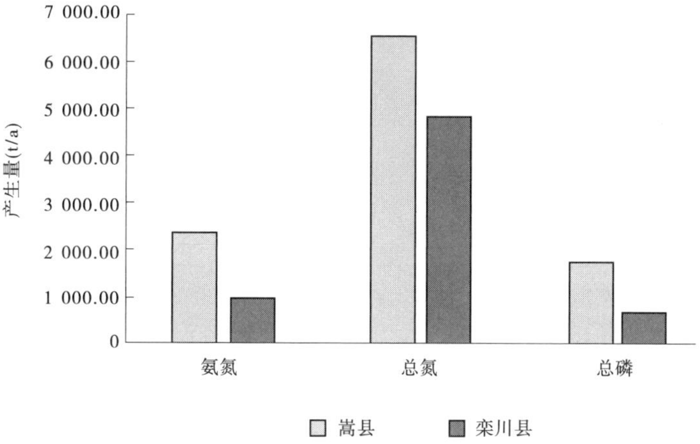

图 8-20　陆浑水库流域各县(区)农田面源污染物产生量

表 8-5　陆浑水库流域内农田面源污染物流失量核算结果

地区	氨氮流失量(t/a)	总氮流失量(t/a)	总磷流失量(t/a)
嵩县	7.59	247.55	27.35
栾川县	5.99	365.34	21.88
合计	13.58	612.89	49.23

从流域内各县(区)农田面源污染物流失量情况(见图 8-21)看,由于栾川县和嵩县地形不同,流失系数修正后氨氮、总氮和总磷流失量与产生量的分布规律有差别,栾川县总氮流失量大于嵩县。

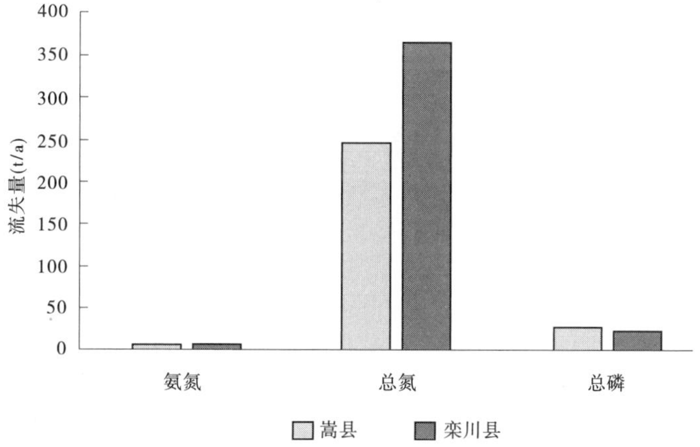

图 8-21　陆浑水库流域各县(区)农田面源污染物流失量

3. 入河量

陆浑水库流域农田面源污染物入河量核算结果如表 8-6 所示。流域内农田面源污染物氨氮、总氮、总磷的入河量合计分别为 1.86 t/a、84.92 t/a、6.47 t/a,各类污染物入河量分别占流失量的13.70%、13.86%、13.15%。

表 8-6 陆浑水库流域农田面源污染物入河量核算结果

地区	氨氮入河量(t/a)	总氮入河量(t/a)	总磷入河量(t/a)
嵩县	0.87	27.66	3.04
栾川县	0.99	57.26	3.43
合计	1.86	84.92	6.47

从各县(区)农田面源污染物入河量(见图8-22)来看,栾川县农田面源污染物入河量大于嵩县,主要是因为栾川县降水量较嵩县大,栾川县全域为山地,农田面源污染物更易于入河。

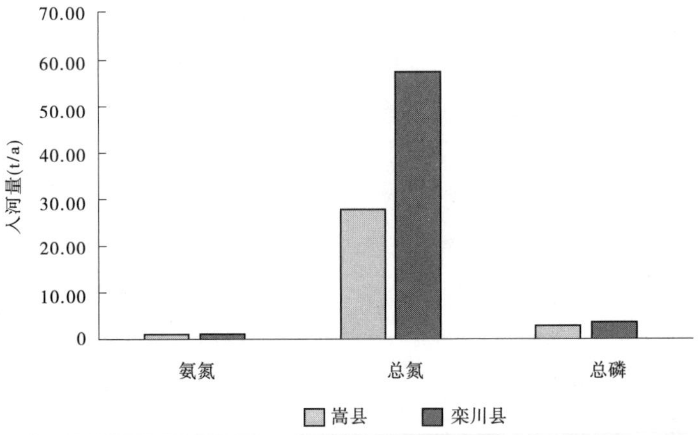

图 8-22 陆浑水库流域各县(区)农田面源污染物入河量

8.3.3 分散式畜禽养殖面源污染物入河量核算

8.3.3.1 所需数据

根据分散式畜禽养殖面源污染物核算公式,核算分散式畜禽养殖面源污染物需要流域内分散式畜禽养殖数据、畜禽的饲养周期。

1. 分散式畜禽养殖数量

根据《畜禽养殖业污染物排放标准》(GB 18596—2001),对具有不同畜禽种类的养殖场,其规模可将鸡、牛的养殖量换算成猪的养殖量,换算比例为:30只蛋鸡折算成1头猪,60只肉鸡折算成1头猪,1头奶牛折算成10头猪,1头牛折算成5头猪,3只羊折算成1头猪。将陆浑水库流域内各县(区)不同种类畜禽养殖量折算成猪,各县(区)折算后生猪养殖量如图8-23所示。

按折算后生猪养殖量计,陆浑水库流域内嵩县养殖量最大,占流域的96.05%,栾川县占流域的3.95%。

2. 畜禽的饲养周期

采用《全国规模化畜禽养殖业污染情况调查及防治对策》中确定的各类畜禽的饲养周期。

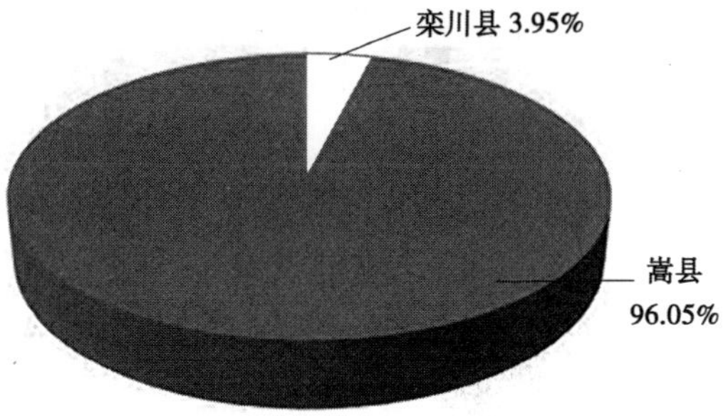

图 8-23　陆浑水库流域内各县(区)折算后生猪养殖规模占比

8.3.3.2　核算结果

1. 产生量

采用分散式畜禽养殖产生量核算模型,计算出陆浑水库流域内县域分散式畜禽养殖污染物产生量,COD、氨氮、总氮、总磷产生量分别为 15 708.09 t/a、1 538.45 t/a、3 735.03 t/a、773.07 t/a。

陆浑水库流域内分散式畜禽养殖污染物产生量见图 8-24。

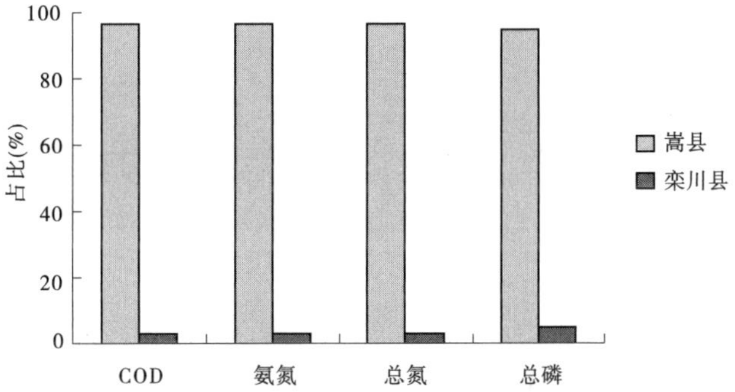

图 8-24　陆浑水库流域内分散式畜禽养殖污染物产生量

从陆浑水库流域内分散式畜禽养殖污染物产生量来看,嵩县产生量大于栾川县,主要原因是嵩县养殖数量远大于栾川县数量。分散式畜禽养殖污染物 COD、氨氮、总氮和总磷占比分别为 96.76%、96.65%、96.84%和 94.82%。

分散式畜禽养殖污染物主要来自猪、牛、羊、鸡等,陆浑水库流域内分散式畜禽养殖各养殖种类污染物产生量占比如图 8-25 所示。

由图 8-25 可知,陆浑水库流域内分散式畜禽养殖 COD、氨氮、总氮、总磷产生量主要来自牛,其次是猪。

2. 流失量

采用分散式畜禽养殖流失量核算模型,计算出陆浑水库流域内农村分散式畜禽养殖污染物流失量,COD、氨氮、总氮、总磷流失量分别为 1 082.59 t/a、91.53 t/a、285.27 t/a 和 48.97 t/a。

陆浑水库流域内分散式畜禽养殖污染物流失量见图 8-26。

从陆浑水库流域分散式畜禽养殖污染物流失量来看,嵩县流失量大于栾川县,其分散

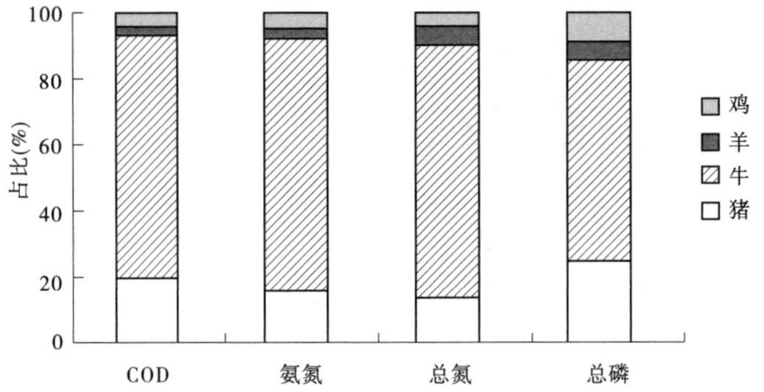

图 8-25　陆浑水库流域内分散式畜禽养殖各养殖种类污染物产生量占比

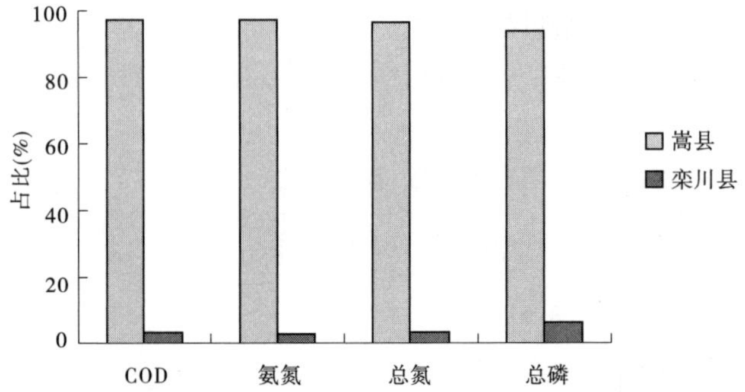

图 8-26　陆浑水库流域内分散式畜禽养殖污染物流失量

式畜禽养殖污染物 COD、氨氮、总氮和总磷占比分别为 96.30%、96.91%、96.42% 和 93.58%。

分散式畜禽养殖污染物主要来自猪、牛、羊、鸡等，陆浑水库流域内分散式畜禽养殖各养殖种类污染物流失量占比如图 8-27 所示。

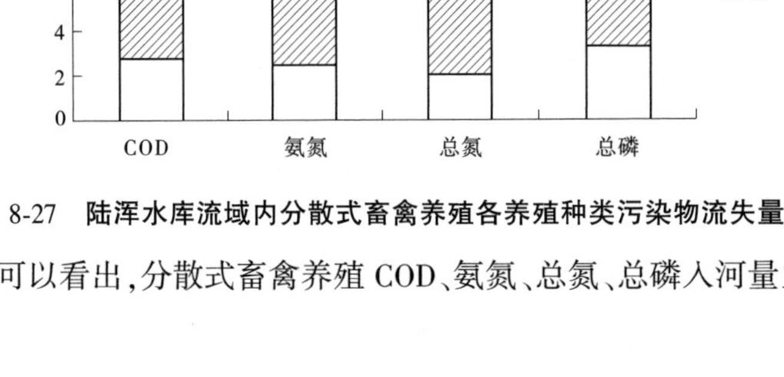

图 8-27　陆浑水库流域内分散式畜禽养殖各养殖种类污染物流失量占比

由图 8-27 可以看出，分散式畜禽养殖 COD、氨氮、总氮、总磷入河量主要来自牛，其次是猪。

3. 入河量

采用分散式畜禽养殖流失量核算模型,计算出陆浑水库流域内农村分散式畜禽养殖污染物入河量,COD、氨氮、总氮、总磷入河量分别为 297.27 t/a、25.11 t/a、78.27 t/a、9. 32 t/a。

陆浑水库流域内分散式畜禽养殖污染物入河量见图 8-28。

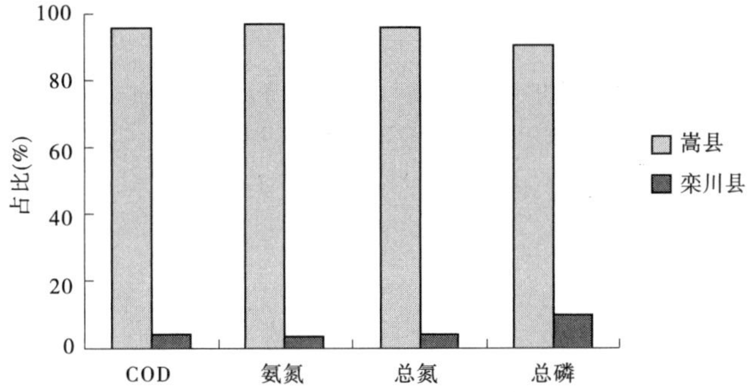

图 8-28　陆浑水库流域内分散式畜禽养殖污染物入河量

从陆浑水库流域分散式畜禽养殖污染物入河量来看,嵩县入河量大于栾川县,其分散式畜禽养殖污染物 COD、氨氮、总氮和总磷占比分别为 95. 74%、96. 42%、95. 85%和 89. 91%。

分散式畜禽养殖污染物主要来自猪、牛、羊、鸡等,陆浑水库流域内分散式畜禽养殖各养殖种类污染物入河量占比如图 8-29 所示。

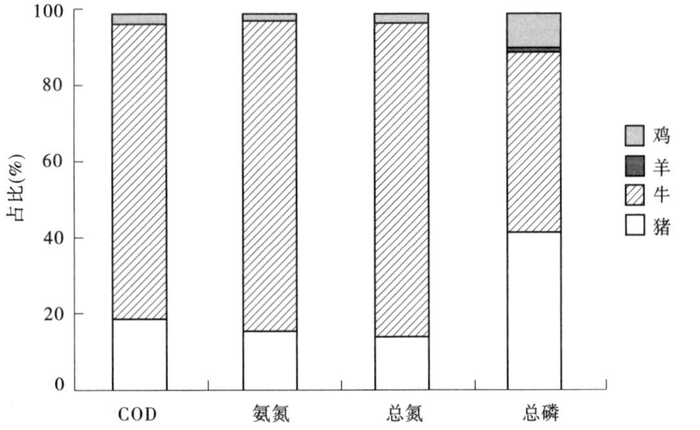

图 8-29　陆浑水库流域内分散式畜禽养殖各养殖种类污染物入河量占比

由陆浑水库流域分散式畜禽养殖各养殖种类污染物入河量占比可以看出,分散式畜禽养殖 COD、氨氮、总氮、总磷入河量主要来自牛,其次是猪。

8.3.4 城镇地表径流面源污染物入河量核算

8.3.4.1 所需数据

1. 不同土地利用类型及面积

陆浑水库流域涉及嵩县和栾川县建成区。根据嵩县和栾川县人民政府网站，2016 年嵩县县城建成区面积 12.70 km^2，绿地率达 36%；2016 年栾川县城建成区面积 15.78 km^2，绿地率达 40%。

2. 年降水量

依据 2015 年洛阳市水资源公报，嵩县 2015 年降水量为 686.2 mm，栾川县 2015 年降水量为 774.6 mm。

3. 降水径流污染物浓度

综合考虑，嵩县和栾川县的城市降水径流污染物浓度参考秀山县的监测成果均值进行选取，将 COD、氨氮、总氮、总磷的平均浓度取为 39.5 mg/L、0.2 mg/L、0.068 mg/L、0.05 mg/L，秀山县未监测总氮浓度，因此其总氮浓度选取其他城市监测结果的最低值，取 0.7 mg/L。

8.3.4.2 核算结果

按照以上核算方法，核算出陆浑水库流域城镇降水径流面源污染物 COD、氨氮、总氮、总磷产生量和入河量，见表 8-7。

表 8-7　陆浑水库流域城镇地表径流面源污染物核算结果　（单位：t/a）

行政区	产生量				入河量			
	COD	氨氮	总氮	总磷	COD	氨氮	总氮	总磷
嵩县	114.63	0.58	2.03	0.15	68.78	0.35	1.22	0.09
栾川县	156.43	0.79	2.77	0.20	84.47	0.43	1.50	0.10
合计	271.06	1.37	4.80	0.35	153.25	0.78	2.72	0.19

由核算结果可以看出，陆浑水库所涉及区域的城镇地表径流面源污染物中，COD、氨氮、总氮、总磷产生量分别为 271.06 t/a、1.37 t/a、4.80 t/a、0.35 t/a，入河量分别为 153.25 t/a、0.78 t/a、2.72 t/a、0.19 t/a。栾川县城镇地表径流面源污染物大于嵩县，主要原因是栾川县建成区面积、降水量大于嵩县。

8.3.5 水土流失面源污染物入河量核算

8.3.5.1 所需数据

1. 泥沙流失量

根据《2014—2015 年河南省水土保持公报》嵩县胡沟小流域控制站观测成果，2015 年输沙模数为 44.3 t/ km^2，陆浑水库流域面积为 3 500.9 km^2，据此计算，陆浑水库流域泥沙流失量为 15.51 万 t。

2. 土壤类型的氮、磷含量

从中国土壤数据库中获取陆浑水库流域土壤氮、磷含量，中国土种数据库中陆浑水库流域内易发生水土流失的土种较多，各土壤类型氮、磷含量（取表层值）如表 8-8 所示。

表 8-8　陆浑水库流域易发生水土流失的各土壤类型氮、磷含量（取表层值）

土壤类型	分布和地形地貌	总氮（g/kg）	总磷（g/kg）
料姜卧黄土	黄土丘陵坡地上部	0.77	0.552
薄泥渣土	山地陡坡	0.99	0.47
白面土	黄土塬、岭坡地	0.6	0.6
料姜白面土	黄土塬、岭坡地	0.54	0.51
姜石卧黄土	起伏丘陵坡地的中、上部	0.55	0.56
灰卧黄土	黄土丘陵缓坡地	0.73	0.5
卧黄土	侵蚀较重的黄土丘陵坡地	0.71	0.47
姜卧黄土	黄土丘陵坡地的中、上部	0.73	0.49
多姜卧黄土	黄土丘陵坡地的中、上部	0.86	0.6
姜红瓣土	剥蚀较重的黄土丘陵坡地	0.56	0.45
砂石渣土	石英岩山坡地中、下部的缓坡	1.59	0.61
灰渣土	山地山坡的中、下部	1.43	0.63
薄灰渣土	山地顶部及陡坡	1.57	0.77
砂石土	山地顶部及陡坡	1.72	0.22
薄麻骨石土	山地陡坡	1.35	0.5
栾川棕泥土	海拔 1 000 m 以上的缓坡山地	1.3	0.72
平均值		1.00	0.54

8.3.5.2　核算结果

依据上述数据进行核算，陆浑水库流域因水土流失由泥沙携带的总氮量为 465.27 t/a，总磷量为 167.50 t/a，实际入河的总氮量分别为 232.63 t/a 和 100.50 t/a，见表 8-9。

表 8-9　陆浑水库流域水土流失面源污染物入河量核算结果

流域面积（km^2）	输沙模数 [t/（a · km^2）]	总氮产生量（t）	总磷产生量（t）	总氮入河量（t）	总磷入河量（t）
3 500.90	44.30	465.27	167.50	232.63	100.50

8.4　核算结果分析

经核算，陆浑水库流域内面源污染物 COD、氨氮、总氮、总磷产生量分别为 34 784. 29 t/a、5 264. 95 t/a、18 668. 97 t/a、3 800. 69 t/a；入河量分别为 1 057. 10 t/a、75. 41 t/a、475. 73 t/a、126. 58 t/a，分别占产生量的 3. 04%、1. 43%、2. 55%、3. 33%。

陆浑水库流域内各类面源污染物入河量占比如图 8-30 所示。

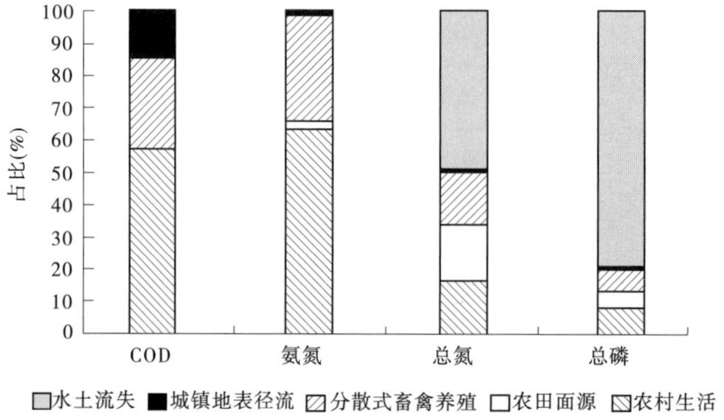

图 8-30　陆浑水库流域内各类面源污染物入河量占比

从 COD 的入河量来看，农村生活占比最高，达到 57. 38%，其次是分散式畜禽养殖和城镇地表径流，分别占 28. 12%、14. 50%。

从氨氮的入河量来看，农村生活占比高达 63.20%，其次是分散式畜禽养殖，占 33. 30%，农田面源和城镇地表径流则较少。

从总氮的入河量来看，水土流失占比高达 48. 90%，农村生活、分散式畜禽养殖和农田面源占比相当，分别为 16. 23%、17. 85%和 16. 45%，城镇地表径流占比相对较小。

从总磷的入河量来看，水土流失占比最大，达到 79. 40%，其次是农村生活和分散式畜禽养殖，占比分别为 7. 98%和 7. 36%。农田面源和城镇地表径流占比相对较小。

综上所述，农村生活产生的 COD、氨氮、总氮和总磷的入河量占各类污染物排放总量的比例分别为 57. 38%、63. 20%、16. 23%和 7. 98%，分散式畜禽养殖产生的 COD、氨氮、总氮和总磷的入河量占各类污染物排放总量的比例分别为 28.12%、33.30%、16.45%和 7. 36%，水土流失产生的总氮和总磷的入河量占比分别达到 48. 90%和 79. 40%。由此可见，农村生活、分散式畜禽养殖和水土流失三类面源是陆浑水库流域面源污染的主要控制项目。同时，农田面源对总氮、总磷的贡献和城镇地表径流对 COD 的贡献也不容忽视。

第 9 章　南方山地丘陵区大型水库面源污染物入河量调查与核算

9.1　区域特征

9.1.1　区域范围

根据汇水区域划分方法，结合信阳市水系图、行政区划图，划定南湾水库的汇水区域。南湾水库汇水区域面积 818.60 km^2，全部位于信阳市浉河区，涉及 7 个乡镇，见表 9-1 和附图 4-1 所示。

表 9-1　南湾水库汇水区域面积和涉及乡镇

涉及县(市、区)	流域内涉及面积(km^2)	涉及乡镇
浉河区(7 个乡镇)	816.60	董家河乡(70.65%)、浉河港乡(80.21%)、谭家河乡(98.41%)、十三里桥乡(39.85%)、柳林乡(27.37%)、李家寨镇(48.95%)、浉河城区(20.69 km^2)

9.1.2　自然环境概况

9.1.2.1　地理位置

南湾水库位于淮河流域淮河支流浉河上，位于信阳市西南浉河区境内南湾风景管理区内，大坝距市区中心 7 km，是中华人民共和国成立后首批兴建的大型治淮骨干工程，水库工程开工于 1952 年，建成于 1955 年，1955 年 11 月建成并投入使用。

9.1.2.2　地形地貌

南湾水库位于秦岭—昆仑东西复杂构造带之南亚带东延部分与淮阳山字形步弧两翼衔接地带。南湾水库库区地势西南高、东北低，低山环抱，最深处达 38 m，是由 50%山地、28%丘陵、18%农田、1%水塘河道建成的。

9.1.2.3　河流水系

南湾水库是中华人民共和国成立初期为治理淮河、发展水利而兴建的大型水利工程，以防洪、灌溉为主，兼顾发电、养殖、城市供水及旅游开发等综合利用的大型水库，水库大坝位于信阳市西南 6 km 处淮河支流浉河上。南湾水库的主要入库河流有浉河、董家河、五道河、席家河、谭家河等。

9.1.2.4　**水资源概况**

1. 降水量

根据 2013~2016 年信阳市水资源公报和浉河区水资源公报,信阳市和南湾水库流域 2013~2016 年降水量的变化趋势,如图 9-1 所示。从降水量上看,南湾水库流域可以反映出信阳市的一般性特征,无明显不一致之处。

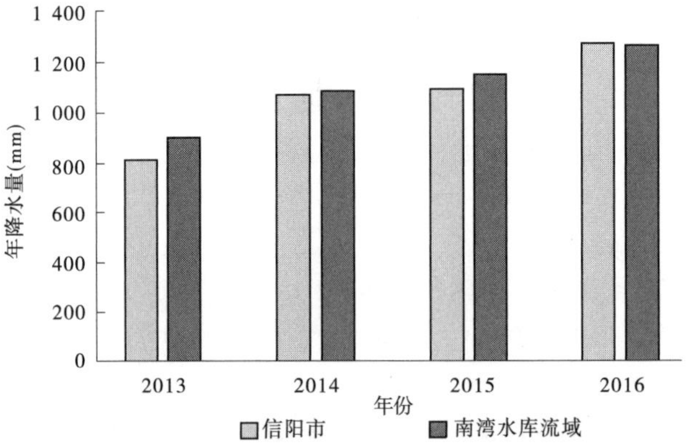

图 9-1　2013~2016 年降水量的变化趋势

信阳市 2016 年降水量为 1 284.7 mm,比全省 787.1 mm 的平均值高出 63.22%。南湾水库流域 2016 年降水量为 1 276.7 mm,两者基本相当。

从近几年变化情况看,信阳市和南湾水库流域降水量呈增长趋势,信阳市 2016 年降水量最大,较多年平均值 1 091.4 mm 偏大 193.3 mm。信阳市 2013~2016 年平均降水量为 1 067.25 mm,南湾水库 2013~2016 年平均降水量为 1 108.85 mm,稍高于信阳市。

2. 水库蓄水量

根据 2013~2016 年河南省水资源公报,分析南湾水库近年来蓄水量的变化情况,如图 9-2 所示。2013~2016 年南湾水库蓄水量呈逐年上升趋势,南湾水库 2016 年的蓄水量较 2013 年增加了 186.7%。

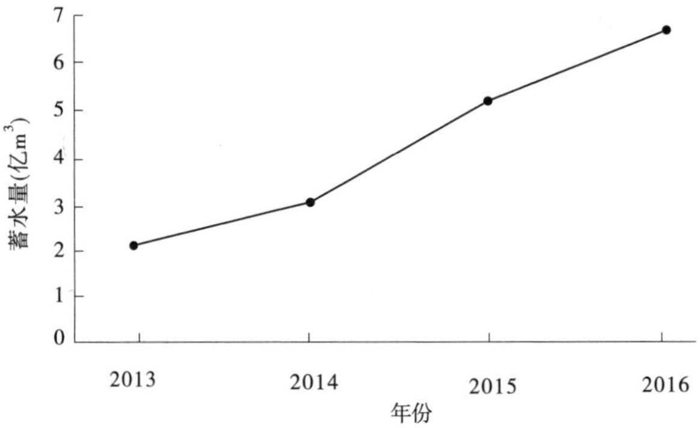

图 9-2　2013~2016 年南湾水库蓄水量变化趋势

3. 水资源总量

根据 2013~2016 年信阳市水资源公报,分析水库所在浉河区水资源总量、地表水资源量、地下水资源量的变化趋势，如图 9-3 所示。2013~2016 年浉河区地表水资源量整体上呈先上升后下降趋势。相较于 2013 年，2016 年浉河区水资源总量达 5.18 亿 m^3，增加了 82.62%；地表水资源量达 4.99 亿 m^3，增加了 121.33%；地下水资源量达 2.07 亿 m^3，增加了 10%。

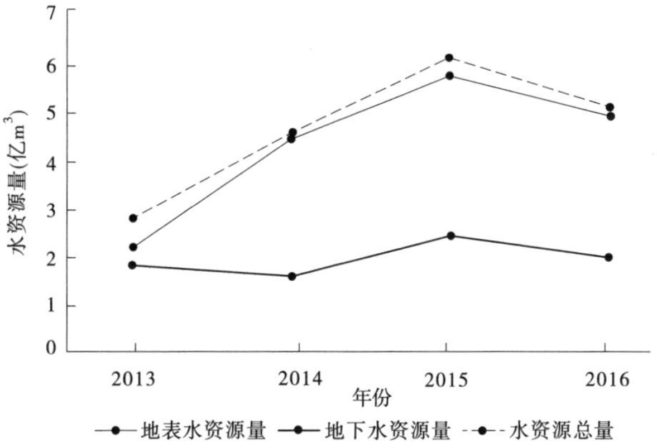

图 9-3　2013~2016 年浉河区水资源量变化趋势

9.1.2.5　水土保持概况

按照中国水土流失分布区划分，南湾水库所在的信阳市浉河区属于南方红壤丘陵区。浉河区位于桐柏山大别山国家级水土流失重点预防区。信阳市水土流失类型以水力侵蚀为主，其次为重力侵蚀和风蚀，主要分布在低山、丘陵及岗地，其中水力侵蚀的种类主要有面蚀和沟蚀。截至 2016 年，信阳市尚有水土流失面积 2 305.70 km^2，占土地总面积的 14.02%。其中，轻度水土流失面积 1 254.85 km^2，占水土流失总面积的 54.42%，各县区均有分布，但以南部山区较为严重；中度水土流失面积 691.87 km^2，占水土流失总面积的 30.01%，主要分布在商城县、新县、罗山县、光山县、浉河区和平桥区；强度以上水土流失面积 358.98 km^2，占水土流失总面积的 15.57%，主要分布在商城县、新县、光山县、罗山县、平桥区和浉河区。

南湾水库流域所在的浉河区截至 2016 年有水土流失面积 306.72 km^2，占土地总面积的 21.53%。其中轻度水土流失面积 150.92 km^2，占水土流失总面积的 49.20%；中度水土流失面积 72.65 km^2，占水土流失总面积的 23.69%；强度水土流失面积 67.00 km^2，占水土流失总面积的 21.84%；极强度水土流失面积 16.12 km^2，占水土流失总面积的 5.26%；剧烈水土流失面积 0.03 km^2。浉河区水土流失情况见表 9-2。

表 9-2　浉河区水土流失情况

水土流失面积(km^2)	轻度		中度		强度		极强度		剧烈	
	面积(km^2)	占比(%)	面积(km^2)	占比(%)	面积(km^2)	占比(%)	面积(km^2)	占比(%)	面积(km^2)	占比(%)
306.72	150.92	49.20	72.65	23.69	67.00	21.84	16.12	5.26	0.03	0.01

根据浉河区特点划分水土流失重点防治区，涉及乡镇范围和面积如表 9-3 所示。

表 9-3　浉河区水土流失重点防治区

重点区	范围	总面积(km^2)
水土流失重点预防区	吴家店、游河、董家河、浉河港、谭家河、柳林、李家寨 7 个乡镇	1 316.6
水土流失重点治理区	十三里桥、东双河 2 个乡镇以及湖东、五星、金牛山、双井、南湾 5 个街道办事处	442.1

根据浉河区水土流失重点防治区分布可以看出，南湾水库流域大部分在水土流失重点防治区，流域内十三里桥乡部分区域位于水土流失重点治理区。

9.1.3　社会经济概况

9.1.3.1　人口概况

1. 信阳市

依据河南省统计年鉴，2016 年，信阳市常住人口 644 万人，位居全省 18 个省辖市第 7；其中农村常住人口 358 万人，位居全省 18 个省辖市第 5，仅次于南阳市、周口市、商丘市和驻马店市；城镇化率 44.4%，位居全省 18 个省辖市第 13。信阳市整体人口数量较多，农村人口基数大，城市化进程相对较慢，城镇化率低。

2. 浉河区

根据《2017 信阳统计年鉴》，2016 年信阳市浉河区常住人口 66.65 万人，城镇化率 66.31%，其中城镇人口 44.2 万人，农村人口 22.45 万人。

3. 南湾水库流域

根据浉河区统计局统计的浉河区各乡镇 2016 年农村人口数据，按照南湾水库流域内各乡镇面积占比，核算出南湾水库流域农村人口情况如表 9-4 所示。通过核算，南湾水库流域内农村常住人口为 128 814 人。

表 9-4　南湾水库流域内农村常住人口

乡镇	2016 年农村人口数量(人)	流域内农村常住人口数量(人)
浉河港镇	31 282	25 091
董家河镇	43 992	31 080
谭家河乡	31 456	30 956
十三里桥乡	30 916	12 320
柳林乡	24 105	6 598
李家寨镇	28 709	14 053
浉河港镇	58 893	8 716
合计		128 814

9.1.3.2　社会经济发展概况

1. 信阳市

信阳市 2016 年生产总值 2 037.8 亿元,人均生产总值 31 733 元。2011~2016 年,信阳市生产总值及三产占比变化趋势如图 9-4 所示。从三产占比情况看,近年来第一产业呈下降趋势,从 2011 年的 26.24%下降至 2016 年的 21.89%;第二产业也有下降趋势,第三产业则呈上升趋势。信阳市生产总值不断提高,第一产业对生产总值的贡献不断下降。

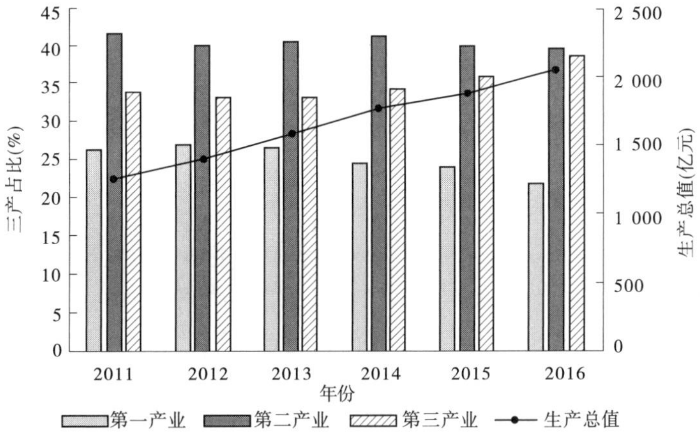

图 9-4　信阳市 2011~2016 年生产总值及三产占比变化趋势

2. 南湾水库流域涉及浉河区

南湾水库流域所在的浉河区 2016 年生产总值 288.16 亿元,比上年增长 7.3%。其中第一产业增加值 34.37 亿元,第二产业增加值 104.97 亿元,第三产业增加值 48.82 亿元,三次产业结构为 11.9:36.4:51.7。

9.2　面源污染物入河量调查

9.2.1　调查时间和区域

南湾水库流域现场调查时间为 2018 年 10 月 18~24 日。

调查区域主要选择南湾水库周边、主要入库河流涉及的乡镇开展,各乡镇选取一定数量的村庄进行入户调查,首选水库周边、入库河流两侧、人口数量较多的村庄。南湾水库现场主要涉及浉河区十三里桥乡、董家河镇、浉河港镇、谭家河乡 4 个乡镇,共调查村庄 17 个,见表 9-5。

表 9-5　南湾水库流域现场调查区域

所在流域	调查县(区)	调查乡镇(街道)	调查村庄
南湾水库流域	浉河区	十三里桥乡	强湾村、学堂岗村、小庙村
		谭家河乡	南湾村、灵官村、大桥村、凌岗村、土门村、西双河村
		董家河镇	清塘村、楼房村、高岭村、陈湾村
		浉河港镇	夏家冲村、易庙村、白云村、郝家冲

9.2.2　调查内容

本次调查共调查乡镇 4 个,村庄 17 个,入户调查 54 户。

9.2.2.1　十三里桥乡

十三里桥乡位于南湾水库东侧,镇区不在南湾水库流域内,仅西部位于南湾水库流域内。十三里桥乡仅有部分靠近南湾水库的区域位于南湾水库流域内,选取了强湾村、学堂岗村、小庙村 3 个村庄开展调查。入村调查之前,首先在十三里桥乡政府开展了座谈交流,该乡整体情况如下:

十三里桥乡总面积 120 km^2,辖 15 个行政村,1 个街道居委会,8 840 户,全乡总人口 3.3 万人,耕地面积 2.9 万亩,草莓种植面积 5 000 余亩,蔬菜苗木种植基地 3 500 余亩,茶叶种植面积 2.6 万亩。因大部分耕地均已改种草莓、蔬菜、茶叶等经济作物,全乡目前仅有不到 2 000 亩耕地在种植庄稼,主要为单季水稻。该乡农村生活垃圾已经全部实现收集,经乡镇中转后运往垃圾填埋场进行填埋。分散式畜禽养殖已全部取缔。农村"厕所革命"正在推进,目前仍以旱厕居多。部分农户通了自来水,但是基本上仅仅是做饭吃水用,洗衣、洗澡和其他生活用水主要还是用自家井水。农村未建设污水处理设施,农户生活污水仍是直排状态。

1. 强湾村

强湾村位于南湾水库边,总人口 3 029 人,785 户,人均年纯收入约 10 000 元,全村有 50~60 户在用自来水,其余均为自家打井取用地下水,农村生活产生废水均直接排入环境。全村耕地面积 1 670 亩,仅有 1/3 在种,全村有茶叶种植面积 2 000 亩。耕地为平地,茶叶为陡坡山地。

对强湾村随机选取 4 户进行走访调查,仅有 1 户有水冲式厕所,厕所粪便基本用作自家菜地的肥料;有 3 户通了自来水,生活污水均直接外排,生活垃圾都能集中清运;主要种植水稻和茶叶,每户房前屋后均有小片菜地,水稻施肥多用碳酸氢铵,茶叶施肥多用金大地复合肥,水稻施肥时间是每年 5 月插秧前用作底肥,茶叶施肥时间为每年 7 月,肥料用量基本均为 50 kg/亩;有 1 户会为水稻喷洒稻丰散杀虫剂,有 2 户会为蔬菜喷洒杀虫剂。强湾村住户排水沟和村内垃圾桶见图 9-5。

2. 学堂岗村

学堂岗村位于南湾水库边,总人口 1 542 人,其中常住人口 900 人,人均年纯收入

图 9-5　强湾村住户排水沟和村内垃圾桶

13 000 元。421 户中有 136 户用自来水,生活污水直接外排。生活垃圾集中收集处理。共有耕地 1 068 亩,均为平地,其中仅有 60 亩种植水稻,有少部分地用作旱地种植玉米,其余耕地用来养鱼,有茶叶和板栗 540 亩,均为坡地。

对学堂岗村随机选择 3 户进行入户调查。其中 2 户有水冲式厕所,厕所粪便作为菜地有机肥;有 2 户已通自来水,生活污水直接外排,生活垃圾均集中收集;1 户种植玉米,1 户种植水稻,玉米种植周期为 4~7 月,水稻种植周期为 4~9 月,玉米用史丹利复合肥,水稻用碳酸氢铵(氮含量≥16.8%),均为种植前施用作底肥,玉米用草甘膦除草剂和氧化乐果杀虫药。

3. 小庙村

小庙村离南湾水库库区约 1 km,共有人口 2 963 人,常住人口 2 000 人,人均年收入 15 000 元。未实行集中供水,生活污水直接外排,生活垃圾集中收集处理,耕地面积 2 648 亩,均为坡地,基本都种植茶叶。

在小庙村随机选取 3 户进行入户调查,均为旱厕,厕所粪便作为菜地有机肥,无集中供水,生活垃圾集中收集,以种植茶叶为主,其中 1 户在 8~10 月施用鲁西复合肥,施用量 50 kg/亩。

9.2.2.2　谭家河乡

谭家河乡位于南湾水库上游,浉河干流穿乡而过。户籍总人口 32 000 人,常住人口 25 000 人,镇区建有 2 个污水处理厂,收集 50%镇区污水,耕地面积 17 500 亩,以水田为主,茶叶面积 80 000 亩,以山地为主,大部分均为陡坡地,其中 2 000 亩是平地。生活垃圾均统一收集至市里垃圾填埋场。村里无污水处理设施,全乡已取缔分散式畜禽养殖。

对谭家河乡农技服务站进行走访,其在售肥料主要有尿素(氮纯量 46.4%)、有机-无机混合肥($N-P_2O_5-K_2O$ 为 12-0-4)和复合肥(史丹利、鄂中),以复合肥为主。其中,史丹利复合肥 $N-P_2O_5-K_2O$ 为 30-5-5,鄂中复合肥 $N-P_2O_5-K_2O$ 为 15-15-15 和 26-10-16 两种。农药主要为除草和杀虫两种,除草剂包括草甘膦、乙草胺,杀虫剂主要为敌杀死。

谭家河乡农资站在售肥料和农药见图 9-6。

1. 南湾村

南湾村是谭家河乡政府所在地,紧邻南湾水库上游浉河干流。南湾村户籍总人口

图 9-6　谭家河乡农资站在售肥料和农药

1 750 人,人均年纯收入 7 000 元,厕所基本建有化粪池,已集中供水,生活污水进管网收集处理,生活垃圾也集中收集,全村现有耕地 870 亩。

对南湾村随机选取 3 户进行入户调查,所用厕所均为水冲式,厕所粪便用于自家菜地作为有机肥,均通有自来水,每人每月用水量约为 1 t,有 2 家生活污水直接外排,1 家经化粪池沉淀后外排,生活垃圾均已集中收集。农业种植主要为水稻和茶叶,肥料主要用复合肥,水稻施肥期为每年 5 月插秧前,茶叶施肥期为每年 7 月,水稻肥料用量为 40 kg/亩,茶叶为 30 kg/亩,均不喷洒农药。

2. 灵官村

灵官村位于谭家河乡政府南部,浉河干流岸边。户籍总人口 2 162 人,常住人口 900 人。村内 60%住户已用自来水,生活污水直接外排,生活垃圾集中收集处理,全村耕地面积 1 000 亩,为水田,茶叶面积 1 000 亩,为陡坡山地,另有 4 000 亩板栗。

灵官村调查见图 9-7。

图 9-7　灵官村调查

随机选取灵官村 5 户进行入户调查,均为旱厕,厕所粪便用作菜地有机肥,农作物以水稻和茶叶为主,水稻种植为每年 5~10 月,单季,施肥主要为史丹利复合肥和碳酸氢铵,每亩各施用 25 kg,茶叶很少施肥,水稻施肥时间为每年 5 月插秧前。

3. 大桥村

大桥村位于谭家河乡北部浉河干流岸边。全村户籍人口 1 494 人,户籍常住人口 1 300 人,人均年纯收入 12 800 元,生活污水直接外排,生活垃圾集中收集处理。全村有水田 1 200 亩,蔬菜 400 亩,茶叶 800 亩。大桥村调查见图 9-8。

图 9-8　大桥村调查

在大桥村随机选取 5 家进行入户调查，其中 3 户有水冲式厕所，2 户为旱厕，厕所粪便用作自家菜地有机肥，均无集中供水，主要农作物为水稻，所用肥料为复合肥、碳酸氢铵、磷肥和尿素，施用时间为每年 5 月水稻插秧前，施用量为 50 kg/亩。

4. 凌岗村

凌岗村位于谭家河乡北部浉河干流沿岸。全村户籍总人口 1 682 人，户籍常住人口 1 150 人，生活污水均直接外排，生活垃圾集中收集处理，全村耕地面积 980 亩，均为平地，茶叶种植面积 720 亩，均为坡地。

在凌岗村随机选取 3 户进行入户调查，其中 2 户有水冲式厕所，1 户为旱厕，厕所粪便多用作自家菜地有机肥，均实行集中供水，有 2 家生活污水经化粪池后外排，1 家直接外排，生活垃圾均集中收集。主要种植茶叶和油菜，施用肥料主要为史丹利复合肥和茶叶专用叶面肥，油菜种植周期为每年 8 月至翌年 5 月，油菜的肥料施用时间为每年 2 月。

5. 土门村

土门村位于南湾水库上游浉河支流界河西岸。全村户籍总人口 1 530 人，生活污水直接外排，生活垃圾已集中收集，全村现有耕地 892 亩，茶叶种植面积 12 000 余亩。

在土门村随机选取 4 户进行入户调查，均有水冲式厕所，厕所粪便进入化粪池，生活污水也进入化粪池沉淀之后外排，生活垃圾均集中收集处理，各户均主要种植茶叶，茶叶地均为陡坡山地，各户茶叶地很少进行施肥和打农药。

6. 西双河村

西双河村位于南湾水库上游谭家河乡北部，浉河干流岸边。全村户籍总人口 2 112 人，常住人口 1 450 人，人均年纯收入 10 000 元，生活污水直接外排，生活垃圾集中收集，有耕地面积 790 亩，均为平地，其中水田 400 亩，茶叶面积 2 000 亩，均为陡坡山地。

在西双河村随机选取 4 户进行入户调查。其中 2 户有水冲式厕所，2 户为旱厕，厕所粪便作为自家菜地有机肥，均未集中供水，2 户生活污水直排，2 户经化粪池沉淀后外排，生活垃圾集中收集，主要种植茶叶和水稻，施肥用碳酸氢铵和复合肥，水稻施肥期为每年 5 月插秧前，茶叶施肥期为每年 5~11 月，水稻施肥量为 50 kg/亩（混合）。茶叶用到的农药为草甘膦除草剂，水稻为杀虫剂。

9.2.2.3　董家河镇

现场调查中主要是对董家河镇镇政府和清塘村、楼房村、高岭村、陈湾村 4 个村进行了现场调查。董家河镇户籍总人口约 45 000 人，常住人口约 32 000 人，外出务工人口占比较大。调查过程中发现，董家河镇农村厕所主要是旱厕，少部分经济条件好的农户改为水冲厕，旱厕中的人粪尿主要是运到农户菜地里作为农家肥使用。农村用水主要是农户自备井，少部分村庄有集中供水。董家河镇镇区现有一处人工湿地污水处理设施，镇区约 2/3 的人口产生的生活污水可以进入污水集中处理设施处理，其他区域农村生活污水都是随意泼洒到院里或是通过下水管道排到外面。全镇生活垃圾大部分可以实现集中收集处理，全镇农村生活垃圾委托第三方公司进行收运，一般是几户农户共用 1 个垃圾桶，垃圾清运公司定期来清运生活垃圾，但对一些居住偏远的农户因交通不方便生活垃圾难以实现集中清运，由农户自行倾倒处理。

董家河镇的农业种植类型主要为茶叶、水稻，董家河镇的耕地均为平地，主要种植水稻,但现状各村都有部分耕地改种茶叶,坡地均种植茶叶,一般每家农户都种植有一小片菜园供自家种菜。农业施用化肥主要为复合肥,一般茶叶每年 7~9 月施肥,茶叶施肥量为 60~80 kg/亩;水稻每年 5 月插秧时施肥,施肥量约为 40 kg/亩;菜地一般都是施用自家旱厕的人粪尿。约一半农户在种植茶叶过程中会施用杀虫药,一般农户在种植茶叶过程中不打农药。董家河镇现场调查见图 9-9。

图 9-9　董家河镇现场调查

9.2.2.4　浉河港镇

现场调查主要是对浉河港镇的镇政府和夏家冲村、易庙村、白云村、郝家冲 4 个村庄进行了调查。浉河港镇户籍总人口约 31 000 人,调查过程中发现,个别村庄有新农村社区,社区内住户采用水冲厕,社区内有一体化污水集中处理设施,生活污水进入一体化设施处理后排放。镇区生活用水为自来水,其他村庄大部分为农户自备井,少部分使用自来水。镇区现有一座污水集中处理设施,镇区生活污水进入污水处理设施处理,另有个别村庄新农村社区内设有一体化污水处理设施,可以实现社区内的生活污水集中处理后排放,其他村庄生活污水均为直接排放。全镇农村生活垃圾,沿路的农户可以实现集中收集,约占 50%;其他偏远分散的农户自行倾倒处理。

浉河港镇的农业种植类型主要为茶叶,浉河港镇的大部分平地耕地已改种茶叶,坡地均种植茶叶,一般每家农户都种植有一小片菜园供自家种菜。一般茶叶每年 7~8 月施肥,茶叶施肥量为 60~80 kg/亩,几年施用 1 次;菜地一般都是施用自家旱厕的人粪尿。大部分农户在种植茶叶过程中不打农药,仅有少部分农户在种植茶叶过程中会施用杀虫药。浉河港镇现场调查见图 9-10。

9.2.2.5　河流水库调查

1. 南湾村浉河支流

南湾村浉河支流位于谭家河乡南湾村西侧支流,该处距其汇入浉河干流处较近。从现场调查情况看,该河整体水环境情况较差,水深浅、流速小。附近居民有在河流内洗衣服的习惯,使用洗涤剂,河流呈现富营养化状态。南湾村浉河支流见图 9-11。

2. 浉河港河

浉河港河穿浉河港镇而过。调查地点临近浉河港河汇入南湾水库处,该处河流水面逐渐变宽,河水较为浑浊,河流两岸分布有茶山,岸边有散落的生活垃圾。浉河港河如图 9-12 所示。

图 9-10　浉河港镇现场调查

图 9-11　南湾村浉河支流

9.2.3　调查结论

(1)农村生活污水处理设施建设不足,生活垃圾基本实现集中收集处理。

信阳市经济发展水平整体不高,2016 年信阳市城镇化率(44.42%)、人均 GDP(31 733 元)分别居全省倒数第六和倒数第五。根据调查了解,流域内农村基础设施建设

图 9-12　浉河港河

普遍不足,流域内约 40%农户实现了集中供水,仍有 60%农户使用自备井,现场调查的乡镇都建有集中污水处理设施,但调查的 17 个村庄均未建设村集体污水处理设施,农户生活污水直接用简易管渠排放进入沟渠、坑塘,或直接泼洒到地面上。流域内农村厕所革命正在推进中,目前农村厕所以旱厕为主,约 10%农户使用水冲厕,旱厕产生粪便用作农户菜地有机肥。流域内农村生活垃圾由第三方公司统一收集运输,基本实现全收集全处理,调查的 17 个村庄中仅有 3 个居住分散偏远、交通不便的村庄生活垃圾未实现全部集中收集处置,流域内整体村容村貌较为整洁。

(2)位于国家级水土流失重点预防区,水土流失严重。

南湾水库流域所在浉河区位于桐柏山大别山国家级水土流失重点预防区,截至 2016 年,浉河区尚有水力侵蚀面积 306. 72 km^2。南湾水库流域内游河乡、董家河镇、浉河港镇、谭家河乡、柳林乡、李家寨镇 6 个乡镇位于水土流失重点防治区,十三里桥乡部分区域位于水土流失重点治理区。流域内降水量丰沛,浉河区年降水量为 1 484. 1 mm,在信阳市 9 个县区中位列第一,流域内水土流失类型以水力侵蚀为主,其次为重力侵蚀和风蚀,流域内部分陡坡地天然林改种茶叶也进一步加剧了水土流失。

(3)农业种植方式落后,存在农田面源污染。

流域内种植业以茶园为主,农业污染源主要是茶园使用的农药和化肥,施用的化肥主要为复合肥、碳酸氢铵、磷肥和尿素,南湾水库周边的山体上直接建有茶园,施用的化肥、农药进入水体,造成了一定的面源污染。

(4)分散式畜禽养殖和城镇地表径流对面源污染贡献基本可以忽略。

南湾水库流域内大部分区域属于禁养区,目前,流域内各乡镇畜禽养殖已整治到位,仅个别农户有零星散养畜禽,不存在规模化的养殖场、养殖小区和养殖户,因此流域内畜禽养殖造成的面源污染可以忽略。此外,流域内无县级以上城市建成区,主要分布有几个乡镇建成区,但规模较小且居住分散。

9.3 面源污染物入河量核算

9.3.1 农村生活面源污染物入河量核算

9.3.1.1 所需数据

根据农村生活面源污染物入河量核算公式,核算过程中需要农村常住人口和农村人均生活用水量。

1. 农村常住人口

根据前述分析,南湾水库流域内农村常住人口为 128 814 人。

2. 农村人均生活用水量

根据河南省、信阳市和浉河区水资源公报统计数据,河南省和浉河区 2013~2017 年农村人畜用水量如表 9-6 所示。从表 9-6 中可以看出,河南省农村人畜用水量整体呈增长趋势,2016 年全省农村人均(不含牲畜用水)生活用水量为 73 L/(人 · d);浉河区农村人畜综合用水量呈逐年增长趋势,到 2017 年已达到 104 L/(人 · d)。

表 9-6 河南省和浉河区农村人畜综合用水定额 [单位:L/(人 · d)]

年份	河南省农村人畜用水量	浉河区农村人畜综合用水量
2013	91	73
2014	90	77.7
2015	96	81
2016	73(不含牲畜用水)	98
2017	—	104

根据《河南省农村生活污水治理技术导则(试行)》(2018 年 8 月发布),信阳农村生活用水指标可取上限。结合现场调查情况,南湾水库流域内部分村庄仍采用自备井,实现集中供水的农户约占 40%,使用水冲厕的农户约占 10%,随着农村生活水平的提高,农村人均生活用水量逐年提高,调查中部分农户月均用水量约为 2 t,即 67 L/(人 · d),结合浉河区水资源公报统计数据,综合确定南湾水库流域内农村人均生活用水量为 70 L/(人 · d)。

3. 农村生活污水污染物浓度

南湾水库流域内农村以旱厕为主,仅有少部分农户不到 10%采用水冲厕,因此生活污水浓度主要是指农村厨房洗涤水、洗衣机排水、洗漱排水等排放污水的浓度,仅有少数农户生活污水中含有化粪池出水,参考相关农村生活污水处理技术指南和相关文献对于农村生活污水浓度的调查研究，确定南湾水库流域内农村生活污水中 COD、氨氮、总氮、总磷浓度分别为 250 mg/L、40 mg/L、60 mg/L、4 mg/L。

9.3.1.2　核算结果

1. 产生量

采用农村生活污染物产生量估算模型，计算出南湾水库流域内各乡镇农村生活污染物产生量。南湾水库流域内农村生活 COD 产生量为 9 191.8 t，氨氮产生量为 127.13 t，总氮产生量为 803.22 t，总磷产生量为 113.39 t。

农村生活源污染物主要来自生活污水、生活垃圾和人体粪尿，南湾水库流域内农村生活面源污染物产生量的来源如图 9-13 所示。

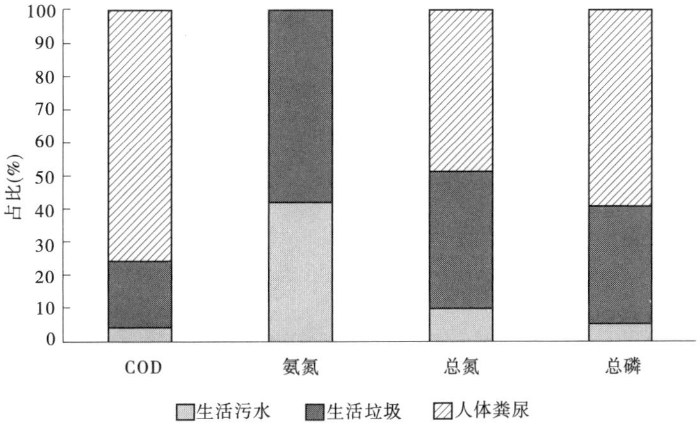

图 9-13　南湾水库流域内农村生活面源污染物产生量的来源

由图 9-13 可以看出，南湾水库流域内农村生活面源污染物 COD 产生量主要来自人体粪尿(76.02%)，其次是生活垃圾(20.4%)；氨氮主要来自生活垃圾(58.58%)和生活污水(41.42%)；总氮主要来自人体粪尿(49.07%)和生活垃圾(41.09%)；总磷主要来自人体粪尿(59.53%)和生活垃圾(35.83%)。

2. 排放量

采用农村生活污染物排放量估算模型，计算出南湾水库流域内各个乡镇生活污染物排放量。南湾水库流域 2017 年农村生活污染物排放量 COD 为 1 069.05 t，氨氮为 59.05 t，总氮为 141.95 t，总磷为 14.62 t。

农村生活面源污染物主要来自生活污水、生活垃圾和人体粪尿，南湾水库流域内农村生活面源污染物排放量来源占比如图 9-14 所示。

由图 9-14 可知，南湾水库流域内农村生活面源污染物排放 COD 主要来自人体粪尿(52.29%)和生活污水(30.17%)；氨氮主要来自生活污水(87.39%)；总氮主要来自生活污水(54.53%)，其次是生活垃圾(23.25%)和人体粪尿(22.21%)；总磷主要来自人体粪尿(36.93%)和生活污水(35.29%)，其次是生活垃圾(27.78%)。

3. 入河量

采用农村生活污染物入河量估算模型，计算出南湾水库流域内各个乡镇农村生活污染物的入河量。南湾水库流域内农村生活面源污染物 COD 入河量为 310.26 t，氨氮入河

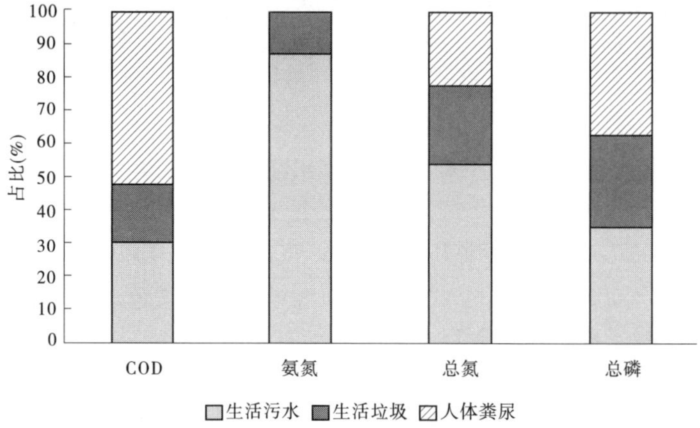

图 9-14　南湾水库流域内农村生活面源污染物排放来源占比

量为 30.96 t,总氮入河量为 54.39 t,总磷入河量为 4.42 t。

南湾水库流域内农村生活面源污染物入河量的来源占比如图 9-15 所示。

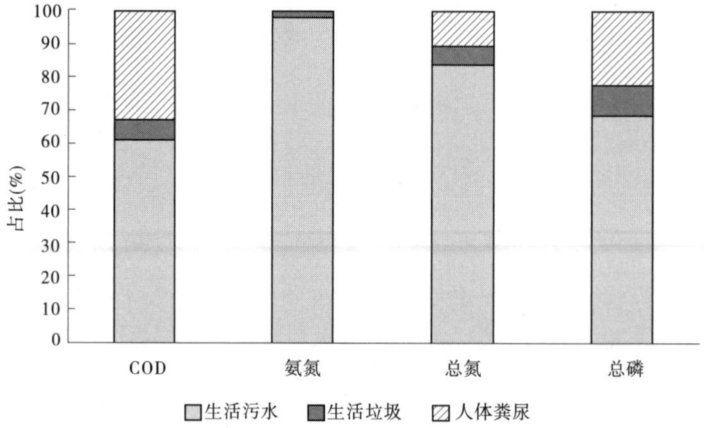

图 9-15　南湾水库流域内农村生活面源污染物入河量的来源占比

由图 9-15 可知,南湾水库流域内农村生活面源污染物入河量 COD 主要来自生活污水,其中农村生活面源 COD 入河量中生活污水占 60.89%,氨氮入河量中生活污水占 97.63%,总氮入河量中生活污水占 83.36%,总磷入河量中生活污水占 68.45%。

9.3.2　农田面源污染物入河量核算

9.3.2.1　所需数据

1. 主要农作物种植面积

依据《2017 信阳统计年鉴》,统计浉河区主要农作物种植面积,如表 9-7 所示。可以看出,谷物、小麦、稻谷、蔬菜、茶叶是浉河区的主要农作物。经调查,浉河区粮食作物的主产区是位于其北部平原地带的吴家店镇。南湾水库流域内涉及乡镇目前粮食作物种植较少,以茶叶种植为主,多数地区已经实施“田改茶”,少数未改茶的耕地种植水稻等粮食作物。流域内耕地多为平地,茶叶大部分种植于山坡上,少部分由农田改种的则为平地,结合调查情况确定南湾水库流域内各乡镇主要农作物的种植面积,如表 9-8 所示。

表 9-7　浉河区主要农作物种植面积　(单位:hm^2)

农作物	谷物	夏粮	秋粮				油料			蔬菜	瓜果	茶园	果园
		小麦	稻谷	玉米	大豆	薯类	花生	油菜籽	芝麻				
浉河区	17 990	4 310	13 380	300	240	1 370	2 330	3 750	210	12 530	1 470	47 256	1 132

表 9-8　南湾水库流域涉及乡镇(街道)主要农作物种植面积　(单位:hm^2)

乡镇(街道)	水稻种植面积	茶叶种植面积	茶园中坡地面积	茶园中平地面积	果园面积	蔬菜面积
浉河港镇	270	13 070	11 900	1 170	150	1 850
董家河镇	530	11 330	9 820	1 510	160	2 010
谭家河乡	1 170	5 670	4 620	1 050	130	1 640
十三里桥乡	130	1 730	1 380	350	70	810
柳林乡	1 000	1 330	680	650	70	850
李家寨镇	1 070	4 310	2 910	1 400	150	1 880
浉河区(街道)	1 670	3 950	2 770	1 180	140	1 720

2. 化肥施用量

依据《2017 信阳统计年鉴》和信阳市统计局提供的数据,统计南湾水库流域内涉及各乡镇、街道的化肥施用量,如表 9-9 所示。

表 9-9　南湾水库流域涉及乡镇、街道肥料施用量(折纯量)　(单位:t)

乡镇(街道)	氮肥	磷肥	复合肥
浉河港镇	1 112.64	431.92	232.24
董家河镇	644.41	250.16	134.51
谭家河乡	809.35	314.19	168.93
十三里桥乡	837.73	325.20	174.86
柳林乡	236.48	91.80	49.36
李家寨镇	597.11	231.80	124.63
浉河区(街道)	983.76	381.89	205.34

3. 农药施用量

由于缺乏较为详细的统计数据,南湾水库流域农药施用量通过实地调查情况进行核算。经调查，南湾水库流域内主要农作物为茶叶，在茶叶种植过程中部分农户会施用草甘膦除草剂和丁醚 · 噻虫啉杀虫剂，相当一部分农户均不施用农药。结合流域内茶叶种植面积、施用农药的农户占比、草甘膦和丁醚 · 噻虫啉的单位面积施用量及其有效成分含量、化学式中氮、磷元素含量核算施用农药中的有机氮、有机磷含量。如表 9-10 所示。

表 9-10　南湾水库流域涉及乡镇、街道农药施用量(折纯量)　(单位:kg)

乡镇(街道)	草甘膦施用氮纯量	草甘膦施用磷纯量	丁醚 · 噻虫啉施用氮纯量
浉河港镇	90.58	207.65	47.02
董家河镇	69.16	158.55	35.90
谭家河乡	48.21	110.52	25.02
十三里桥乡	5.96	13.66	3.09
柳林乡	3.15	7.21	1.63
李家寨镇	18.23	41.79	9.46
浉河区(街道)	2.89	6.63	1.50

9.3.2.2　核算结果

1. 产生量

流域内总氮、总磷、氨氮的产生量分别为 3 239.56 t、545.72 t、573.82 t，各污染物的主要来源均为肥料施用，农药施用产生的总氮和总磷很少，分别仅占总量的 0.01% 和 0.1%。

从各乡镇(街道)产生量看，南湾水库流域内农田面源污染物产生量较多的乡镇是浉河港镇、谭家河乡和董家河镇，其总氮产生量分别占流域产生总量的 30.58%、27.29% 和 15.60%。主要是这三个乡镇在南湾水库流域内面积占比较大，且是流域内茶叶主产区，茶叶种植面积大，肥料施用量相对较多，其次是十三里桥乡和李家寨镇，柳林乡和浉河区下辖街道产生量较少。南湾水库流域农田面源污染物产生量如图 9-16 所示。

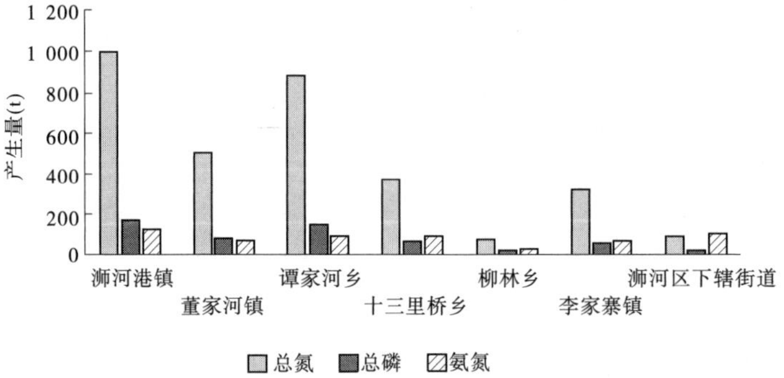

图 9-16　南湾水库流域农田面源污染物产生量

2. 流失量

流域内农田种植面源总氮流失量 26.22 t，总磷流失量 2.27 t，氨氮流失量 0.98 t。可以看出，流失污染物中以总氮为主，氨氮最少。

从各乡镇（街道）流失情况看，南湾水库流域内各乡镇（街道）中，谭家河乡和浉河港镇的总氮流失量最大，董家河镇、十三里桥乡、李家寨镇相当，柳林乡和浉河区下辖街道在流域内面积占比较小，因此其面源污染物流失量相对较少。南湾水库流域农田面源污染物流失量如图 9-17 所示。

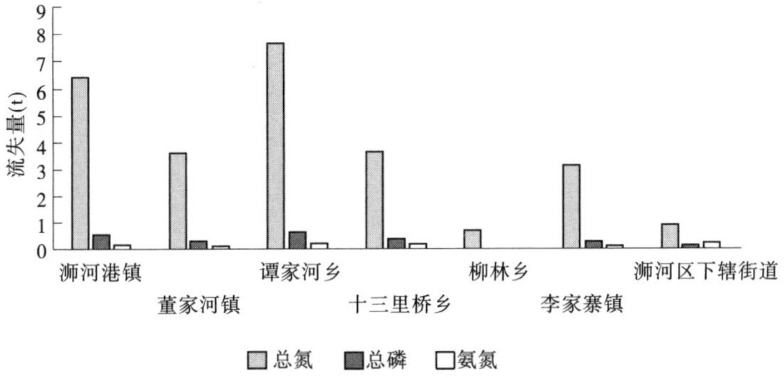

图 9-17　南湾水库流域农田面源污染物流失量

3. 入河量

南湾水库流域内农田面源总氮、总磷、氨氮的入河量分别为 4. 56 t、0. 38 t、0. 15 t。总氮入河量最大，总磷次之，氨氮最小。

从各乡镇（街道）入河量看，总氮和总磷入河量仍是浉河港镇和谭家河乡最大，两乡镇总氮入河量占流域总氮入河总量的 57. 46%，总磷入河量占流域内总磷入河总量的 55. 26%。柳林乡和浉河区下辖街道在流域内的面积占比较小，因此其农田面源污染物入河量也较小。南湾水库流域农田面源污染物入河量如图 9-18 所示。

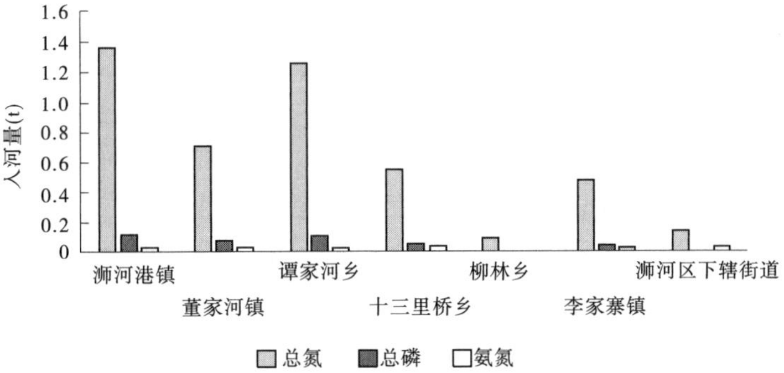

图 9-18　南湾水库流域农田面源污染物入河量

9.3.3 水土流失面源污染物入河量核算

9.3.3.1 所需数据

南湾水库流域水土流失面源污染物入河量核算需要的数据包括流域内泥沙流失量和流域内易流失土壤的表层氮、磷含量。

1. 流域内泥沙流失量

由于无南湾水库流域内站点泥沙流失量的监测结果，因此南湾水库流域内泥沙流失量采用《中国泥沙公报 2017》中信阳市境内淮河干流息县水文控制站的监测数据进行确定，浉河区位于息县水文控制站的上游，位于其控制流域内。根据2017年监测结果，淮河干流息县水文控制站实测输沙模数为136 t/(a · km^2)，结合南湾水库流域面积核算流域内泥沙流失量为11.11万t/a。

2. 易流失土壤的表层氮、磷含量

从中国土壤数据库信阳市的土种数据信息中获取南湾水库流域内易发生水土流失的土壤类型及其表层土壤氮、磷含量，如表9-11所示。

表 9-11 南湾水库流域内易发生水土流失的土种信息 （单位:g/kg）

土壤类型	分布区域	总氮含量	总磷含量
僵黄土	黄土丘陵、垄岗坡地的中、上部	0.68	0.46
灰渣土	山地山坡的中、下部	1.43	0.63
厚紫泥土	地区低山、丘陵坡地的坡麓及台地	0.79	0.44
紫砂土	地区的低山、丘陵缓坡地	1.07	0.3
泥石土	低山、丘陵的陡坡及顶部	1.82	0.43
平均值		1.158	0.452

9.3.3.2 核算结果

南湾水库流域内水土流失面源污染物产生量和入河量核算结果如表9-12所示。流域内因水土流失产生的总氮量为385.81 t，总磷量为100.40 t，总氮、总磷的入河量分别为192.91 t和60.24 t。

表 9-12 南湾水库流域内水土流失面源污染物产生量和入河量核算结果

泥沙流失量(万 t)	总氮产生量(t)	总磷产生量(t)	总氮入河量(t)	总磷入河量(t)
11.11	385.81	100.40	192.91	60.24

9.4 核算结果分析

对流域内农村生活、农田面源和水土流失面源污染物产生量进行汇总。流域内面源污染COD产生量为9 191.83 t/a，氨氮产生量为700.95 t/a，总氮产生量为4 428.60 t/a，总磷产生量为759.50 t/a。

对南湾水库流域内农村生活、农田面源和水土流失面源污染物入河量进行汇总。流域内面源污染 COD 入河量为 310.26 t/a，氨氮入河量为 31.11 t/a，总氮入河量为 251.86 t/a，总磷入河量为 65.04 t/a。南湾水库流域内面源污染物入河来源占比如图 9-19 所示。

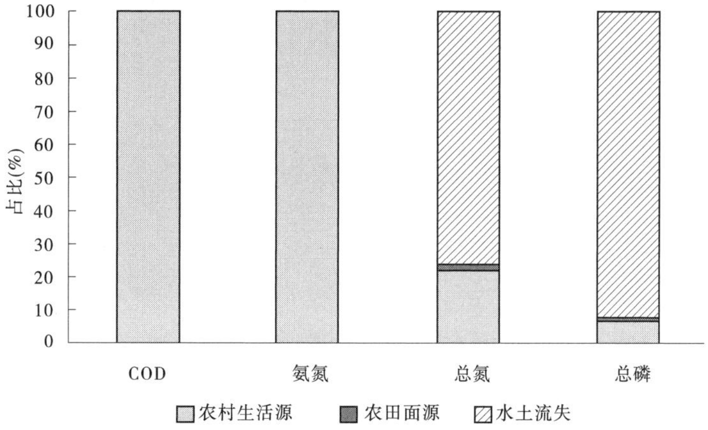

图 9-19　南湾水库流域内面源污染物入河来源占比

从南湾水库流域内面源污染物入河来源来看，COD 全部来自农村生活；氨氮约 99.52%来自农村生活，农田面源仅占 0.48%；总氮和总磷入河量主要来自水土流失，水土流失总氮和总磷入河量分别占总氮和总磷入河总量的 76.59%和 92.62%。

第 10 章　北方山地丘陵区中型水库面源污染物入河量调查与核算

10.1　区域特征

10.1.1　区域范围

根据汇水区域划分方法，结合安阳市和鹤壁市的水系图、行政区划图，最终划定彰武水库的汇水区域。彰武水库流域面积 949.33 km^2，位于安阳市和鹤壁市境内，其中安阳市境内面积 911.25 km^2，占流域总面积的 95.99%，鹤壁市境内面积 38.08 km^2，占流域总面积的 4.01%，如表 10-1 和附图 5-1 所示。

表 10-1　彰武水库汇水区域面积和涉及乡镇(街道)

涉及省辖市	涉及县市	流域内涉及面积(km^2)	涉及乡镇(面积占比)
安阳市	林州市 (12 个乡镇、4 个街道)	760.87	任村镇(2.76%)、姚村镇、东岗镇(3.59%)、河顺镇(28.41%)、城郊乡、陵阳镇、横水镇(92.69%)、合涧镇(58.54%)、采桑镇(64.89%)、东姚镇(68.07%)、石板岩镇(8.90%)、桂林镇(3.66%)、开元街道、振林街道、龙山街道、桂园街道
	殷都区 (2 个乡镇)	6.83	许家沟乡(8.34%)、水冶镇(4.97%)
	龙安区 (3 个乡镇)	143.55	龙泉镇(21.97%)、马家乡(95.77%)、善应镇(98.41%)
鹤壁市	鹤山区 (1 个乡镇)	38.08	姬家山乡(26.63%)

注：2017 年，安阳市行政区划调整后，原安阳县的马家乡和善应镇划归为龙安区，许家沟乡、水冶镇划归为殷都区。在数据分析时，2016 年及以前的数据仍按照原有行政区划进行分析。

10.1.2　自然环境概况

10.1.2.1　地理位置

彰武水库位于海河流域安阳市龙安区境内，处在小南海水库下游 10 km 处南彰武村与北彰武村间安阳河干流上，整体位于龙安区境内。彰武水库坝址位于殷都区水冶镇原北彰武村旁，水源主要来自南海泉，总库容 7 063 万 m^3，兴利库容 1 703 万 m^3，是一座供安阳钢铁集团有限责任公司、电厂用水及农业引蓄灌溉，兼营发电、养殖的中型水库，对安阳市的城市防洪安全起着重要作用。因地理位置重要，河南省将其按大型水库管理。

10.1.2.2　地形地貌

彰武水库是在安阳河大峡谷出口建坝而成的，安阳河大峡谷由太行山东侧余脉形成，峡谷底部平均宽带约 50 m，两侧山峰平均高约 100 m，安阳河穿峡谷底部而过。彰武水库即位于安阳河大峡谷出口处。

10.1.2.3　河流水系

彰武水库位于安阳河干流上。安阳河又名洹河、洹水，是海河流域漳卫南运河水系的第二大支流，发源于林滤山东麓，自西向东流经林州市、安阳市区、安阳县、内黄县，在内黄石盘屯乡赵庄南(范阳口)注入卫河，主要支流有粉红江、金线河、珠泉河等，源泉有小南海泉、珍珠泉等。安阳河全长 170 km，流域面积 1 953 km^2，年均径流量 2.65 亿 m^3，河床最大流量 1 100 m^3/s，为常年河。彰武水库流域范围内的河流主要为安阳河及其支流桃园河。

10.1.2.4　水资源概况

1. 降水量

2011~2016 年，安阳市下辖的林州站和安阳站的降水量变化趋势如图 10-1 所示。从降水量上看，2016 年降水量最大，分别达到了 961.8 mm 和 917.1 mm，主要是 2016 年出现了较大的降水过程，导致年降水量达到历年最高。

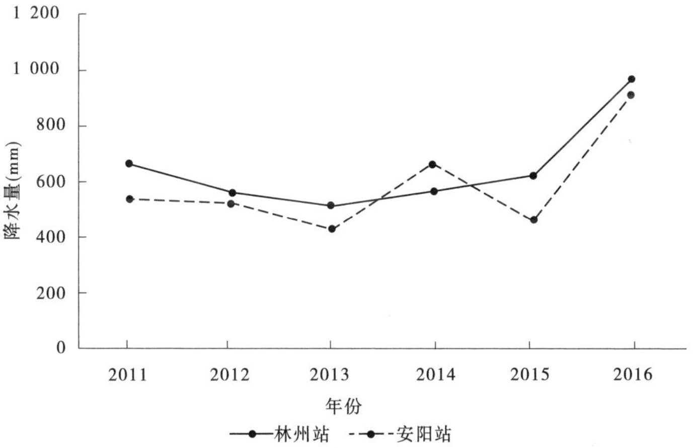

图 10-1　2011~2016 年安阳市降水量逐年变化趋势

2011~2016 年，鹤壁市降水量变化趋势如图 10-2 所示。从降水量上看，2016 年降水量最大，达到了 734 mm，主要是 2016 年出现了较大的降水过程，导致年降水量达到历年最高。

2. 水库蓄水量

彰武水库流域内主要水库有彰武水库和小南海水库，依据 2013~2016 年河南省水资源公报分析这 2 座水库近年来年末蓄水量的变化情况，如图 10-3 所示。可以看出，这 2 座水库近年来的年末蓄水量呈现波动变化，相较于 2013 年，彰武水库 2016 年的蓄水量增加了 86.08%，小南海水库 2016 年的蓄水量增加了 15.63%。就蓄水量来说，彰武水库蓄

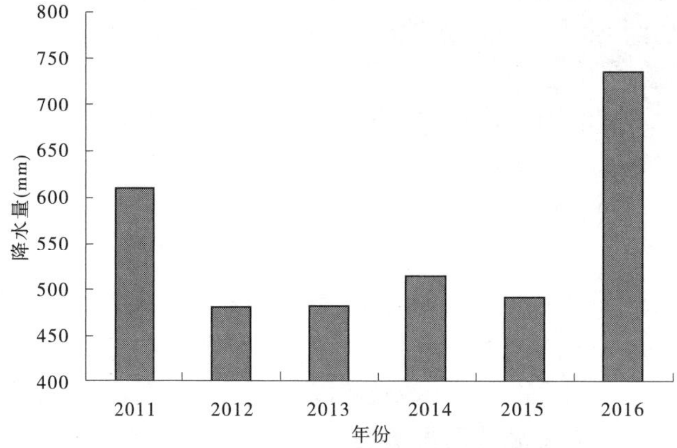

图 10-2 2011~2016 年鹤壁市降水量逐年变化趋势

水量远高于小南海水库。

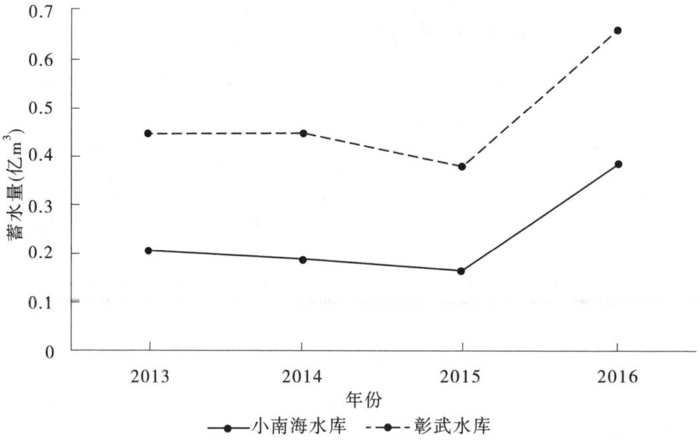

图 10-3 2013~2016 年彰武水库和小南海水库年末蓄水量变化

3. 水资源总量

依据 2011~2016 年河南省水资源公报和安阳市水资源公报分析安阳市和鹤壁市水资源总量、地表水资源量、地下水资源量的变化趋势，如图 10-4 和图 10-5 所示。可以看出，2011~2015 年安阳市和鹤壁市水资源总量逐年下降，2016 年水资源总量大幅上升，主要是由于 2016 年出现了一次大的降水。

10. 1. 3 社会经济概况

10. 1. 3. 1 人口概况

1. 安阳市和鹤壁市

依据河南省统计年鉴，2016 年，安阳市常住人口 513 万人，位居全省 18 个省辖市第 9；其中农村常住人口 264 万人，位居全省 18 个省辖市第 9；城镇化率 48. 5%，位居全省 18 个省辖市第 11。安阳市整体人口数量适中，城市化进程相对较慢，城镇化率低。鹤壁市

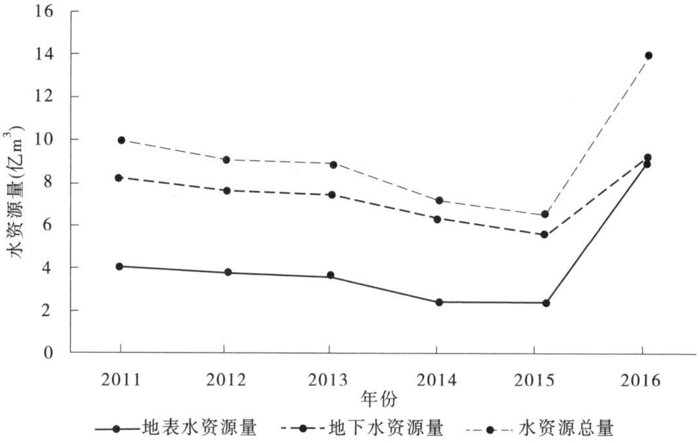

图 10-4 2011~2016 年安阳市水资源量变化趋势

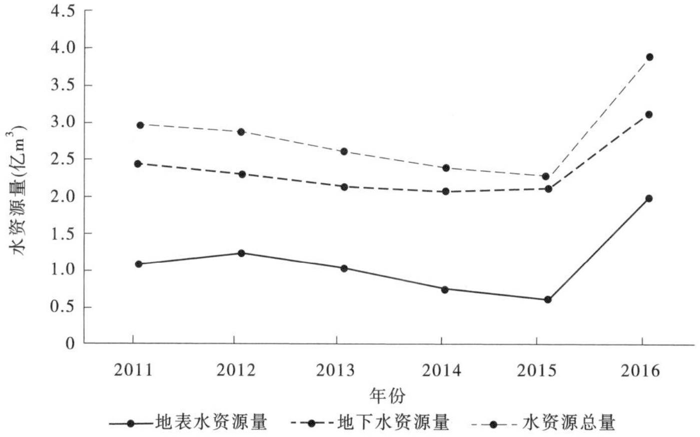

图 10-5 2011~2016 年鹤壁市水资源量变化趋势

常住人口 161 万人,位居全省 18 个省辖市第 17,仅高于济源市;其中农村常住人口 69 万人,位居全省 18 个省辖市第 17,仅高于济源市;城镇化率 57.2%,位居全省 18 个省辖市第 3,仅次于郑州市和济源市。鹤壁市整体人口数量较少,农村人口基数少,城市化进程相对较快,城镇化率高。

2. 彰武水库流域涉及县(区)

依据历年河南省统计年鉴和安阳市、鹤壁市统计年鉴中安阳县、林州市、龙安区、鹤山区的统计数据分析彰武水库流域人口情况。2016 年,彰武水库流域涉及县(区)人口情况如图 10-6 所示,可以看出,安阳县、林州市的农村人口数量较多,鹤山区最少;鹤山区的城镇化率最高,安阳县最低。整体来看,鹤山区的城市化程度最高,安阳县最低。

10.1.3.2 社会经济发展概况

1. 安阳市和鹤壁市

2016 年,安阳市生产总值 2 029.85 亿元,人均生产总值 39 603 元,分别在全省 18 个省辖市中排名第 9 位和第 10 位。2011~2016 年,安阳市生产总值及三产占比变化趋势如

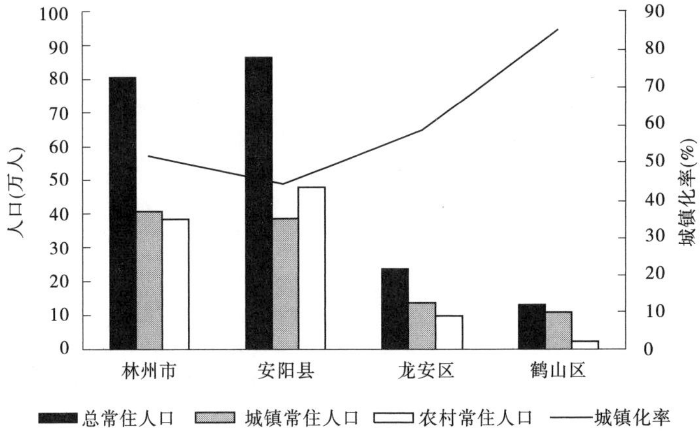

图 10-6　2016 年彰武水库流域涉及县(区)人口情况

图 10-7 所示。从三产占比情况看,近年来第一产业变化不是很明显,从 2011 年的 11.2%下降至 2016 年的 10.5%;第二产业占比显著下降,从 2011 年的 63.0%下降至 2016 年的 47.8%;第三产业上升趋势明显,从 2011 年的 25.7%增长为 2016 年的 41.7%。安阳市生产总值不断提高,产业得到不断优化,仍以第二产业为主导。

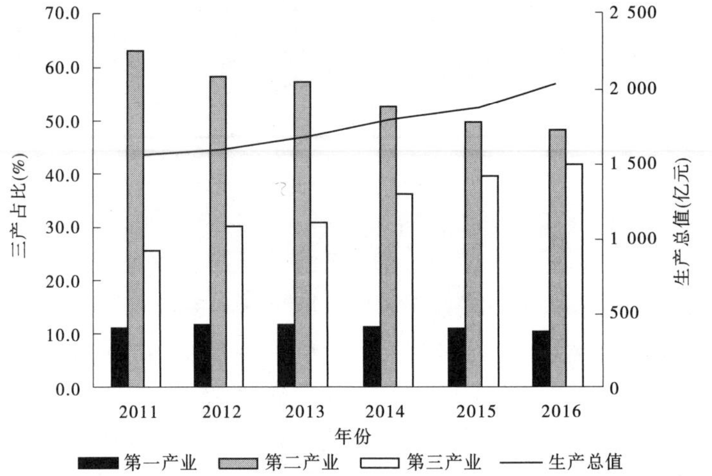

图 10-7　2011~2016 年安阳市生产总值及三产占比变化趋势

2016 年,鹤壁市生产总值 771.79 亿元,人均生产总值 47 940 元,分别在全省 18 个省辖市中排名第 17 位和第 7 位。2011~2016 年,鹤壁市生产总值及三产占比变化情况如图 10-8 所示。从三产占比情况看,近年来第一产业占比不断下降,从 2011 年的 11.0%下降至 2016 年的 8.0%;第二产业占比不断下降,从 2011 年的 71.5%下降至 2016 年的 65.2%;第三产业上升趋势明显,从 2011 年的 17.5%增长为 2016 年的 26.8%。鹤壁市生产总值不断提高,产业得到不断优化,仍以第二产业为主导。

2. 彰武水库流域涉及县(区)

彰武水库流域涉及的县(区),2016 年生产总值 1 093.85 亿元,其中林州市的生产总

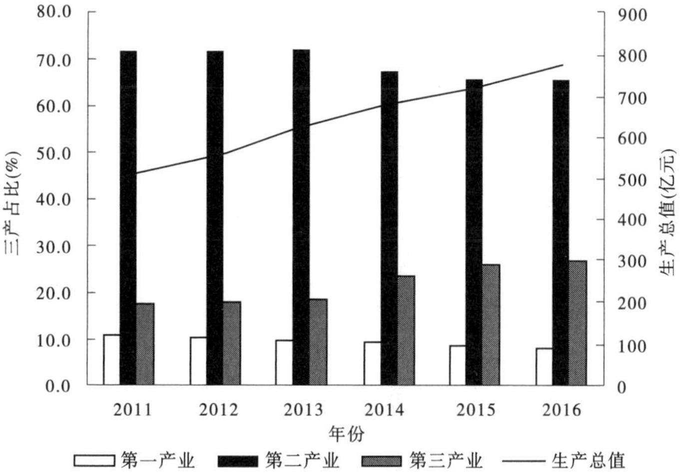

图 10-8　2011~2016 年鹤壁市生产总值及三产占比变化趋势

值最高,鹤山区的最低,见图 10-9。从三次产业结构看,各县(区)均以第二、第三产业为主导,龙安区第一产业占比最低,安阳县第一产业占比最高。

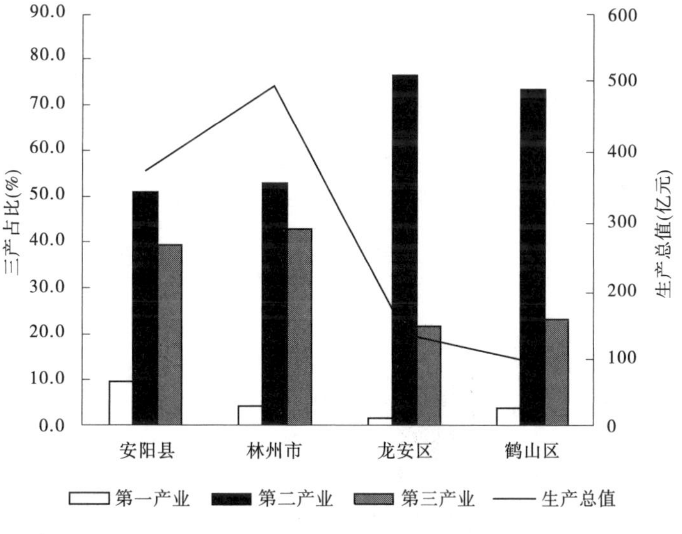

图 10-9　2016 年彰武水库流域涉及县(区)生产总值及三产占比

10.2　面源污染物入河量调查

10.2.1　调查时间和区域

彰武水库流域现场调查时间为 2018 年 11 月 1~2 日。

彰武水库流域涉及安阳市的林州市、安阳县、龙安区和鹤壁市的鹤山区。按照典型性、代表性、全面性的原则，选取了重点区域进行调查，调查区域主要包括彰武水库库区、龙安区龙泉镇和林州市善应镇，主要查看了库区周边环境污染现状及乡镇生活污水、生活垃圾处理情况。

10.2.2 调查内容

本次调查主要包括农村生活、农田、分散式畜禽养殖、城镇地表径流、水土流失及其他等，具体如表 10-2 所示。

表 10-2　调查内容

类别	调查内容
农村生活	农村人口，农村生活用水量，农村集中供水情况，农村污水处理设施建设情况，农村污水处理情况，农村生活垃圾收集情况，农村厕所建设现状，人体粪尿处置情况，生活污水产生系数及污染物浓度，生活垃圾产生系数及垃圾氮磷负荷、人体粪尿产污系数
农田	农业种植作物类型及面积，农作物耕种制度，农作物施用化肥和农药品种、施用量、施用次数，耕地地形情况，耕地排水情况等
分散式畜禽养殖	分乡镇不同种类畜禽养殖数量，农户畜禽养殖品种、养殖量、养殖方式，粪污收集处置设施建设情况，粪污排放方式和去向，畜禽排泄系数及粪便污染物含量等
城镇地表径流	林州市建成区面积、建成区土地利用情况、平均径流系数等
水土流失	水土保持分区情况、泥沙输出情况、土壤污染物含量等
其他	区域降水量，社会经济情况，水资源情况，水质情况等

彰武水库流域现场调查情况如图 10-10 所示。

(a)彰武水库(一)

(b)彰武水库(二)

图 10-10　彰武水库流域现场调查

(c)善应镇生活垃圾收集箱

(d)善应镇洹河

(e)善应村农村生活排污口

(f)善应镇镇区生活排污口

续图 10-10

10.2.3　调查结论

农村生活面源污染：农村生活垃圾由村垃圾箱收集后，乡镇派车转运，运到县垃圾填埋场进行填埋。农村乡道和村道垃圾可完全收集，仍有部分偏远和交通不便的区域垃圾未收集。龙安区各乡镇均未建设污水处理厂，林州市仅有 2 个乡镇建设了镇区的污水处理厂。目前，安阳市正在开展农户“厕所革命”，选取经济基础好的区域进行试点推进，但尚未在本流域内开展，流域内厕所仍以旱厕为主，产生的粪肥作为肥料施用。

农田面源污染：林州市主要种植玉米和小麦农作物，以耐寒农作物为主，为两季耕种制度，坡耕地比较多，但多已荒废；果树种植相对较多，主要以核桃树为主，兼有花椒树、柏树等。种植过程中会施用一定量的化肥和农药，化肥以复合肥为主，污染物含量氮磷钾为 30-5-5。

水土流失面源污染：林州市属于国家级水土流失治理区，林州市原有水土流失土地面积 1 800 km^2,已经治理了约 1 200 km^2,现有约 500 km^2 土地需要治理,主要集中在洹水河流域,分布在横水镇、采桑镇、东姚镇、城郊乡、合涧镇、茶店镇、城区等区域,林州市水土流失侵蚀模数为 1 000~2 000 t/(km^2 · a)。由于区域内土壤贫瘠,加之管理不当,导致多年的水土流失治理一直未通过国家验收。

10.3　面源污染物入河量核算

10.3.1　农村生活面源污染物入河量核算

10.3.1.1　所需数据

核算过程中需要农村常住人口和农村人均生活用水量。

1. 农村常住人口

根据《2017 安阳统计年鉴》、《2017 鹤壁统计年鉴》和《2017 林州市统计年鉴》,按照各乡镇人口密度进行折算,2016 年,彰武水库流域范围内的农村常住人口为 22.66 万人,其中流域范围内的安阳市农村常住人口为 22.24 万人,鹤壁市农村常住人口为 0.42 万人。

2. 农村人均生活用水量

根据《2016 年安阳市水资源公报》,全市农村生活用水定额为 52.9 L/(人 · d),其中林州市农村生活用水定额为 51.3 L/(人 · d),安阳县农村生活用水定额为 50.9 L/(人 · d),市区农村生活用水定额为 62.1 L/(人 · d)。

彰武水库流域范围内安阳市农村生活用水量参照《2016 年安阳市水资源公报》中的各县(市、区)的农村生活用水定额,由于鹤壁市未统计当地的农村生活用水定额,参照相邻区域林州市和安阳县的农村生活用水定额平均值确定,即林州市农村生活用水定额为 51.3 L/(人 · d),安阳县农村生活用水定额为 50.9 L/(人 · d),龙安区农村生活用水定额为 62.1 L/(人 · d),鹤山区农村生活用水定额为 51.1 L/(人 · d)。

3. 农村生活污水污染物浓度

综合考虑现有的研究成果并结合彰武水库流域农村的实际情况,确定彰武水库流域范围内农村生活污水 COD、氨氮、总氮、总磷浓度分别定为 325 mg/L、40 mg/L、40 mg/L 和 4 mg/L。

10.3.1.2　核算结果

1. 产生量

采用农村生活污染物产生量核算模型,计算出彰武水库流域内各个乡镇农村生活污染物产生量。彰武水库流域内农村生活产生 COD 为 8 426.17 t/a,氨氮为 179.55 t/a,总氮为 1 372.26 t/a,总磷为 201.50 t/a。

农村生活源污染物来自农村生活污水、生活垃圾和人体粪尿三部分,分析彰武水库流域内生活污染物来源如图 10-11 所示。

从彰武水库农村生活污染物产生来源来看,COD 主要来自人粪尿(53.24%)和生活垃圾(43.48%),氨氮主要来自生活垃圾(81.06%),总氮主要来自人粪尿(50.52%)和生活垃圾(47.00%),总磷主要来自人粪尿(58.92%)和生活垃圾(39.40%)。

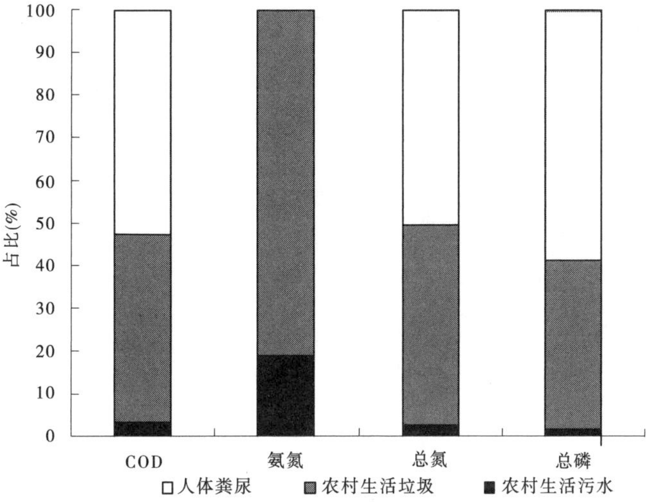

图 10-11　彰武水库流域内生活污染物来源

2. 排放量

采用农村生活污染物排放量核算模型，计算出彰武水库流域内各个乡镇生活污染物排放量。彰武水库流域内生活源污染物 COD 排放量为 788.68 t/a，氨氮排放量为 47.20 t/a，总氮排放量为 121.41 t/a，总磷排放量为 15.36 t/a。

对农村生活源生活污水、生活垃圾、人体粪尿污染物排放量分别进行核算，各类污染物排放到环境中的来源如图 10-12 所示。

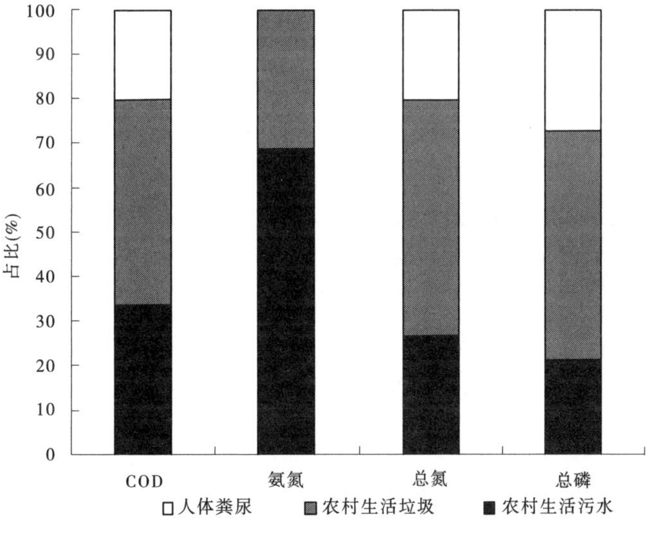

图 10-12　彰武水库流域内农村生活污染物流失量来源

从彰武水库流域内农村生活污染物流失来源来看，COD 主要来自生活垃圾(46.46%)和生活污水(33.63%)，氨氮流失主要来自生活污水(69.17%)和生活垃圾

(30.83%),总氮流失主要来自生活垃圾(53.12%)和生活污水(26.89%),总磷流失主要来自生活垃圾(51.69%)和人体粪尿(27.05%)。

3. 入河量

采用农村生活污染物入河量核算模型,计算出彰武水库流域内各乡镇农村生活污染物的入河量。彰武水库流域生活污染造成的 COD 入河量为 148.36 t/a,氨氮入河量为 12.88 t/a,总氮入河量为 20.89 t/a,总磷入河量为 2.44 t/a。

对农村生活源生活污水、生活垃圾、人体粪尿污染物入河量分别进行核算,各类污染物入河的来源如图 10-13 所示。

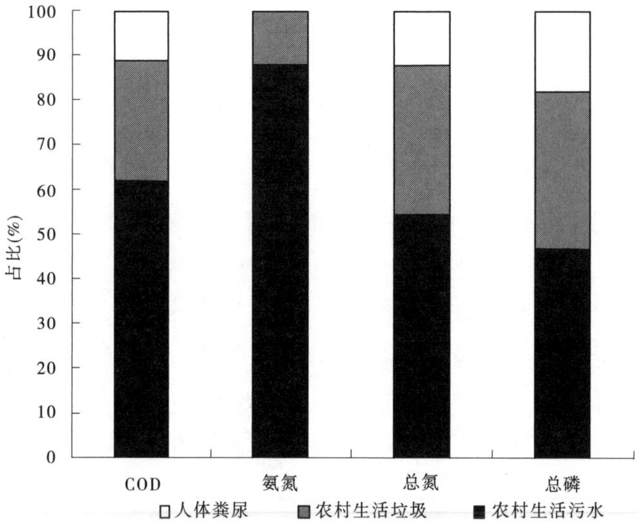

图 10-13 彰武水库流域内农村生活污染物入河量占比

从彰武水库农村生活污染物入河来源来看,COD 入河主要来自生活污水(61.90%)和生活垃圾(26.67%),氨氮入河主要来自生活污水(87.79%)和生活垃圾(12.21%),总氮入河主要来自生活污水(54.11%)和生活垃圾(33.34%),总磷流失主要来自生活污水(46.40%)和生活垃圾(35.19%)。

10.3.2 农田面源污染物入河量核算

10.3.2.1 所需数据

根据相关统计数据,统计出流域各乡镇(街道)的耕地面积和化肥使用量折纯量,通过计算得出流域内各乡镇(街道)的总氮折纯使用量、总磷折纯使用量和氨氮折纯使用量。

彰武水库流域内主要农作物为小麦和玉米,小麦施用的主要农药是高效氯氟氰菊酯和多菌灵等杀虫剂和杀菌剂,玉米主要使用的是乙草胺为主的除草剂,均为含有有机氮的农药。结合流域内小麦和玉米种植面积及高效氯氟氰菊酯、多菌灵和乙草胺的单位面积施用量及其有效成分含量和化学式中氮元素含量核算施用农药中的有机氮含量,如表 10-3 所示。

表 10-3　彰武水库流域范围涉及乡镇化肥使用情况

县市	乡镇	流域内耕地面积(hm^2)	流域内总氮折纯使用量(t)	流域内总磷折纯使用量(t)	流域内氨氮折纯使用量(t)	流域内农药使用氮纯量(kg)
林州市	任村镇	84	32.26	4.13	19.90	14.44
	姚村镇	4 387	3 085.25	253.40	2 464.29	1 173.44
	东岗镇	89	55.98	6.37	39.73	18.97
	河顺镇	1 181	447.17	45.96	347.74	229.37
	城郊乡	5 207	2 612.50	342.86	1 722.86	1 196.09
	陵阳镇	1 045	596.00	34.93	541.71	243.92
	横水镇	5 902	3 158.88	136.38	1 817.78	1 293.51
	合涧镇	2 614	1 294.90	197.45	736.60	502.87
	采桑镇	2 248	1 064.52	136.92	766.44	390.35
	东姚镇	3 298	787.40	121.45	315.65	479.61
	石板岩镇	48	18.16	4.68	5.19	2.07
	桂林镇	121	47.55	6.85	22.05	22.80
	开元街道	0	66.75	5.73	48.86	83.06
	振林街道	0	154.50	67.79	159.43	34.56
	龙山街道	813	158.25	28.54	16.29	65.83
	桂园街道	0	3.75	0.27	4.29	43.42
殷都区	许家沟乡	178	124.97	24.25	43.82	37.88
	水冶镇	78	82.56	16.02	28.95	16.69
龙安区	马家乡	999	343.34	37.11	392.38	329.85
	善应镇	1 311	2 283.11	575.77	0.00	333.57
	龙泉镇	567	176.31	11.34	178.15	103.29
鹤山区	姬家山乡	168	94.33	21.36	59.49	23.12
合计		30 338	16 688.44	2 079.56	9 731.6	6 638.71

2016 年,彰武水库流域内耕地面积为 30 339 hm^2,经折算,总氮折纯使用量为 16 688 t,总磷折纯使用量约为 2 080 t,氨氮折纯使用量约为 9 732 t,农药使用氮纯量约为 6 639 kg。

10.3.2.2　核算结果

1. 产生量

彰武水库流域农田面源污染物产生量统计如表 10-4 所示。流域内氨氮、总氮、总磷的产生量分别为 9 731.58 t/a、16 695.08 t/a、2 079.57 t/a，总氮的产生量最大。污染物产生的主要来源是肥料施用，农药施用产生的污染物量很小。

表 10-4　彰武水库流域农田面源污染物产生量统计　（单位：t/a）

县(区)	肥料施用污染物产生量			农药施用污染物产生量	各类污染物合计产生量		
	氨氮	总氮	总磷	总氮	氨氮	总氮	总磷
林州市	9 028.79	13 582.82	1 393.72	5.79	9 028.79	13 588.61	1 393.72
殷都区	72.77	207.53	40.27	0.072	72.77	207.61	40.27
龙安区	570.53	2 802.76	624.22	1.02	570.53	2 803.78	624.22
鹤山区	59.49	95.06	21.36	0.024	59.49	95.08	21.36
合计	9 731.58	16 688.17	2 079.57	6.906	9 731.58	16 695.08	2 079.57

从流域内各县(区)的产生量情况看，氨氮、总氮、总磷产生量最多的都是林州市，其次是龙安区，殷都区和鹤山区的产生量较少。

2. 流失量

彰武水库流域内各县(区)农田面源氨氮、总氮、总磷的流失量核算结果如表 10-5 所示。流域内氨氮、总氮、总磷的流失量分别为 18.06 t/a、422.56 t/a、9.35 t/a，分别占流域内农田面源各类污染物产生量的 0.19%、2.53%和 0.45%。

表 10-5　彰武水库流域农田面源污染物流失量核算结果　（单位：t/a）

县(区)	氨氮流失量	总氮流失量	总磷流失量
林州市	16.76	344.06	6.27
殷都区	0.13	5.10	0.17
龙安区	1.06	70.99	2.81
鹤山区	0.11	2.41	0.10
合计	18.06	422.56	9.35

从流域内各县(区)农田面源污染物流失量情况看，与产生量的分布规律一致，林州市的农田面源污染物流失量最多，其次是龙安区，殷都区和鹤山区较少。

3. 入河量

彰武水库流域农田面源污染物入河量核算结果如表 10-6 所示。流域内农田面源污染物氨氮、总氮、总磷的入河量合计分别为 1.70 t/a、38.11 t/a、0.78 t/a，各类污染物入河量分别占流域失量的 9.34%、9.02%、8.34%。

表 10-6　彰武水库流域农田面源污染物入河量核算结果　（单位:t/a）

县(区)	氨氮入河量	总氮入河量	总磷入河量
林州市	1.60	32.59	0.56
殷都区	0.01	0.27	0.01
龙安区	0.08	5.11	0.20
鹤山区	0.01	0.14	0.01
合计	1.7	38.11	0.78

从各县(区)农田面源污染物入河量看,林州市最高,其次是龙安区,较低的是殷都区和鹤山区。

10.3.3　分散式畜禽养殖面源污染物入河量核算

10.3.3.1　所需数据

根据分散式畜禽养殖面源污染物核算公式,核算分散式畜禽养殖面源污染物需要流域内分散式畜禽养殖数量、畜禽饲养周期。

1. 分散式畜禽养殖数量

根据《河南省畜牧局河南省环境保护厅关于调整畜禽养殖场规模标准的通知》(2017年3月),河南省畜禽养殖场规模标准为生猪年出栏 500 头以上(含 500 头)、蛋鸡存栏 10 000 羽以上(含 10 000 羽)、肉鸡年出栏 50 000 羽以上(含 50 000 羽)、奶牛存栏 200 头以上(含 200 头)、肉牛年出栏 200 头以上(含 200 头)、肉羊年出栏 1 000 只以上(含 1 000 只)。其他畜种可根据生产特点以猪当量进行换算。

根据各地市的统计年鉴和畜牧部门提供的相关数据,2016 年,彰武水库流域分散式畜禽养殖总量为:猪年出栏量 330 689 头、蛋鸡年存栏量 1 422 620 羽,肉鸡年出栏量 981 185 羽,奶牛年存栏量 1 504 头,肉牛年出栏量 1 491 头,羊年出栏量 35 919 只。

将彰武水库流域内各县(区)不同种类畜禽养殖量折算成猪,各县(区)折算后生猪养殖规模占比如图 10-14 所示。

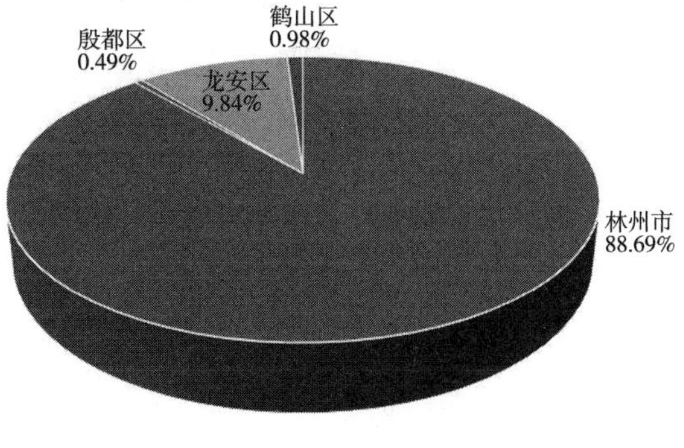

图 10-14　彰武水库流域内各县(区)折算后生猪养殖规模占比

按折算后生猪养殖量计,彰武水库流域内林州市养殖量最大,占流域的 88.69%;其次是龙安区,其养殖量占流域的 9.84%;殷都区和鹤山区的畜禽养殖量较小,占比均低于 1%。

2. 畜禽饲养周期

根据《全国规模化畜禽养殖业污染情况调查及防治对策》中确定的各类畜禽的饲养周期。

10.3.3.2　核算结果

1. 产生量

采用分散式畜禽养殖面源污染物产生量核算方法，计算出彰武水库流域内各个乡镇分散式畜禽养殖污染物产生量。彰武水库流域内分散式畜禽养殖产生 COD 12 501.47 t/a、氨氮 1 080.81 t/a、总氮 2 394.20 t/a、总磷 884.93 t/a，具体如表 10-7 所示。

表 10-7　分散式畜禽养殖污染物产生量　（单位：t/a）

养殖种类	COD	氨氮	总氮	总磷
肉牛	370.03	37.50	91.09	15.01
奶牛	373.35	37.83	91.91	15.15
猪	8 799.62	684.53	1 468.26	562.17
羊	158.04	20.47	81.89	16.16
蛋鸡	1 657.35	177.83	391.22	163.60
肉鸡	1 143.08	122.65	269.83	112.84
合计	12 501.47	1 080.81	2 394.20	884.93

从畜禽养殖种类来看，彰武水库流域猪的污染物产生量最大，占到总数的 60%以上，其次为蛋鸡和肉鸡，肉牛和奶牛的污染物产生量最小，分别不足 4%。彰武水库流域内分散式畜禽养殖污染物产生来源如图 10-15 所示。

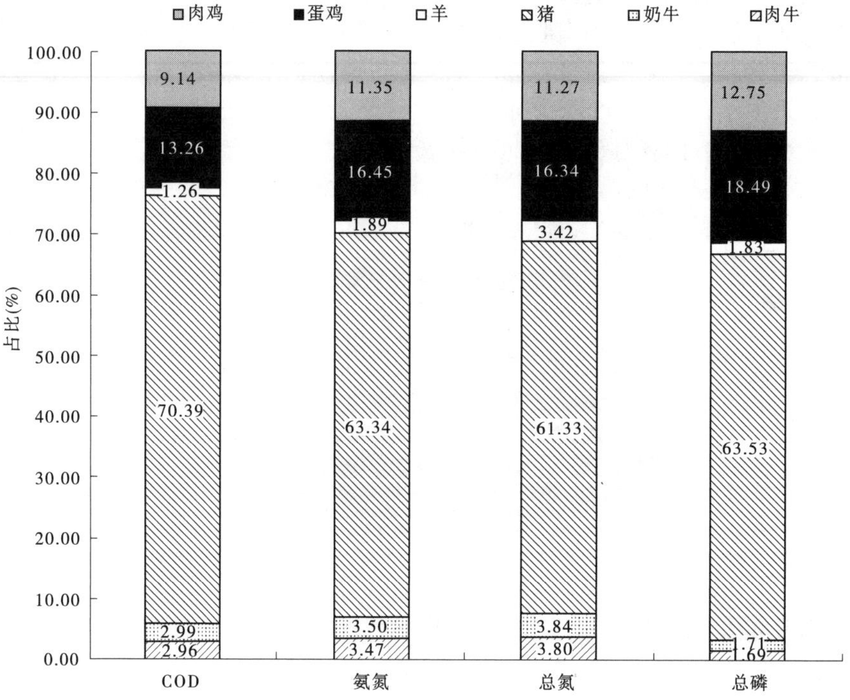

图 10-15　彰武水库流域内分散式畜禽养殖污染物产生来源

2. 流失量

采用分散式畜禽养殖污染物流失量核算模型，计算出彰武水库流域内分散式畜禽养殖流失量 COD 874.96 t/a、氨氮 58.07 t/a、总氮 183.99 t/a、总磷 61.45 t/a，具体如表 10-8 所示。

表 10-8　分散式畜禽养殖污染物流失量　　（单位：t/a）

养殖种类	COD	氨氮	总氮	总磷
肉牛	24.05	2.30	6.97	0.95
奶牛	24.26	2.32	7.03	0.96
猪	577.40	40.14	110.07	35.26
羊	8.69	0.84	4.26	0.86
蛋鸡	142.37	7.38	32.94	13.86
肉鸡	98.19	5.09	22.72	9.56
合计	874.96	58.07	183.99	61.45

从彰武水库流域分散式畜禽养殖污染物流失情况看，分散式畜禽养殖污染物流失中猪的污染物流失量最大，占到总数的 55%以上，其次为蛋鸡和肉鸡，肉牛和奶牛的污染物流失量最小，分别不足 4%。彰武水库流域内各类分散式畜禽养殖污染物流失量占比如图 10-16 所示。

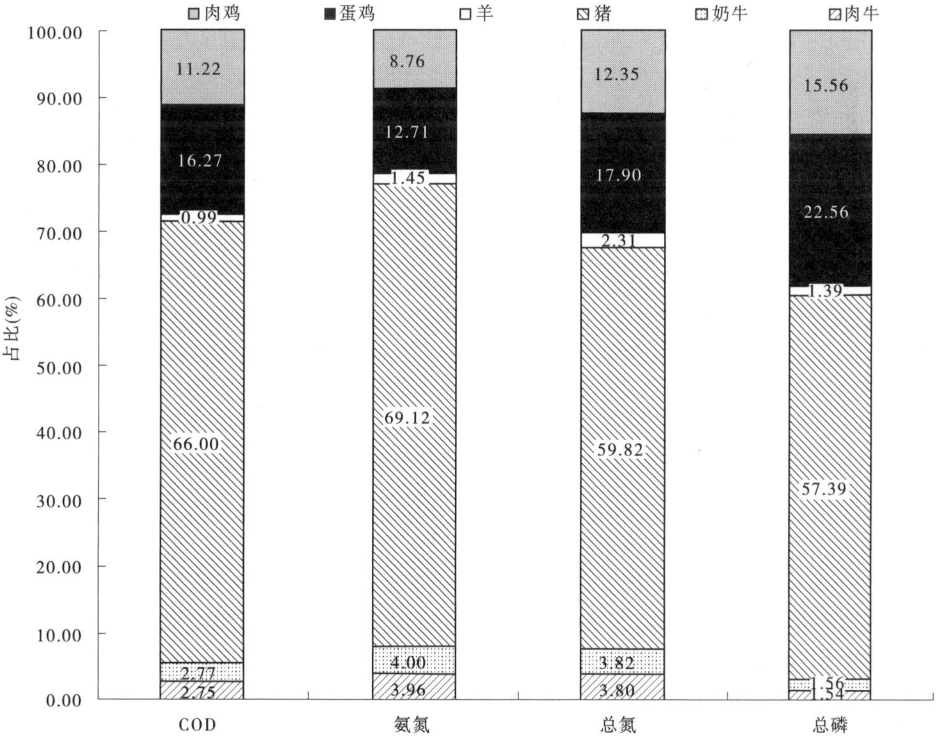

图 10-16　彰武水库流域内各类分散式畜禽养殖污染物流失量占比

3. 入河量

采用分散式畜禽养殖污染物入河量核算模型，计算出彰武水库流域内各个乡镇分散式畜禽养殖污染物的入河量。流域内分散式畜禽养殖污染物入河量 COD 182.23 t/a、氨氮 12.10 t/a、总氮 38.35 t/a、总磷 12.79 t/a，COD、氨氮、总氮、总磷的入河量分别占其产生量的 1.46%、1.12%、1.60%、1.45%，具体如表 10-9 所示。

表 10-9　农村分散式畜禽养殖污染物入河量　　(单位:t/a)

养殖种类	COD	氨氮	总氮	总磷
肉牛	5.05	0.48	1.46	0.20
奶牛	5.10	0.49	1.48	0.20
猪	120.25	8.36	22.92	7.34
羊	1.90	0.18	0.93	0.19
蛋鸡	29.55	1.53	6.84	2.88
肉鸡	20.38	1.06	4.72	1.98
合计	182.23	12.10	38.35	12.79

从养殖种类来看，彰武水库流域污染物入河量中猪的污染物入河量最大，占到总数的 55%以上，其次为蛋鸡和肉鸡，肉牛和奶牛的污染物入河量最小，分别不足 5%。具体如图 10-17 所示。

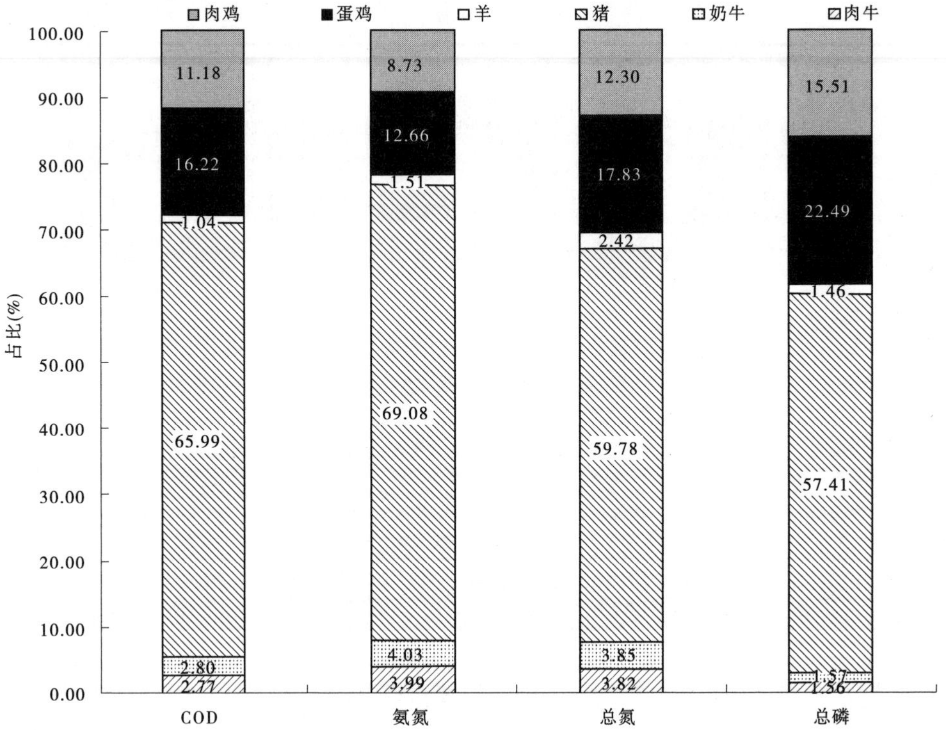

图 10-17　彰武水库流域内分散式畜禽养殖各养殖种类污染物入河量占比

10.3.4　城镇地表径流面源污染物入河量核算

10.3.4.1　所需数据

1. 各县(区)建成区面积

彰武水库流域内涉及林州市建成区,因此分析林州市建成区地表径流污染物的产排情况。根据林州市政府工作网站,林州市建成区面积 30 km^2。

2. 年降水量

考虑到数据的一致性,本次降水量采用历年林州市平均降水量数据,依据林州市气象局提供的数据,2001~2017 年林州市的降水量平均值 617.3 mm。

3. 降水径流污染物浓度

综合考虑,林州市的城市降水径流污染物浓度参考秀山县的监测成果均值进行选取,将 COD、氨氮、总磷的平均浓度取为 39.5 mg/L、0.2 mg/L、0.05 mg/L,秀山县未监测总氮浓度,因此其总氮浓度选取其他城市监测结果的最低值,取 0.7 mg/L。

10.3.4.2　核算结果

核算出彰武水库流域城镇降水径流污染物产生量 COD 276.51 t/a、氨氮 1.40 t/a、总氮 4.90 t/a、总磷 0.35 t/a,入河量 COD 149.31 t/a、氨氮 0.76 t/a、总氮 2.65 t/a、总磷 0.19 t/a,彰武水库流域城镇地表径流面源污染核算结果如表 10-10 所示。

表 10-10　彰武水库流域城镇地表径流面源污染核算结果　(单位:t/a)

项目	COD	氨氮	总氮	总磷
产生总量	276.51	1.40	4.90	0.35
入河总量	149.31	0.76	2.65	0.19

10.3.5　水土流失面源污染物入河量核算

10.3.5.1　所需数据

林州市土壤侵蚀类型以水力侵蚀为主,兼有重力侵蚀,水土流失强度为轻度—中度侵蚀,根据《水利部关于划分国家级水土流失重点防治区的公告》(水利部公告 2006 年第 2 号),林州市水土流失属于国家级重点治理区的太行山治理区;根据《河南省人民政府关于划分河南省水土流失重点防治区的通告》(豫政发〔1998〕42 号),林州市属于河南省水土流失重点监督区。根据全国水土保持第二次遥感普查数据,林州市土壤轻度以下侵蚀面积占 34.4%,轻度侵蚀面积占 45.7%,中度侵蚀面积占 17.26%,强度侵蚀面积占 2.64%,土壤侵蚀以中度水力侵蚀为主。林州市土壤侵蚀模数在 1 500~2 500 t/(km^2·a)。

1. 输沙模数

根据《2017 中国河流泥沙公报》,彰武水库流域河流泥沙观测台输沙模数如表 10-11 所示。

表 10-11　彰武水库流域河流泥沙观测台输沙模数　[单位：t/(km^2 · a)]

观测台	多年平均输沙模数	近十年平均输沙模数[a]	2017 年输沙模数
彰河观台	409	24.2	12
卫河元村集	149	6.77	4.92
平均值	279	15.485	8.46

注：a 为 2016 年前十年的统计数据，来源于《2016 中国河流泥沙公报》，《2017 中国河流泥沙公报》未统计该数据。

考虑到数据的一致性，本次输沙模数采用近十年平均输沙模数平均值进行测算。

2. 土壤污染物含量

从中国土壤数据库中可获取彰武水库流域土壤氮磷含量，中国土种数据库中彰武水库流域内易发生水土流失的土种主要为栾川灰黄泥土、薄泥渣土和灰石土等。各土壤类型的氮、磷含量如表 10-12 所示。

表 10-12　彰武水库流域易发生水土流失的各土壤类型氮、磷含量(取表层值)

土壤类型	分布和地形地貌	总氮(g/kg)	总磷(g/kg)
栾川灰黄泥土	低山海拔 900~1 200 m 的缓坡地	3.5	0.57
薄泥渣土	山地陡坡	0.77	0.57
灰石土	山地的山顶及坡地上部	0.38	0.46
平均值		1.55	0.53

10.3.5.2　核算结果

彰武水库流域水土流失面源污染物产生量总氮 45.57 t/a、总磷 23.37 t/a，入河量总氮 22.79 t/a、总磷 14.02 t/a。彰武水库流域水土流失面源污染核算结果如表 10-13 所示。

表 10-13　彰武水库流域水土流失面源污染核算结果　(单位：t/a)

项目	总氮	总磷
产生总量	45.57	23.37
入河总量	22.79	14.02

10.4　核算结果分析

经核算，彰武水库流域内 COD、氨氮、总氮、总磷的产生量分别为 21 204.15 t/a、10 993.33 t/a、20 512.01 t/a、3 189.73 t/a，入河量分别为 479.91 t/a、27.42 t/a、122.78 t/a、30.22 t/a；COD、氨氮、总氮、总磷的入河量分别占产生量的 2.26%、0.25%、0.60%、0.95%。

彰武水库流域内各类面源污染物入河量占比如图 10-18 所示。

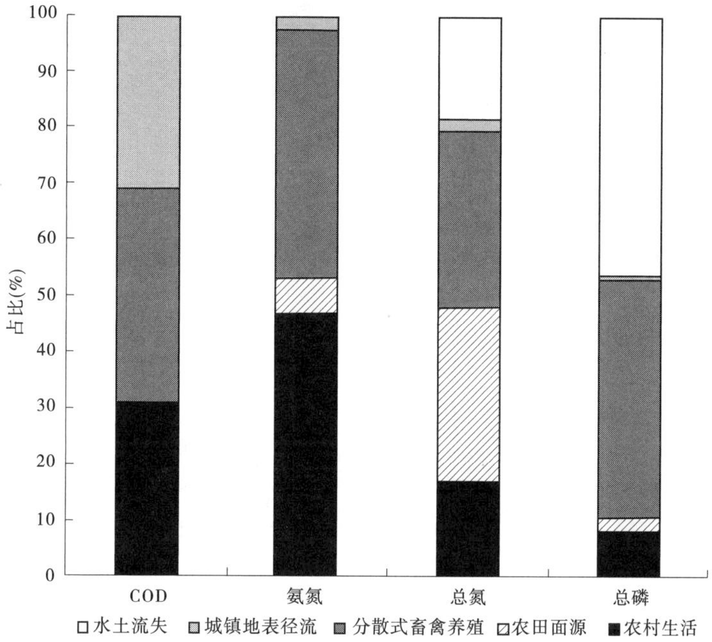

图 10-18　彰武水库流域内各类面源污染物入河量占比

从 COD 的入河量来看,分散式畜禽养殖占比最高,达到 37.97%,其次是城镇地表径流和农村生活,分别占 31.11%、30.92%。

从氨氮的入河量来看,农村生活占比最高,达到 46.95%,其次是分散式畜禽养殖,占 44.14%。农田面源和城镇地表径流则相对较少。

从总氮的入河量来看,分散式畜禽养殖占比最高,达到 31.23%,其次是农田面源,占比为 31.04%。水土流失和农村生活、城镇地表径流占比相对较小。

从总磷的入河量来看,水土流失占比最高,达到 46.41%,其次是分散式畜禽养殖,占比为 42.33%。农村生活、农田面源和城镇地表径流占比相对较小。

综上所述,分散式畜禽养殖产生的 COD、氨氮、总氮和总磷的入河量占各类污染物排放总量的比例分别为 37.97%、44.14%、31.23%和 42.33%,大于其他类型面源污染。同时,农村生活对 COD、氨氮、总氮的贡献,农田面源对总氮的贡献,水土流失对总氮、总磷的贡献和城镇地表径流对 COD 的贡献也不容忽视。

第 11 章　城市近郊中型水库面源污染物入河量调查与核算

11.1　区域特征

11.1.1　区域范围

结合郑州市水系图、行政区划图，最终划定尖岗水库的汇水区域。尖岗水库汇水区域面积 112.43 km^2，涉及郑州市二七区马寨镇、侯寨乡、新密市袁庄乡、白寨镇、新郑市龙湖镇的 27 个村庄，如表 11-1 所示。汇水区划分结果见附图 6-1。

表 11-1　尖岗水库汇水区域面积和涉及县(市、区)

涉及县(市、区)	流域内涉及面积(km^2)	涉及乡镇	涉及村庄
二七区	38.71	侯寨乡(47.21%)	侯寨、麦秸垛、全垌、桐树洼、郭小寨、台郭、曹洼、西胡垌、大路西、上李河、袁河、樱桃沟、刘庄、三李
	13.56	马寨镇(45.80%)	闫家嘴、申河、娄河、张寨
新密市	53.01	白寨镇(44.14%)	杨树岗、油坊庄、良水寨、山白、张楼沟、黑峪沟、韦沟
	3.02	袁庄乡(4.06%)	山顶
新郑市	4.13	龙湖镇(4.30%)	梅山、张沟

11.1.2　自然环境概况

11.1.2.1　地理位置

尖岗水库位于淮河流域贾鲁河干流上游的郑州市二七区侯寨乡尖岗村，水库于 1959 年兴建，1969 年续建，1970 年蓄水，坝址以上流域控制面积 113 km^2，总库容 6 820 万 m^3，兴利库容 4 791 万 m^3。水面面积枯水期约 6 000 亩，丰水期近 7 000 亩，是一座以防洪、城市供水为主要功能的中型水库。《河南省城市集中式饮用水源保护区划》(豫政办〔2007〕125 号)中明确，尖岗水库为郑州市的饮用水水源地。

11.1.2.2　地形地貌

尖岗水库地处嵩山山前丘陵地带，地形属切割堆积地形，由于强烈冲蚀，山坡、山头岩石裸露，植被稀少，水土流失严重。自然地势由西南向东北倾斜，高程在海拔 150~500 m，地面坡度为 1/300~1/400。

11.1.2.3　河流水系

郑州市境内河流属淮河和黄河两大水系。淮河水系有颍河、贾鲁河、双洎河，流域面积 5 567.6 km^2，占全境总面积的 86.9%；黄河水系有汜水河、枯河等河流，流域面积 837.6 km^2，占全境总面积的 13.1%。另外，南水北调中线总干渠从郑州穿过，郑州境内流经 3 县(市)5 区，总长度 129 km，涉及 24 个乡(镇、办事处)。

尖岗水库位于郑州市区上游，水库上游贾鲁河干流长 26.30 km，河底坡降为 1/300~1/400；坝址上游约 1 km 处有九娘娘庙河汇入，该支流发源于新郑梅山，干流长度 10 km，河底坡降为 1/300，坡度略为平缓。

贾鲁河发源于新密市圣水峪一带，流经郑州、开封，在周口入颍河，最终入淮河，全长 246 km，流域面积 5 896 km^2。其中，郑州境内河长 137 km，流域面积 2 750 km^2，多年平均径流量 2.99 亿 m^3，是郑州市区和中牟县的主要排涝河道。贾鲁河在郑州市境内主要支流有索须河、魏河、东风渠、金水河、熊儿河、七里河、潮河、十七里河、丈八沟等，这些支流均位于尖岗水库下游。

11.1.2.4　水资源概况

1. 降水量

2016 年，郑州市面平均年降水量为 648.4 mm，折合降水总量为 41.96 亿 m^3，比上年增加 11.4%，比多年平均增加 2.3%，属平水年份。

2016 年，郑州市的降水空间分布不均匀，高值区出现在荥阳市与新密市交界处和郑州市惠济区的花园口镇一带；低值区出现在荥阳市北部沿黄区域和新密市东部—新郑市中部—中牟县南部区域。年降水量最大值出现在荥阳市王宗店雨量站，降水量为 901.1 mm。年降水量最小值出现在荥阳市的王村雨量站，降水量为 494.2 mm。

2011~2016 年，郑州市平均年降水量呈现先下降后上升的趋势，除 2011 年、2016 年外，其余年份年降水量均低于多年平均降水量，2013 年降水量最少，属于特枯年份，2011 年降水量最大，属于偏丰水年份。2011~2016 年郑州市平均年降水量变化趋势见图 11-1。

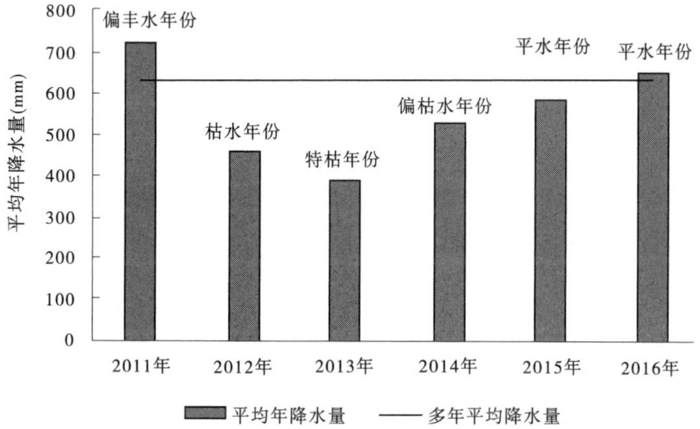

图 11-1　2011~2016 年郑州市平均年降水量变化趋势

根据王新(2017)的调查,尖岗水库多年(1970~2015年)平均降水量约640 mm,最大年降水量为1 113 mm(1958年),最小年降水量为15.5 mm(2013年),降水量主要集中在每年的汛期6~9月,约占全年降水量的80%,近几年降水呈缓慢减少趋势。

2. 水库蓄水量

根据1980~2014年尖岗水库逐月来水量资料,尖岗水库多年平均来水总量为762.71万 m^3,年最大来水量为1 837万 m^3,年最小来水量仅29万 m^3,水库上游来水量少,水源补给主要靠大气降水。另外,作为郑州市调蓄水库,尖岗水库可以引黄河水和南水北调退水进行调蓄。2012年以来,经生态水系管网共引入黄河水量5 203.58万 m^3,年均引黄水资源量1 300万 m^3,其中,2012年引黄水资源量为2 087.08万 m^3,2013年引黄水资源量为1 116.91万 m^3,2014年引黄水资源量为1 106.59万 m^3,2015年引黄水资源量为893万 m^3。南水北调(中线)工程通水以后,尖岗水库引黄水资源量呈逐年减少的趋势。根据郑州市2011~2016年水资源公报,2011~2016年尖岗水库蓄水量逐月变化情况见图11-2,年蓄变量变化情况见图11-3。

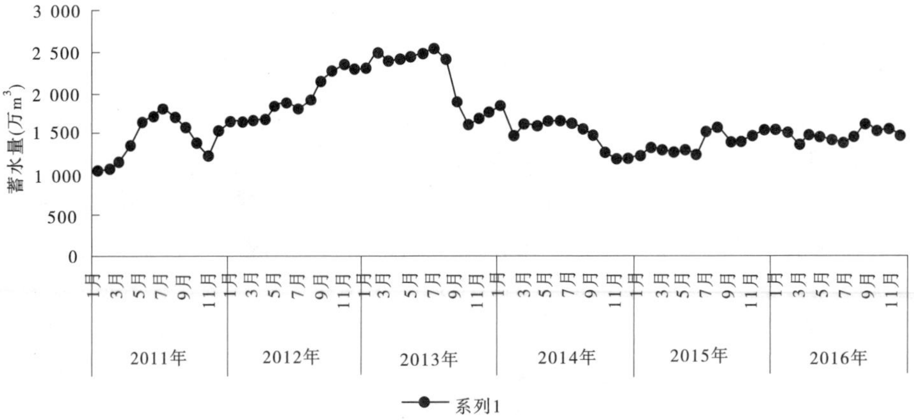

图11-2　2011~2016年尖岗水库蓄水量逐月变化情况

2011~2016年,尖岗水库月初蓄水量在1 000万~2 520万 m^3;2012年9月至2013年8月,尖岗水库蓄水量较大,均在2 000万 m^3 以上;2013年10月至2016年12月,蓄水量维持在1 500万 m^3 上下,变化波动不大。从2011~2016年的蓄变量可以看出,2011年、2012年、2015年的年蓄变量呈增加趋势,2013年、2014年、2016年的年蓄变量呈减少趋势,年蓄变量波动幅度较大。

3. 水资源总量

郑州市水资源主要来自天然降水,因受地理条件及气候特征影响,降水量多集中在汛期,时空分布极不均衡,水资源量较少。郑州市多年平均水资源量为11.2亿 m^3,其中地表水资源量为4.9亿 m^3,地下水资源量为9.5亿 m^3,重复量3.2亿 m^3,全市人均水资源量仅为178 m^3,远低于全省人均水资源量(445 m^3)和全国人均水资源量(2 173 m^3)。

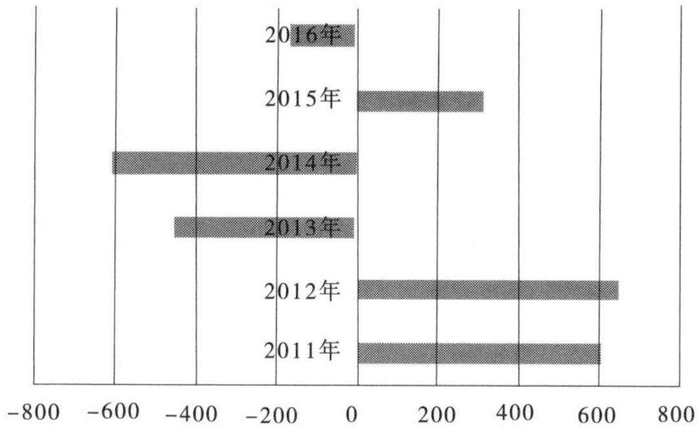

	2011年	2012年	2013年	2014年	2015年	2016年
■年蓄变量(万m^3)	601	652	-467	-603	315	-161

图 11-3　2011~2016 年尖岗水库年蓄变量变化情况

依据 2011~2016 年历年郑州市水资源公报,郑州市水资源量变化趋势如图 11-4 所示,近几年郑州市水资源量整体呈下降趋势,2013 年水资源量最少。相较于 2011 年,2016 年水资源总量达 8.85 亿 m^3,减少了 32.05%;地表水资源量达 4.45 亿 m^3,减少了 37.58%;地下水资源量达 7.04 亿 m^3,减少了 36.93%。

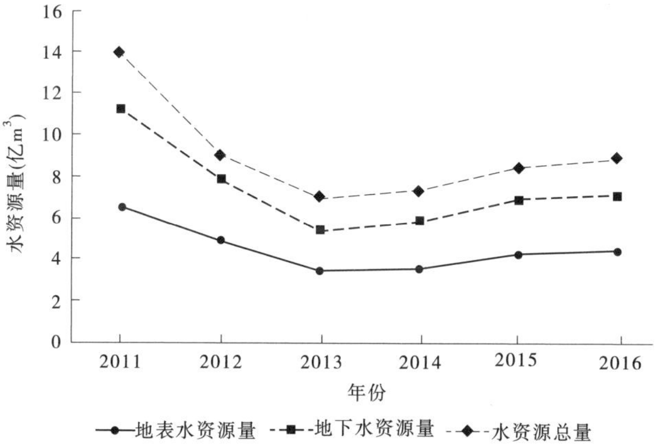

图 11-4　2011~2016 年郑州市水资源量变化趋势

11.1.2.5　水土保持概况

1. 水土流失总体情况

根据《郑州市水土保持规划(2016—2030 年)》,郑州市水土流失类型以水力侵蚀为主,兼有少部分风力侵蚀。截至 2015 年年底,郑州市尚有水蚀型水土流失面积 783.90 km^2,风蚀面积 97.05 km^2,水土流失总面积 880.95 km^2。尖岗水库涉及的二七区、新密市、新郑市水土流失情况见表 11-2。

表 11-2　尖岗水库涉及县(市、区)水土流失面积及强度(水蚀)

市(区)	总面积(km^2)	水土流失面积(km^2)						植被覆盖度	土壤侵蚀总量(t/a)
		轻度面积	中度面积	强烈面积	极强烈面积	剧烈面积	面积合计		
二七区	154.96	8.06	9.23	2.97	0.84	0.18	21.28	0.55	58 166.48
新密市	996.35	91.8	99.17	39.52	10.38	2.63	243.50	0.45	696 340.90
新郑市	884.59	26.74	27.62	6.83	1.93	0.52	63.64	0.45	156 253.54

二七区水土流失面积占该区总面积的 13.7%,新密市水土流失面积占该市总面积的 24.4%,新郑市水土流失面积占该市总面积的 7.2%,以上 3 县(市、区)的流失强度主要为轻度和中度。

2. 水土保持区划概况

尖岗水库流域所在区域属于中南部剥蚀丘陵保土水源涵养区,其中新密市在伏牛山中条山国家级水土流失重点治理区内;二七区和新郑市在伏牛山中条山省级水土流失重点治理区内。尖岗水库流域所在区域因土壤侵蚀而导致水土资源流失较多,土地生产力下降,极大地影响了区域内人民的生产、生活,制约着区域经济和社会的可持续发展,影响生态环境建设。

尖岗水库流域所在区域水土保持区划四级区划分情况如表 11-3 所示。

表 11-3　尖岗水库流域所在区域水土保持区划四级区划分情况

一级区	二级区	三级区	四级区	行政区	水土保持规划重点
北方土石山区(Ⅲ)	豫西南山地丘陵区(Ⅲ-6)	伏牛山山地丘陵保土水源涵养区(Ⅲ-6-2th)	中南部剥蚀丘陵保土水源涵养区	新密市:白寨镇	伏牛山中条山国家级水土流失重点治理区
				二七区:马寨镇、樱桃沟风景区、侯寨乡;新郑市:龙湖镇	伏牛山中条山省级水土流失重点治理区

11.1.3　社会经济概况

11.1.3.1　人口概况

1. 郑州市

2016 年,郑州市年末总人口 972.4 万人,比上年增长 1.6%。城镇人口 690.6 万人,比上年增长 3.4%,城镇化率达到 71.02%;农村人口 281.8 万人,比上年下降 2.8%。全年净增人口 6.4 万人,比上年增长 16.6%;人口自然增长率 6.63‰。

2011~2016 年,郑州市总人口呈平稳上升趋势。随着城镇人口的不断增加,郑州市城镇化率呈直线上升趋势,随之农村人口数量显著下降,由 2011 年的 311.6 万人下降至 2016 年的 281.8 万人。

2. 尖岗水库流域涉及县(市、区)

根据 2016 年郑州市各县(市、区)人口数据,尖岗水库流域涉及的二七区、新密市、新郑市人口情况为:二七区的总人口、城镇人口和农村人口数量在郑州市 6 区中均位列第一,城镇化率位列第四;新密市的城镇人口数量位列郑州市各县市第一,总人口数量、农村人口数量及城镇化率均位列郑州市各县市第二;新郑市在郑州市各县市中城镇化率最高,农村人口数量最少。

2016 年郑州市各县(市、区)人口对比如图 11-5 所示。

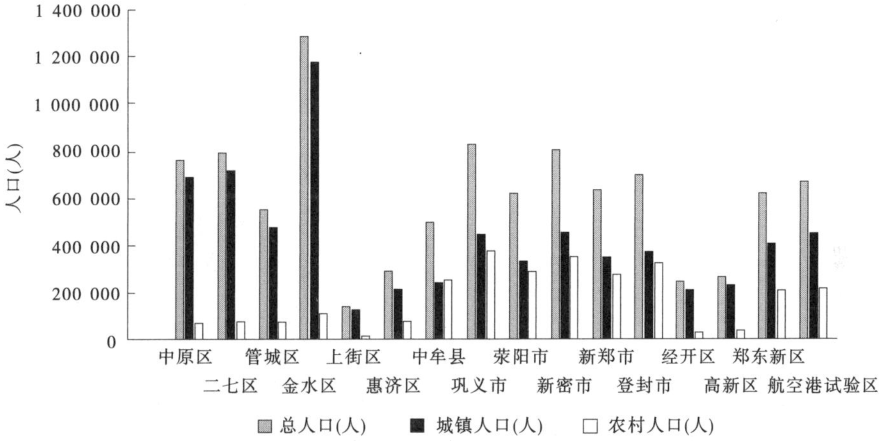

图 11-5　2016 年郑州市各县(市、区)人口对比

11.1.3.2　社会经济发展概况

1. 郑州市

2016 年,郑州市全年完成生产总值 8 113.97 亿元,比上年增长 11%;人均生产总值 84 113 元,比上年增长 9.0%。其中,第一产业增加值 156.4 亿元,增长 3.0%;第二产业增加值 3 796.9 亿元,增长 5.9%;其中全部工业增加值 3 331.6 亿元,增长 5.7%;第三产业增加值 4 160.7 亿元,增长 11.1%。全年规模以上工业企业完成增加值 3 191.3 亿元,增长 7.8%;其中轻工业完成增加值 755.6 亿元,增长 2.8%;重工业完成增加值 2 459.8 亿元,增长 6.8%。2011 ~ 2016 年郑州市经济发展情况、三产比重变化情况如图 11-6、图 11-7 所示。

2011 年以来,郑州市经济发展势态良好,生产总值、人均生产总值、工业增加值均呈现逐年增加趋势,2016 年生产总值、人均生产总值、工业增加值分别较 2011 年增加了 65.16%、49.97%、28.62%。三次产业结构不断优化,第三产业发展势头强劲,产业比重不断提升。三产结构中,第一产业占比有一定的下降趋势,均在 3%以下;第二产业占比逐年降低,由 2011 年的 59.0%下降到 2016 年的 46.8%;第三产业比重呈上升趋势,由 2011 年的 38.3%上升至 2016 年的 51.3%,已成为郑州市的主要产业。

2. 尖岗水库流域涉及县(市、区)

2016 年,尖岗水库流域涉及的二七区、新密市、新郑市中,二七区生产总值在郑州市 6 区中位列第四,为 515.4 亿元;新密市实现生产总值 684.3 亿元,增长 9.8%,位列郑州市

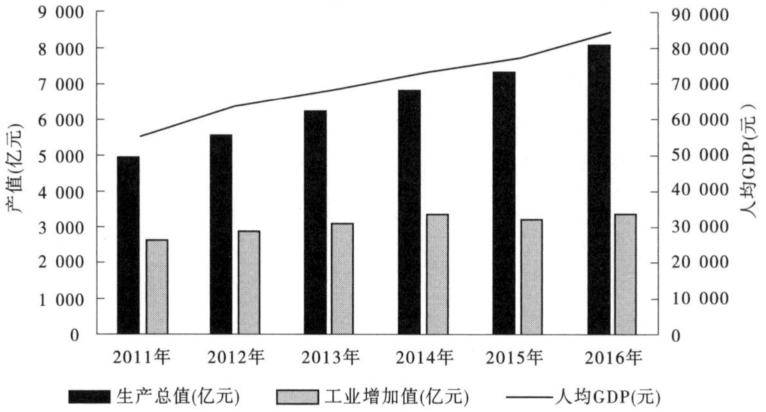

图 11-6　2011~2016 年郑州市经济发展情况

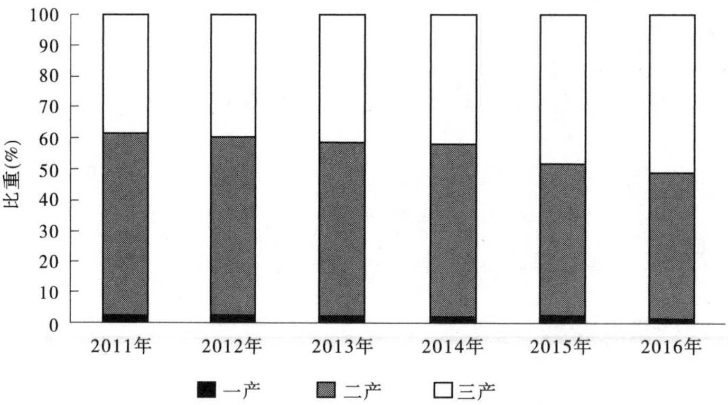

图 11-7　2011~2016 年郑州市三产比重变化情况

各县市中第三,新郑市生产总值达到 651.1 亿元,是 2011 年的 1.5 倍,位列郑州市各县市中第一。

三产情况为:二七区第一产业增加值完成 3 337 万元,同比下降 20%;第二产业增加值完成 885 690 万元,同比增长 3.7%;第三产业增加值完成 4 246 140 万元,同比增长 10.2%;三次产业结构由 2015 年的 0.1∶18.3∶81.6 调整为 0.1∶17.2∶82.7,为“三二一”型,人均生产总值达到 65 253 元。新密市三产结构为“二三一”型,基本与郑州市一致,制造业技术成分和绿色化程度加强,县域经济首次跻身全国百强县(市)第 95 位,工业经济居全国第 34 位。新郑市三次产业比由 2011 年的 4∶73.2∶22.8 优化为 2016 年的 3.1∶51.5∶45.4,为“二三一”型,基本与郑州市一致,县域经济发展质量评价连续 3 年居全省首位,全国中小城市综合实力百强县(市)和县域经济基本竞争力百强县(市)排名分别由 2012 年的第 51 位、第 62 位攀升至第 43 位、第 49 位。2016 年,郑州市各县(市、区)经济情况如图 11-8 所示。

11.1.3.3　农村农业发展

2016 年,郑州市全年粮食总产量 161 万 t,比上年下降 4.33%;农村居民人均可支配

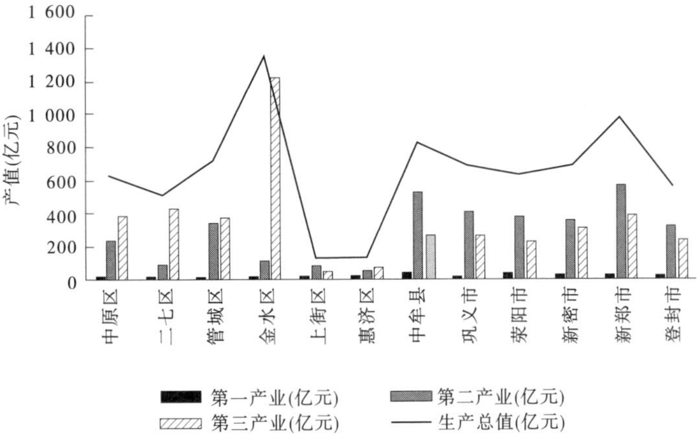

图11-8　2016年郑州市各县(市、区)经济情况比较

收入18 426元,比上年增长7.6%;粮食作物播种面积34.10万hm^2,比上年下降1.93%;全年化肥施用量(折纯)22.0万t,基本与上年持平。随着郑州市城镇化、社会化的快速发展,农业正在逐渐萎缩,2011年以来,郑州市粮食总产量和粮食作物播种面积呈下降趋势,化肥施用量也逐年减少。农村居民人均可支配收入逐年增加,农村地区逐渐由传统农作模式转变为现代专业化农业发展模式。

2011~2016年郑州市农业发展概况如表11-4所示。

表11-4　2011~2016年郑州市农业发展概况

年份	粮食总产量(万t)	农村居民人均可支配收入(元)	粮食作物播种面积(万hm^2)	化肥施用量(万t,折纯)
2011	166.7	11 050	50.98	23.6
2012	169.5	12 531	36.31	24.1
2013	168.3	14 009	36.34	23.4
2014	162.0	15 470	35.65	23.3
2015	168.3	17 125	34.77	22.1
2016	161.0	18 426	34.10	22.0

2016年尖岗水库流域内涉及新密市、新郑市、二七区农作物主要种植类型为大田作物,露地蔬菜和园地播种面积较少。施用的各类农用化肥中,复合肥施用量最大,均占各县(市、区)农业化肥施用总量的48%以上,氮肥施用量次之。2016年涉及县(市、区)农作物种植面积及农用化肥使用情况如表11-5所示。

表 11-5　2016 年涉及县(市、区)农作物种植面积及农用化肥使用情况

涉及县(市、区)	总播种面积(万 hm^2)	其中			农用化肥施用量(t,折纯量)				
		大田作物(万 hm^2)	露地蔬菜(万 hm^2)	园地(万 hm^2)	合计	氮肥	磷肥	钾肥	复合肥
新密市	6.532	6.005	0.496	0.031	27 482	6 414	4 158	813	16 097
新郑市	6.362	5.805	0.531	0.026	33 795	10 080	2 608	2 383	18 724
二七区	0.024	0.013	0.002	0.009	305	106	35	16	148
合计	12.918	11.823	1.029	0.066	61 582	16 600	6 801	3 212	34 969

11.2　面源污染物入河量调查

11.2.1　调查时间和点位

尖岗水库流域面源污染的调查时间为 2018 年 10 月 25 日至 11 月 19 日(包括收集资料)。

尖岗水库流域面源污染的调查区域包括新密市白寨镇、二七区侯寨乡、马寨镇、樱桃沟等地。

11.2.2　调查内容

尖岗水库流域面源污染调查采取资料收集、现场座谈和实地调查相结合的方式,主要是在郑州市第三次全国水资源调查评价工作领导小组办公室的积极配合下,收集了市水务局、环保局、农委、气象局等单位的相关资料,与市水务局、新密市水利局、二七区农委及调查村庄村委会进行座谈,对尖岗水库一级保护区、水库上游贾鲁河干流进行实地调查,共调查 2 个县(市、区)、4 个乡镇(街道)、5 个村庄、6 个农户、7 个河流(水库)节点,获取农村生活、农田面源、分散式畜禽养殖 3 类调查表,共计 20 余份。

11.2.2.1　新密市

白寨镇常住人口 68 000 人,镇区约 1 万人,现有乡镇污水处理厂 1 座,镇区约有 70% 的生活污水可以进入污水处理厂处理。另有 2 个村有污水处理设施,其他村生活污水随意外排,生活垃圾均集中收集转运。农村地区均为旱厕,基本采用水泥硬质化厕所,部分采用化粪池,人粪尿多数用于林地或菜地。

白寨镇现有耕地约 2 万亩,其中种植小麦 1.9 万亩,种植油菜 0.1 万亩,有少部分耕地为坡耕地;每家门前均有一小块菜地,不施用化肥;种植果树居多,但具体种植面积不详。禁养区内规模化养殖场已全部取缔,散养畜禽养殖户有少量存在,但具体数量未统计。

新密市调查点位如图 11-9 所示。

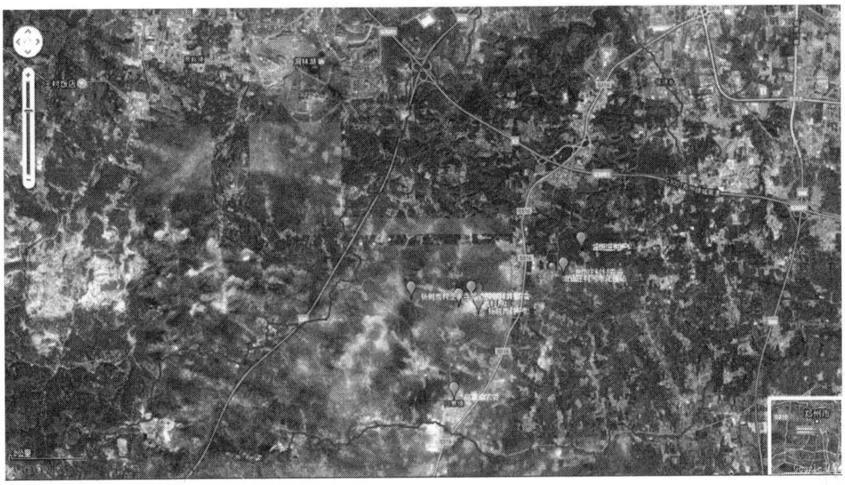

图11-9 新密市调查点位

1. 杨树岗村

白寨镇杨树岗村户籍人口3 780人,基本为常住人口,村庄为集中供水,大多数家庭为水泥池厕所,少数为三格化粪池,人粪尿多数上到林地,部分浇菜地;该村无污水集中处理设施,各户污水直接排放,全村垃圾集中收集转运;该村耕地约3 640亩,均租给市林业局造林,村内有几户种植玉米、红薯等作物,仅供自家食用,每户均在房前屋后种植蔬菜,不施用化肥。

现场调查中发现,村内街道整洁,街边摆放有垃圾桶,无垃圾随意丢弃情况。走访的两户中,第一户种植有少量玉米、红薯、蔬菜等作物供自家食用,不施用化肥,会施用少量有机肥,家中使用旱厕,门前有排水沟;第二用户洗菜水浇菜地,洗澡水等随管道排入院墙外,2006年起不再种地,仅家中院内种植有6 m^2左右的蔬菜,每次购买3~5斤❶复合肥施用。两户村民家中的人粪尿均由专人收走拉于树林里倾倒。

杨树岗村村容村貌、杨树岗村村民调查情况、杨树岗村圣水寺附近贾鲁河河道分别如图11-10~图11-12所示。

图11-10 杨树岗村村容村貌

❶ 1斤=500 g,下同。

续图 11-10

图 11-11　杨树岗村村民调查情况

杨树岗村圣水寺附近的贾鲁河源头河道已干涸,旁边立有河长制公示牌。

图 11-12　杨树岗村圣水寺附近贾鲁河河道

2. 油坊庄村

白寨镇油坊庄村户籍人口 3 500 人,基本为常住人口,村庄为集中供水。村内有集中居住社区,社区旁建有日处理 150 t 的污水集中处理设施,社区内为水冲厕,约 800 人的生活污水排入村庄污水集中处理设施;其他村民分散居住,使用旱厕,旱厕粪尿上到林地或菜地,分散生活污水直接排放;全村垃圾集中收集转运。该村耕地约 4 900 亩,均租给市林业局造林,村内几乎无人种地,多数居民种植有果树,全村种植蜜香杏 600 亩、樱桃 200

亩,每户均在房前屋后种植蔬菜,不施用化肥。村内有 2 户养羊户,养殖规模为 20~30 只。油坊庄村污水处理站如图 11-13 所示。

图 11-13　油坊庄村污水处理站

现场走访的两户村民位于分散居住区,家中均使用旱厕,厕所粪尿施用到家中菜地,污水直接外排。第一户果园面积约 3 亩,种植有杏、樱桃、桃、梨、桑葚等果树,林间种有蔬菜,每年 10 月前后施肥,施用复合微生物菌剂和有机肥,施用量约 1 000 斤/年,每年春天会打自制农药(自制石灰硫黄合剂)杀虫,果园灌溉水主要为雨水,每年需灌溉 3 次(开花前、果实膨大期、丰收期)。第二户果园种植 50~60 棵樱桃和杏,施用肥料和农药与第一户相同,灌溉使用自来水。油坊庄村农户果园及散养畜禽养殖如图 11-14 所示。油坊庄村农户果园施用的羊粪和复合微生物菌剂如图 11-15 所示。

图 11-14　油坊庄村农户果园及散养畜禽养殖

11.2.2.2　二七区

尖岗水库涉及二七区侯寨乡和马寨镇的部分村。二七区现有 14 个保留村(行政村),均位于尖岗水库流域内,包括侯寨乡的大路西村、黄龙岗村、三李村、桐树洼村、全垌村、曹洼村、西胡垌村、尖岗村、袁河村、上李河村、樱桃沟村,马寨镇的王庄村、申河村、闫家嘴村,其余村庄村民均已搬迁。二七区 14 个保留村 2018 年年底前均要建成农村集中

图 11-15　油坊庄村农户果园施用的羊粪和复合微生物菌剂

式生活污水处理设施,10 月已完成招投标工作,全垌村已开工。二七区农村生活垃圾均已实现集中化收集转运,全面建立“村收集、乡运输、县处理”的农村生活垃圾收集处理系统。2018 年上半年,二七区开展了畜禽养殖污染整治行动,对禁养区内的 2 家养殖场(户)进行关停,分散式畜禽养殖情况底数不清。二七区调查点位如图 11-16 所示。

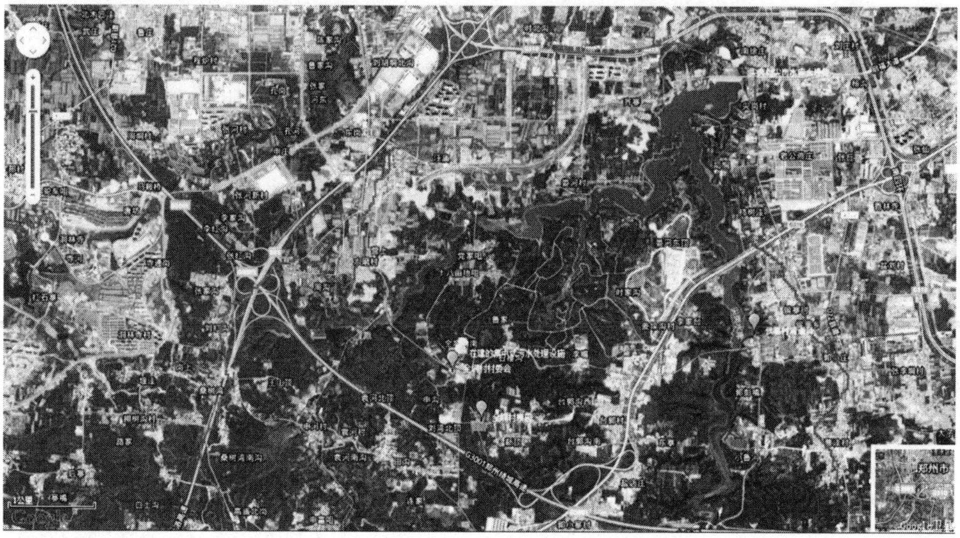

图 11-16　二七区调查点位

1. 全垌村

侯寨乡全垌村户籍人口 270 人,基本为常住人口,村庄为集中供水。村内目前均为旱厕,有水泥池、化粪池,旱厕粪尿上到林地或菜地,生活污水直接排放。村内在建一体化污水处理设施 1 座,规划建设 11 处,待村庄一体化污水处理设施建成后将改成水冲厕;全村垃圾集中收集转运。该村耕地 85%租给市林业局造林,村内几乎无人种地,部分居民种植有少量果树,包括葡萄、杏等,有 2 户种植规模较大,每户均在房前屋后种植蔬菜,不施用化肥。全垌村污水集中处理设施施工现场如图 11-17 所示。

村内街道整洁,无垃圾随意丢弃情况,有生活垃圾收集池。村中最大的果园种植户租用当地耕地 60~70 亩,种植葡萄、杏,施用化肥和复合肥。全垌村村容村貌如图 11-18 所示、全垌村果园种植户如图 11-19 所示。

图 11-17　全垌村污水集中处理设施施工现场

图 11-18　全垌村村容村貌

图 11-19　全垌村果园种植户

2. 侯寨村

侯寨村位于尖岗水库西侧，村内居民较少，有尖岗水库分支河道流经，水量较少，河堤旁有生活垃圾随意倾倒现象。侯寨村调查概况如图 11-20 所示。

图 11-20　侯寨村调查概况

3. 尖岗水库及周边

尖岗水库一级保护区内有明显指示牌，河堤旁有铁丝网隔离，水库水面开阔。尖岗村位于尖岗水库北部，紧邻尖岗水库一级保护区。村内与城镇生活状态类似，商铺、饭店较多，村庄临近交通干道 G310 线，货车通行较多。尖岗水库及周边情况如图 11-21 所示。

图 11-21　尖岗水库及周边情况

11.2.3　调查结论

(1)流域内城镇化经济化水平较高,农村生产生活行为习惯与城市相似。

尖岗水库流域主要为农村地区,不涉及城市和县城,流域内总人口约 87 694 人,其中农村人口为 42 599 人,城镇化率为 51.4%,城镇化率较高。2016 年,流域内二七区生产总值在郑州市 6 区中位列第 4,以第三产业为主,人均生产总值达到 65 253 元;新密市生产总值位列郑州市各县市中第 3,三产结构为“二三一”型;新郑市生产总值位列郑州市各县市中第 1。流域内自来水全覆盖,农村地区生活垃圾全部集中收集转运。流域内交通四通八达,与外界连通性强,在家务农者较少,外出打工者居多,村民生活习惯普遍与城市相似。

(2)流域内地表水资源量少,降水量季节性差异大。

尖岗水库流域的新密市、新郑市、二七区地表水资源量均小于地下水资源量,其中新密市地表水资源量占水资源总量的 34.7%,新郑市地表水资源量占水资源总量的 34.9%,二七区所在的郑州市区地表水资源量占市区水资源总量的 39%。尖岗水库流域内的二七区、新密市、新郑市年降水量为 500~600 mm,降水量主要集中在每年的汛期 6~9 月,约占全年降水量的 80%。

(3)流域内地势起伏、沟壑纵横,属于水土流失易发区。

尖岗水库流域所在区域属于嵩山山前丘陵地带,地势由西南向东北倾斜,区域内地势起伏、沟壑纵横,上游地区污染物易伴随降水径流向下游迁移。流域所在区域因土壤侵蚀而导致的水土资源流失较多,其中二七区水土流失面积 21.28 km^2,占二七区总面积的 13.7%;新密市水土流失面积 243.51 km^2,占新密市总面积的 24.4%;新郑市水土流失面积 63.64 km^2,占新郑市总面积的 7.2%,3 市(区)的流失强度主要为轻度和中度。

(4)流域内农村生活污水和人体粪尿未集中收集,生活垃圾基本得到有效收集。

尖岗水库流域内农村地区的生活垃圾基本实现“户投放、村收集、镇转运、县处理”,村容村貌较好,但仍有个别村庄存在随意倾倒垃圾现象。98%的农户使用旱厕,其中 70%的农户建有化粪池,100%的旱厕粪尿堆放于林地或施用于菜地;新密市的白寨镇油坊庄村有集中居住社区,社区内为水冲厕,配套建设有污水处理设施,处理后的废水直接外排。其余村庄内包括厨房、洗漱、洗衣产生的生活污水均直接外排至附近的沟渠内,沟渠内水体发黑、发臭。调查时,全垌村的一体化污水处理设施建设工程已开工建设。

(5)流域内种植规模小,分散式畜禽养殖和地表径流面源污染极其微小。

尖岗水库流域内新密市、二七区各乡镇 85%以上的耕地均租给市林业局造林,流域内以林地为主,剩余耕地除种植小麦、玉米等粮食作物外,主要种植经济树种,包括樱桃、葡萄、桃、杏、梨、石榴、枣、苹果、核桃等小杂果 20 余种,此外每户种植少量蔬菜,施用肥料较少,以化肥和微生物肥料为主,基本不喷洒农药。2018 年上半年,流域内新密市、二七区开展了畜禽养殖污染整治行动,对禁养区内的养殖场(户)实施关停。经过现场调查,流域内仅有个别农户养殖有鸡、鸭和羊,均为林下养殖,每户养殖规模均在 30 只以下。因此,流域内分散式畜禽养殖数量极少,产生的面源污染数量可忽略不计。流域内主要为农村地区,不涉及城市和县城,不再核算城镇地表径流面源污染。

因此,尖岗水库面源污染核算的重点为农村生活面源、农田面源及水土流失面源污染,分散式畜禽养殖和城镇地表径流面源污染不再进行核算。

11.3 面源污染物入河量核算

11.3.1 农村生活面源污染物入河量核算

11.3.1.1 所需数据

核算过程中需要农村常住人口和农村人均生活用水量。

1. 农村常住人口

根据《郑州统计年鉴 2017》,并查阅涉及乡镇有关人口、面积的资料,尖岗水库流域各乡镇 2016 年人口情况见表 11-6。

表 11-6 2016 年尖岗水库流域各乡镇人口概况

涉及省辖市	涉及县市	涉及乡镇	乡镇总面积(km^2)	流域内面积(km^2)	流域内面积占比(%)	总人口(人)	农村人口(人)	流域内农村人口(人)
郑州市	新密市	袁庄乡	74.33	3.02	4.06	22 000	9 711	395
		白寨镇	120.09	53.01	44.14	58 907	56 298	24 851
	新郑市	龙湖镇	109.69	4.13	4.30	70 500	30 858	1 328
	二七区	马寨镇	30.40	13.56	45.80	44 546	11 670	5 345
		侯寨乡	81.20	38.71	47.21	55 000	22 625	10 681

2. 农村人均生活用水量

根据《郑州市 2016 年度水资源公报》,新密市、新郑市、郑州市区的农村人均生活用水量如表 11-7 所示。

表 11-7 新密市、新郑市、郑州市区的农村人均生活用水量

涉及省辖市	涉及县市	2016 年农村生活用水量(亿 m^3)	农村人均生活用水量[L/(人·d)]
郑州市	新密市	0.147 8	166
	新郑市	0.150 2	117
	郑州市区	0.224 7	97

不同地区因生活水平、水资源的丰富程度和文化差异,人均生活用水量存在很大差异。综合确定尖岗水库汇水区新密市农村人均生活用水量为 166 L/(人·d),新郑市农村人均生活用水量为 117 L/(人·d),二七区农村人均生活用水量为 97 L/(人·d)。

3. 农村生活污水污染物浓度

尖岗水库流域内农村地区 98%的住户为旱厕,仅新密市白寨镇油坊庄村社区内约

800 人的生活污水进入 150 t/d 的社区集中式污水处理站集中处理，流域内生活污水主要来自厨房、洗漱、洗衣等，综合确定尖岗水库汇水区农村生活污水 COD、氨氮、总氮、总磷浓度分别为 250 mg/L、40 mg/L、50.5 mg/L 和 4 mg/L。

11.3.1.2　核算结果

1. 产生量

采用农村生活污染物产生量核算模型，计算出尖岗水库流域内各个乡镇农村生活污染物产生量。尖岗水库流域农村生活面源污染物 COD、氨氮、总氮、总磷的产生量分别为 1 583.06 t/a、52.04 t/a、265.44 t/a、37.28 t/a。

从污染物来源可以看出，尖岗水库流域的人体粪尿 COD、总氮、总磷的排放量占比较大，占农村面源污染产生总量的比例分别为 53.3%、49.1%、59.9%，农村生活污染的氨氮产生量占比最大，为 57.9%。

从区域分布上可以看出，尖岗水库流域内新密市白寨镇污染物产生量均占比最大，COD 、氨氮、总氮、总磷的产生量占比均在 60%以上；其次是二七区侯寨乡，COD 、氨氮、总氮、总磷的产生量占比均为 20%～25%。新密市污染物产生量是二七区的近 2 倍。

尖岗水库流域各类农村生活源污染物产生量占比分析如图 11-22 所示。

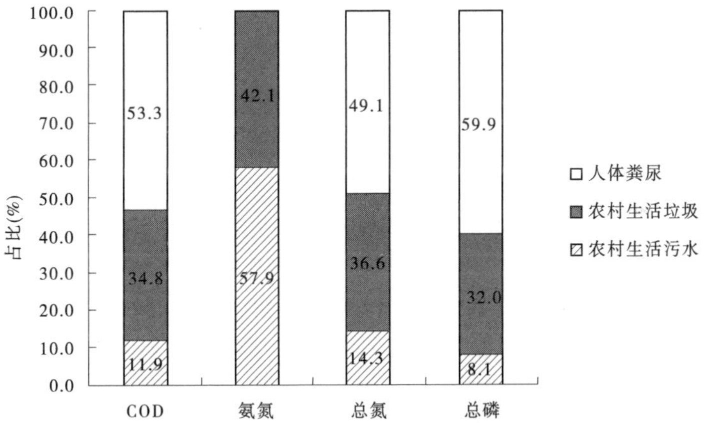

图 11-22　尖岗水库流域各类农村生活源污染物产生量占比分析

2. 排放量

采用农村生活污染物排放量核算模型，计算出尖岗水库流域内各个乡镇生活污染物排放量。尖岗水库流域农村生活面源污染物 COD、氨氮、总氮、总磷的排放量分别为 267.51 t/a、30.04 t/a、50.52 t/a、5.05 t/a。

从污染物来源可以看出，尖岗水库流域农村生活污水的污染物排放量最大，COD、氨氮、总氮、总磷的排放量占农村生活面源总排放量的比例分别为 67.6%、96.4%、72.3%、57.3%。

从区域分布上可以看出，尖岗水库流域内新密市白寨镇污染物产生量均占比最大，COD、氨氮、总氮、总磷的排放量占比均在 65%以上；其次是二七区侯寨乡，COD、氨氮、总磷的排放量占比均在 15%以上。

尖岗水库流域各类农村生活源污染物排放量占比分析如图 11-23 所示。

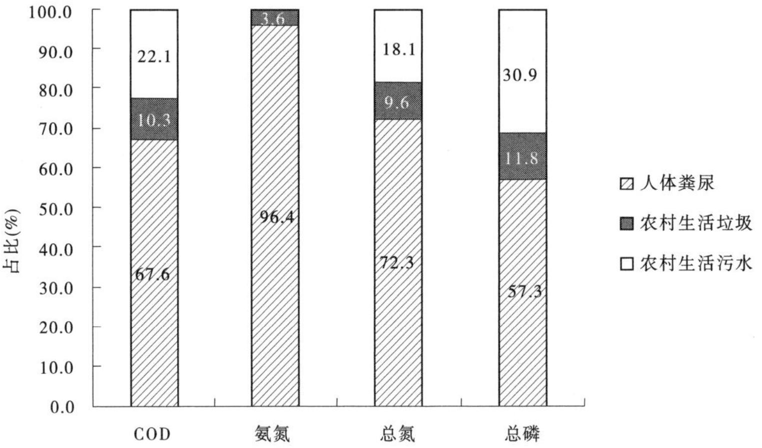

图 11-23　尖岗水库流域各类农村生活源污染物排放量占比分析

3. 入河量

采用农村生活污染物核算模型,计算出尖岗水库流域内各个乡镇生活污染物入河量。尖岗水库流域农村生活面源污染物 COD、氨氮、总氮、总磷的入河量分别为 65. 54 t/a、9. 15 t/a、12. 53 t/a、1. 13 t/a。

从污染物来源可以看出,农村生活污水的污染物入河量最大,COD、氨氮、总氮、总磷的入河量占农村生活面源总入河量的比例分别为 86. 7%、99. 4%、91. 6%、80. 8%。

从区域分布上可以看出,尖岗水库流域内新密市白寨镇污染物入河量均占比最大,COD、氨氮、总氮、总磷的入河量占比均在 60%以上;其次是二七区侯寨乡,COD、氨氮、总氮、总磷的入河量占比均为 20%~25%。新密市污染物入河量是二七区的近 2 倍,主要由于流域内新密市农村人口数量占比最多,污水未集中收集处理,污染物排放量大,对农村生活面源的贡献量大。

尖岗水库流域各类农村生活源污染物入河量占比分析如图 11-24 所示。

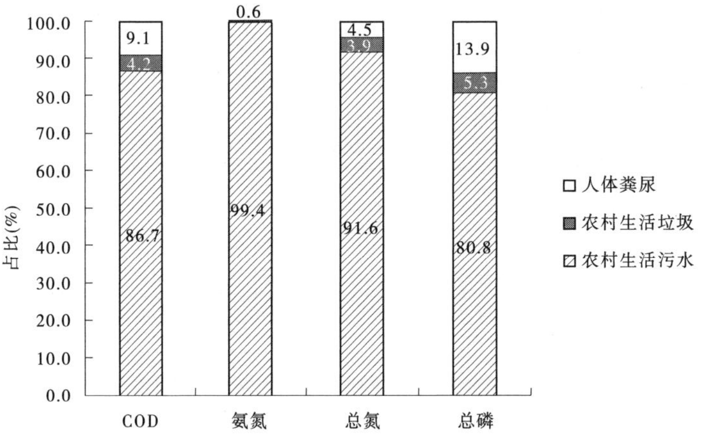

图 11-24　尖岗水库流域各类农村生活源污染物入河量占比分析

11.3.2　农田面源污染物入河量核算

11.3.2.1　所需数据

1. 主要农作物种植面积

根据《郑州统计年鉴 2017》，尖岗水库流域涉及的新密市、新郑市、二七区农业种植情况见表 11-8。

表 11-8　尖岗水库流域涉及县(市、区)农作物种植面积　(单位：hm^2)

涉及省辖市	涉及县(市、区)	总播种面积	其中							
			粮食作物	油料作物	棉花	蔬菜	药材	瓜类	其他作物	果园
郑州市	新密市	66 640	56 180	3 230	40	4 960	200	310	400	1 320
	新郑市	70 030	50 540	6 460	10	5 310	0	260	40	7 410
	二七区	740	190	30	0	20	0	90	0	410

根据尖岗水库流域面积占各县市总面积比例，得出流域内耕地面积及流域内耕地面积占流域面积比例，进而得出 2016 年流域内农作物种植面积如表 11-9 所示。

表 11-9　尖岗水库流域内农作物种植面积　(单位：hm^2)

县(市、区)	乡镇	粮食种植面积	其中				油料	棉花	药材	蔬菜	瓜果	园地
			小麦	玉米	豆类	薯类						
二七区	马寨镇	36	19	17	0	0	6	0	0	4	17	78
	侯寨乡	99	52	47	0	0	16	0	0	10	47	215
新密市	白寨镇	15 318	7 553	6 658	605	502	881	11	55	1 352	98	359
	袁庄乡	872	430	379	34	29	50	1	3	77	6	20
新郑市	龙湖镇	2 173	1 094	989	39	51	278	0. 4	0	228	13	319

2. 化肥施用量

根据《郑州统计年鉴 2017》，尖岗水库流域涉及的新密市、新郑市、二七区农业化肥施用情况见表 11-10。

表 11-10　尖岗水库流域涉及县(市、区)化肥施用情况　(单位:t)

涉及省辖市	涉及县(市、区)	农用化肥施用量		
		氮肥	磷肥	复合肥
郑州市	新密市	6 414	4 158	16 097
	新郑市	10 080	2 608	18 724
	二七区	106	35	148

注:农用化肥施用量按折纯量核算。

根据尖岗水库流域内耕地面积及流域内耕地面积占流域面积比例,可得出 2016 年流域内化肥施用量如表 11-11 所示。

表 11-11　尖岗水库流域内农用化肥施用量　(单位:t)

县(市、区)	乡镇	流域内农用化肥施用量			流域内施用氮、磷和氨氮纯量			单位面积农作物施用非纯总量(t/万 hm^2)
		氮肥施用纯量	磷肥施用纯量(P_2O_5)	复合肥施用纯量	流域内施用氮纯量	流域内施用磷纯量(以 P 计)	流域内施用氨氮纯量	
二七区	马寨镇	20.09	6.63	28.05	14.08	3.15	4.88	4 551.0
	侯寨乡	55.65	18.37	77.70	40.19	8.83	13.92	
新密市	白寨镇	339.67	220.20	852.45	329.97	87.70	180.04	5 801.9
	袁庄乡	19.35	12.54	48.56	1.73	0.46	0.94	
新郑市	龙湖镇	47.69	12.34	88.58	3.83	0.70	1.78	698.9
合计		482.45	270.08	1 095.34	389.8	100.84	201.56	—

尖岗水库流域农业种植基本以旱地作物为主,无水田。流域内大田作物(粮食作物、油料作物、棉花)种植面积 1.974 万 hm^2,露地蔬菜(药材、蔬菜、瓜类、其他)种植面积 1 910 hm^2,园地种植面积 990 hm^2;流域内农用化肥施用量 1 847.86 t,其中氮肥 482.44 t、磷肥 270.08 t、复合肥 1 095.34 t。

11.3.2.2　核算结果

1. 产生量

尖岗水库流域农田面源总氮、总磷、氨氮的产生量分别为 389.79 t/a、100.83 t/a、201.56 t/a,其中新密市农田面源污染物产生量远大于二七区和新郑市,分别占尖岗水库流域农田面源总氮、总磷、氨氮产生量比例为 85.1%、87.4%、89.8%。尖岗水库流域内各县(市、区)农田面源污染物产生量如图 11-25 所示。

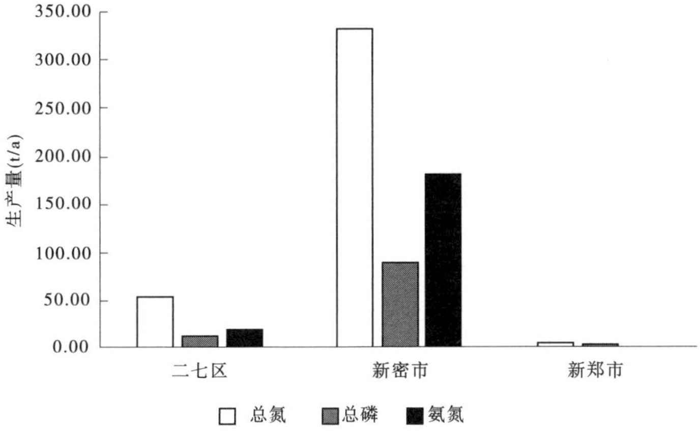

图 11-25　尖岗水库流域内各县(市、区)农田面源污染物产生量

2. 流失量

尖岗水库流域农田面源总氮、总磷、氨氮流失量分别为 1. 39 t/a、9. 52 t/a、0. 49 t/a，其中新密市农田面源污染物流失量远大于二七区和新郑市，分别占尖岗水库流域农田面源总氮、总磷、氨氮流失量比例为 87. 3%、88. 0%、96. 8%。尖岗水库流域内各县(市、区)农田面源污染物流失量如图 11-26 所示。

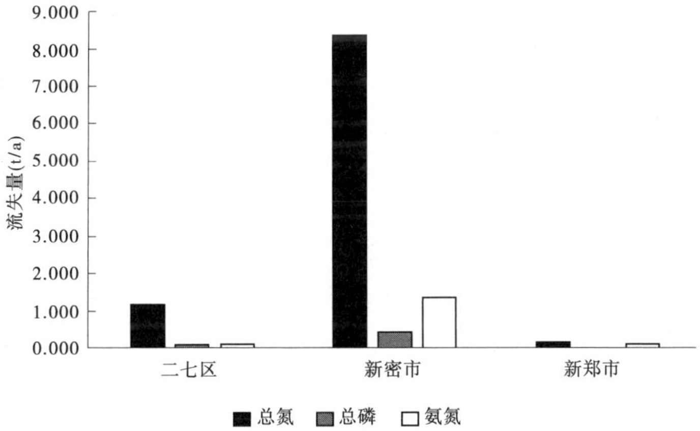

图 11-26　尖岗水库流域内各县(市、区)农田面源污染物流失量

3. 入河量

尖岗水库流域农田面源总氮、总磷、氨氮的入河量分别为 0. 58 t/a、0. 03 t/a、0. 083 t/a，其中新密市农田面源污染物入河量远大于二七区和新郑市，分别占尖岗水库流域农田面源总氮、总磷、氨氮入河量比例为 85. 5%、86. 1%、96. 8%，是尖岗水库流域农田面源污染的主要来源。尖岗水库流域内各县(市、区)农田面源污染物入河量如图 11-27 所示。

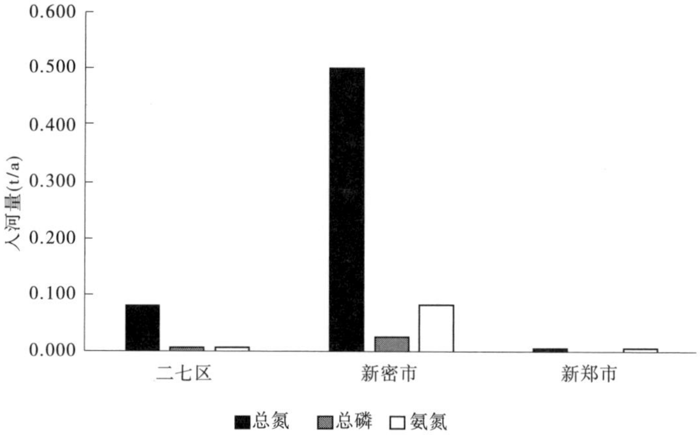

图 11-27 尖岗水库流域内各县(市、区)农田面源污染物入河量

11.3.3 水土流失面源污染物入河量核算

11.3.3.1 所需数据

核算过程中所需数据包括流域内泥沙流失量和流域内易流失土壤的表层氮、磷含量。

1. 流域内泥沙流失量

经调查分析,尖岗水库流域均位于水土流失区域内,涉及水土流失面积 112.43 km^2。根据《2016 年中国河流泥沙公报》,淮河流域颍河阜阳水文控制站监测的 2016 年输沙量为 0.859 万 t,年输沙模数为 0.244 t/km^2。根据《河南省水土保持公报》,平顶山鲁山县迎河小流域综合观测站与尖岗水库均属于沙颍河流域,且均位于水力侵蚀北方土石山区。因此,可参考该站点监测数据。2014 年,鲁山县迎河小流域综合观测站年输沙模数平均值为 0.058 t/km^2。因此,尖岗水库流域按此观测站的年输沙模数核算,年泥沙流失量为 6.52 t。

2. 流域内易流失土壤的表层氮、磷含量

从中国土壤数据库中获取郑州市土壤氮、磷含量,中国土种数据库中郑州市境内易发生水土流失的土种主要为位于低山丘陵地带的红僵瓣土、活红僵瓣土、厚紫泥土、紫砂土、厚紫灰砂土等。各土壤类型的氮、磷含量如表 11-12 所示。

表 11-12 郑州市尖岗水库周边易发生水土流失的各土壤类型氮、磷含量(取表层值)

土壤类型	分布和地形地貌	总氮(g/kg)	总磷(g/kg)
白面土	黄土塬、岭坡地	0.6	0.6
卧黄土	侵蚀较重的黄土丘陵坡地	0.71	0.47
红僵瓣土	黄土丘陵坡地	0.76	0.74
活红僵瓣土	黄土丘陵坡地的中、下部	0.82	0.54
砂石渣土	石英岩山坡地中、下部的缓坡	1.59	0.61
平均值		0.90	0.59

11.3.3.2　核算结果

依据上述数据进行核算，尖岗水库流域因水土流失由泥沙携带的总氮量为 0.018 t/a，总磷量为 0.011 t/a。实际的总氮入河量为 0.008 t/a，总磷入河量为 0.005 t/a。尖岗水库流域水土流失面源污染物入河量核算结果如表 11-13 所示。

表 11-13　尖岗水库流域水土流失面源污染物入河量核算结果

流域面积 (km^2)	输沙模数 [t/(a·km^2)]	总氮产生量 (t/a)	总磷产生量 (t/a)	总氮入河量 (t/a)	总磷入河量 (t/a)
112.43	0.058	0.018	0.011	0.008	0.005

11.4　核算结果分析

经核算，尖岗水库流域内 COD、氨氮、总氮、总磷的产生量分别为 1 583.06 t/a、253.60 t/a、655.23 t/a、138.12 t/a，入河量分别为 65.54 t/a、9.23 t/a、13.13 t/a、1.16 t/a，COD、氨氮、总氮、总磷的入河量分别占产生量的 4.14%、3.64%、2.0%、0.84%。

尖岗水库流域内各类面源污染物入河量占比如图 11-28 所示。从 COD 的入河量来看，COD 全部来源农村生活面源。

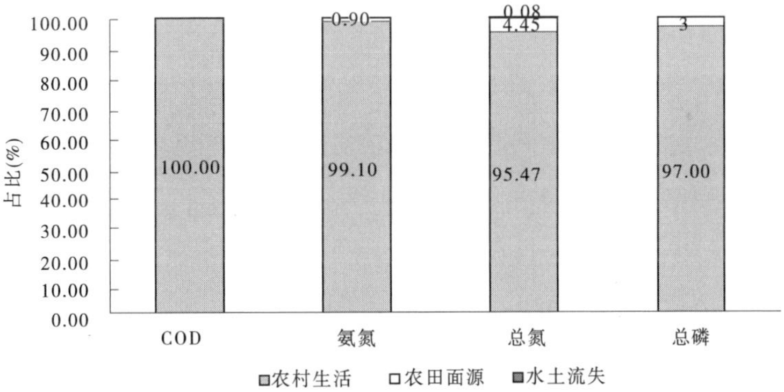

图 11-28　尖岗水库流域面源污染物入河量占比

从氨氮的入河量来看，农村生活面源占比高达 99.10%，农田面源占比较少。

从总氮的入河量来看，农村生活面源占比高达 95.47%，农田面源和水土流失占比较小。

从总磷的入河量来看，农村生活面源占比依旧最大，达到 97.00%，农田面源和水土流失占比相对较小。

综上所述，农村生活面源是尖岗水库面源污染的主要贡献来源，农田面源和水土流失对总氮、总磷有少量贡献。

第 12 章　行政区域面源污染物入河量调查与核算

12.1　区域特征

12.1.1　区域范围

结合长江流域所在地市的水系图、行政区划图,最终划定南阳市的汇水区域。南阳市面源污染物入河量核算的范围是整个长江流域的汇水区域,流域总面积约 2.38 万 km^2,其汇水区域主要涉及南阳市 12 个县(区)及邓州市的部分区域。南阳市汇水区域面积和涉及县(市、区)如表 12-1 所示。汇水区划分结果见附图 7-1。

表 12-1　南阳市汇水区域面积和涉及县(市、区)

水库	流域面积(km^2)	涉及省辖市	涉及县(市、区)	流域内涉及面积(km^2)	流域内面积占本乡镇、街道比例(%)
南阳市长江流域	23 800	南阳市	宛城区	970	100
			卧龙区	1 017	100
			南召县	2 933	100
			西峡县	3 454	100
			镇平县	1 490	100
			内乡县	2 301	100
			淅川县	2 818	100
			社旗县	1 152	100
			唐河县	2 497	100
			新野县	1 056	100
			方城县	1 176. 22	46. 26
			桐柏县	575. 78	29. 66
			邓州市	2 360	100

12.1.2　自然环境概况

12.1.2.1　地理位置

南阳市位于河南省西南部、豫鄂陕三省交界地带,北纬 32°17′~33°48′,东经 110°58′~

113°49′,总面积 2.66 万 km^2。南阳市是南水北调中线工程水源地和渠首所在地,中西部大部分地区属于汉水流域(长江流域),东南部的桐柏县以及东北部方城县的一部分,分属淮河流域。

12.1.2.2　地形地貌

南阳市地处中国第二级地貌台阶向第三级台阶过渡的边坡上,西、北、东三面环山(北有秦岭、伏牛山,西有大巴山、武当山,东有桐柏山、大别山),是一个向南开口的马蹄形盆地,山区、丘陵、平原约各占 1/3。海拔在 2 212.5 m(西峡县犄角尖)至 72.2 m(新野县沙堰)之间。

12.1.2.3　河流水系

南阳市是南水北调中线工程渠首所在地和重要水源地、淮河发源地。南阳市的主要水系有淮河水系、唐河水系、白河水系、丹江口水库水系。全市流域面积 100 km^2 以上河道 99 条,1 000 km^2 以上 14 条,1 万 km^2 以上 3 条;全市有水库 476 座(其中大型 2 座,中型 22 座,小型 452 座),总库容 25.29 亿 m^3,兴利库容 13.37 亿 m^3;塘堰坝 1.6 万座,总库容 1.8 亿 m^3。

12.1.2.4　水资源概况

1. 降水量

2016 年,南阳市年降水量 730.7 mm,折合降水总量 176.38 亿 m^3,比上年增加 5.9%,比多年均值少 11.6%,属枯水年份。依据历年南阳市水资源公报,南阳市 2011~2016 年降水量的变化趋势如图 12-1 所示。2011~2016 年南阳市降水量呈现波动变化,2013 年最低,其余年份均在 600 mm 以上。整体来看,南阳市在全省属于水资源相对较为丰富的区域,降水量在全省位居中游。

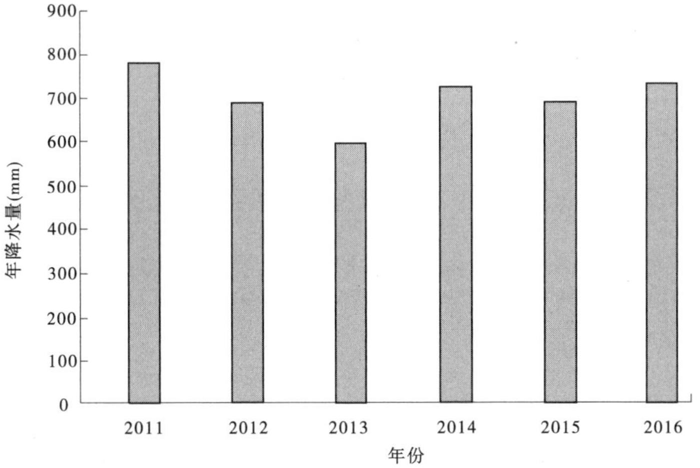

图 12-1　南阳市 2011~2016 年年降水量变化趋势

2. 水资源总量

2016 年,南阳市水资源总量 35.52 亿 m^3,其中地表水资源量 24.43 亿 m^3,地下水资源量 21.41 亿 m^3。南阳市 2011~2016 年水资源量变化趋势如图 12-2 所示。近年来,南阳市水资源总量呈波动变化,但整体为下降趋势,地下水资源量除 2013 年和 2014 年较低之外,其余年份基本保持稳定,地表水资源量下降较为明显。相对于 2011 年,2016 年水资源总量下降 47.71%,地表水资源量下降 58.67%。

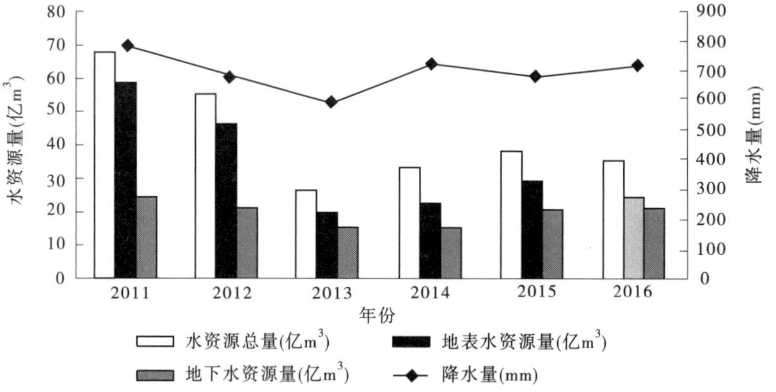

图 12-2　南阳市 2011～2016 年水资源量变化趋势

12.1.2.5　水土保持概况

按照中国水土流失分布区划分,南阳市大部属于南方红壤丘陵区。南阳市境内西峡县、淅川县和内乡县位于丹江口库区及上游国家级水土流失重点预防区,桐柏县位于桐柏山大别山国家级水土流失重点预防区。南阳市三面环山,北依伏牛山,东边是绵延起伏的桐柏山,中南部平坦开阔,以河流为骨架构成向南开口与江汉平原相连的马蹄形盆地,山地、丘陵、平原面积各占约 1/3,呈半环阶梯状分布,类型多样,姿态万千。南阳地处我国南北气候分界线,北亚热带向暖温带的过渡地带,属典型的季风性大陆半湿润气候,特殊的气候条件和复杂的地貌类型,造成自然灾害频发,加之人口分布密集,生产活动频繁,加剧了水土流失。截至 2015 年年底,全市尚有水土流失面积 5 800 km^2。

12.1.3　社会经济概况

12.1.3.1　人口概况

2016 年末,南阳市总人口 1 188.46 万人,常住人口 1 006.87 万人,在河南省 18 个省辖市中位居第 1,其中城镇人口 432.65 万人,农村人口 574.22 万人,城镇化率 42.97%,城镇化率在全省 18 个省辖市中位居第 14。总体来看,南阳市常住人口多,城镇化率较低,城市化程度不高,农村人口基数大。

12.1.3.2　社会经济发展概况

2016 年,南阳市生产总值 3 114.97 亿元,在全省位居第 3,比上年增长 8.66%。其中第一产业生产总值 515.50 亿元,比上年增加 2.76%,第二产业生产总值 1 364.35 亿元,比上年增加 7.54%,第三产业生产总值 1 235.12 亿元,比上年增加 12.65%,三产比例为 16.55∶43.80∶39.65。南阳市经济总量在全省处于上游,产业结构以第二、第三产业为主。

12.2　面源污染物入河量调查

12.2.1　调查方式及内容

南阳市调查工作主要以资料收集为主。收集的主要内容包括：

(1)不同区域、不同经济条件、不同生活方式下的农村常住人口数量，生活污水、生活垃圾和人体粪尿的产生、处理、利用、排放情况。

(2)各类耕地面积、农作物种植类型、施用化肥名称和施用量、有机肥施用类型和施用量、施用农药名称和施用量、灌溉方式和时间等。

(3)分散式畜禽养殖不同种类的养殖规模和养殖周期、粪污收集利用和处理情况。

(4)水文资料、地形数据、土地利用类型、降水径流、排水系统、城市径流污染物质量等资料。

(5)不同土壤类型泥沙流失量，地表土壤中不同土壤类型的氮、磷含量等，水土保持监测点监测成果。

12.2.2　调查结论

(1)农村生活污水以直排为主，生活垃圾基本实现全收集。

南阳市农村集中供水工程的水源主要采用山泉水、地表水和地下水，以潜水泵抽取地下水供水为主，通过铺设管道供水至各家各户。地理位置比较偏僻的农村以自备压水井为主。目前，南阳市农村生活污水主要是自流至各家院外直排，虽然在一些乡镇和农村建设了污水处理设施，但农村污水处理基础设施仍然不足。南阳市全部村庄都实现了生活垃圾集中收集，村容较整洁，逐步建立起清扫、收运、处理的完整链条，但农村生活垃圾去向成为制约全面推进农村生活垃圾治理的瓶颈。同时，南阳市农村主要以旱厕为主，粪污用来上菜地，农村厕所革命有待于进一步推进。

(2)种植业以小麦和玉米为主，施肥以复合肥为主。

南阳市是河南省面积最大的地级市，河南产粮中心，中原农业大城市之一，南阳小麦产量常年稳居河南第一。2016 年，农业用地占南阳市土地总面积的 76.47%，耕地在土地资源中所占比重较高。目前，南阳市农作物在种植过程中普遍施用化肥，以复合肥为主，有机肥用量很少，农药也广泛适用，以除草剂和杀虫剂为主。面源污染贡献中氮、磷的流失主要来源于耕地的化肥流失。

(3)分散式畜禽养殖场数量大，粪污以土地消纳为主。

2016 年南阳市畜禽业总产值 2 317 654 万元，在全市农业总产值中比重占 32.14%，仅次于种植业，畜禽业产生的污染是面源污染的重要组成部分。南阳市分散式畜禽养殖尚不能与当地农业生产有机结合，粪肥存施不当。南阳市水系较为发达，容易下渗或随地表径流入河。目前，南阳市分散式畜禽养殖治理不规范，未采取干清粪工艺，部分地区沼液消纳等治污措施尚未实施到位。

(4)城镇地表径流面源污染不容忽视。

从城市特点来看,2016 年城市建成区用地达到 1 626.95 km^2。由于南阳市水系发达,降水量充沛,且南阳市区、社旗县、南召县、唐河县、内乡县、新野县、淅川县、西峡县、方城县、邓州市等均有河流流过,降水产生的城镇地表径流易通过排水管道汇入河流,因此以城区为代表的城镇地表径流不容小视。

(5)水土流失面源污染严重。

根据《河南省水土保持规划(2016—2030 年)》,截至 2015 年年底,南阳市尚有水土流失面积 5 800 km^2,南阳市水土流失分布特点是由丘陵的中重度侵蚀向中山的微度侵蚀过渡。水土流失以水力侵蚀为主,兼有重力侵蚀。水力侵蚀中面蚀主要分布在植被稀疏的坡地上,沟蚀主要发生在海拔 500 m 以下山地及海拔 200~500 m 丘陵区;重力侵蚀以泥石流为主,集中在伏牛山深处多雨和暴雨中心区。南阳市山区由于地势原因,在大雨时易发生水土流失,特别是采矿区域更为严重。

12.3 面源污染物入河量核算

12.3.1 农村生活面源污染物入河量核算

12.3.1.1 所需数据

核算过程中需要农村常住人口和农村人均生活用水量。

1. 农村常住人口

根据《2017 南阳统计年鉴》,南阳市所涉及各县 2016 年常住人口为 878.36 万人,具体如表 12-2 所示。

表 12-2 南阳市涉及行政区的人口状况

行政区	各县域总人口(万人)	城镇人口(万人)	农村人口(万人)
宛城区	92.17	55.88	36.29
卧龙区	94.80	57.82	36.98
南召县	54.21	20.38	33.83
西峡县	43.91	20.57	23.34
镇平县	84.74	32.48	52.26
内乡县	55.69	21.34	34.35
淅川县	66.27	26.56	39.71
社旗县	61.60	23.32	38.28
唐河县	121.17	47.45	73.72
新野县	61.28	23.53	37.75
方城县	41.35	14.73	26.62
桐柏县	11.32	4.88	6.44
邓州市	142.52	64.75	77.77
合计	931.03	413.69	517.34

2. 农村人均生活用水量

根据相关调查,南阳市农村区域基础条件一般,自来水普及,部分村户内有卫浴设备,排水设施尚不完善,结合南阳市农村生活给排水现状和相关农村生活用水定额,本次研究综合考虑南阳市各县域城镇化率,城镇化率较高区域(宛城区、卧龙区、西峡县、桐柏县、邓州市)的农村人均生活用水量定为 75 L/(人·d),将城镇化率相对较低区域(南召县、镇平县、内乡县、淅川县、社旗县、唐河县、新野县、方城县)农村人均生活用水量定为 65 L/(人·d)。

3. 农村生活污水污染物浓度

根据南阳市实际情况,将城镇化率较高(宛城区、卧龙区、西峡县、桐柏县、邓州市)的县(市、区)农村生活污水 COD、氨氮、总氮、总磷浓度分别定为 325 mg/L、40 mg/L、46 mg/L 和 4 mg/L;其他区域 COD、氨氮、总氮、总磷浓度分别定为 280 mg/L、30 mg/L、32 mg/L 和 3 mg/L。南阳市生活污水浓度如表 12-3 所示。

表 12-3　南阳市生活污水浓度　　(单位:mg/L)

区域		COD	氨氮	总氮	总磷
南阳市	宛城区、卧龙区、西峡县、桐柏县、邓州市	325	40	46	4
	南召县、镇平县、内乡县、淅川县、社旗县、唐河县、新野县、方城县	280	30	32	3

12.3.1.2　核算结果

1. 产生量

采用农村生活污染物核算模型,计算出南阳市农村生活污染物产生量。南阳市农村生活面源污染物中 COD、氨氮、总氮、总磷产生量分别为 197 146.13 t/a、4 624.80 t/a、32 028.01 t/a、4 633.07 t/a。

从产生区域来讲,邓州市产生量最大,其次为唐河县和镇平县。农村生活污染物来自农村生活污水、生活垃圾和人体粪尿三部分,分析南阳市生活污染物来源,如图 12-3 所示。

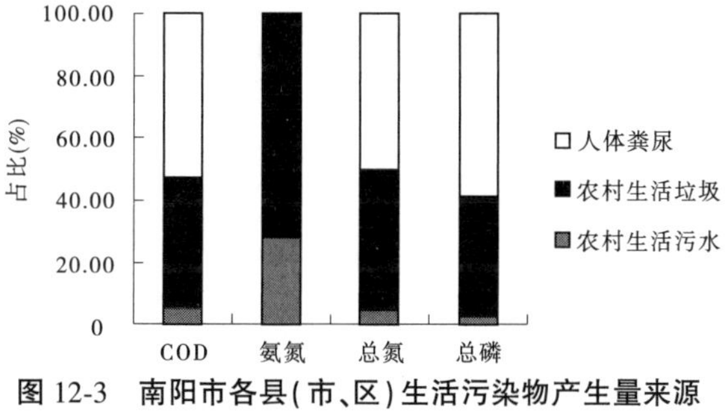

图 12-3　南阳市各县(市、区)生活污染物产生量来源

从南阳市农村生活污染物产生来源来看,COD 主要来自人体粪尿(51.96%)和生活垃圾(42.44%),氨氮主要来自生活垃圾(71.86%),总氮主要来自人体粪尿(49.43%)和生活垃圾(45.99%),总磷主要来自人体粪尿(58.06%)和生活垃圾(39.13%)。

2. 排放量

采用农村生活污染物核算模型,计算出南阳市农村生活污染物排放量。南阳市农村生活面源污染物中 COD、氨氮、总氮、总磷排放量分别为 31 278. 43 t/a、1 688. 09 t/a、4 903. 16 t/a、617. 18 t/a。

从产生区域来讲,邓州市排放量最大,其次为唐河县和镇平县。对农村生活污水、生活垃圾、人体粪尿污染物排放量分别进行核算,污染物入河来源如图 12-4 所示。

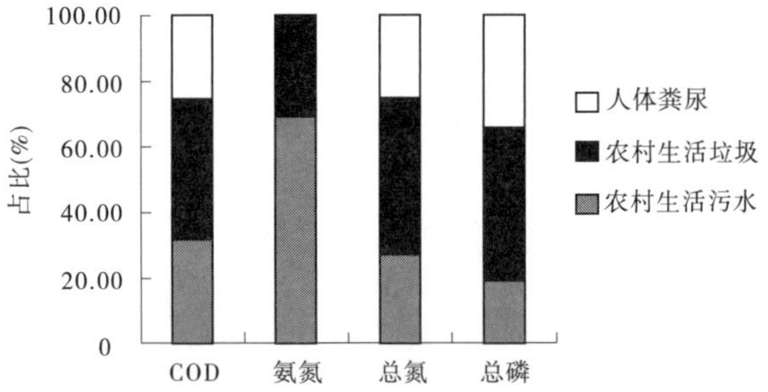

图 12-4　南阳市内各县(市、区)农村生活污染物排放量来源

从南阳市农村生活污染物入河来源来看,COD 排放量主要来源于生活垃圾(42. 66%)和生活污水(31. 50%);氨氮入河量主要来源于生活污水(68. 61%);总氮入河量主要来源于生活垃圾(47. 90%);总磷入河量主要来源于生活垃圾(46. 84%)。

3. 入河量

采用农村生活污染物核算模型,计算出南阳市农村生活污染物排放量。南阳市农村生活面源污染物中 COD、氨氮、总氮、总磷入河量分别为 5 832. 81 t/a、459. 49 t/a、741. 21 t/a、96. 62 t/a。

从产生区域来讲,邓州市产生量最大,其次为唐河县和镇平县。对农村生活源生活污水、生活垃圾、人体粪尿污染物入河量分别进行核算,各类污染物入河量来源如图 12-5 所示。

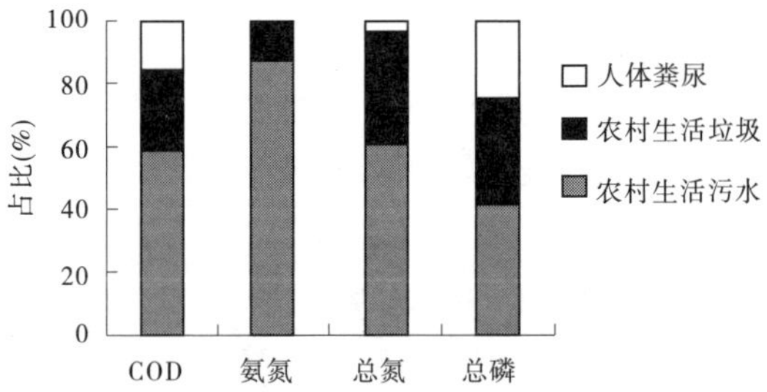

图 12-5　南阳市内各县(市、区)农村生活污染物入河量来源

从南阳市农村生活污染物入河来源来看,COD 入河量主要来源于生活污水(58. 37%);氨氮入河量主要来源于生活污水(86. 79%);总氮入河量主要来源于生活污水(60. 53%);总磷入河量主要来源于生活污水(41. 27%)。

12.3.2　农田面源污染物入河量核算

12.3.2.1　所需数据

1. 主要农作物种植面积

依据《2017 南阳统计年鉴》《2016 邓州统计年鉴》，南阳市各县(市、区)主要农作物种植面积，如表 12-4 所示。依据《南阳市土地利用总体规划(2006—2020 年)》，南阳全市耕地约有 75%以上集中于平原区，不足 25%分布于山地丘陵区。园地主要分布于西峡、南召和桐柏的丘陵区。南阳市和邓州市农业种植基本以旱地作物为主，水田较少。小麦、玉米是南阳市和邓州市主要种植的农作物，油料作物以花生为主，宛城区、卧龙区和邓州市蔬菜种植面积较大。稻谷、红薯、瓜果及果园面积较小。2016 年南阳市不同耕地类型面积(复种重复计算)如表 12-5 所示。

表 12-4　2016 年南阳市不同农作物种植面积　(单位：hm^2)

县(市、区)	夏粮	秋粮				油料	蔬菜	瓜果	果园
	小麦	稻谷	玉米	大豆	红薯				
宛城区	41 790	900	22 300	4 860	1 540	7 240	26 100	1 650	1 700
卧龙区	35 010	1 100	22 560	2 740	3 800	16 020	17 810	1 100	3 480
南召县	16 370	7 390	8 730	1 600	3 080	12 610	7 830	600	5 910
西峡县	10 760	1 040	8 670	1 300	2 530	2 990	4 460	430	24 560
镇平县	51 160	490	42 610	1 840	1 630	23 080	10 600	1 430	740
内乡县	29 510	780	28 940	320	5 500	21 110	16 390	1 090	5 630
淅川县	34 260	2 580	18 250	4 430	4 300	45 920	18 050	1 150	17 260
社旗县	52 910	0	23 350	9 660	5 950	23 250	17 110	1 830	4 480
唐河县	134 090	5 080	68 250	8 100	11 060	38 640	22 950	9 640	5 950
新野县	50 950	0	23 250	2 470	2 020	29 450	24 450	1 570	1 890
方城县	30 530	30	19 200	5 880	2 780	24 650	12 250	1 020	3 680
桐柏县	6 010	4 920	720	1 280	410	6 390	1 360	310	1 050
邓州市	136 990	1 010	58 360	15 210	3 940	65 740	47 320	4 920	90
合计	630 340	25 320	345 190	59 690	48 540	317 090	226 680	26 740	76 420

表 12-5　2016 年南阳市不同耕地类型面积(复种重复计算)　(单位：万 hm^2)

合计	大田	露地蔬菜	园地
175.501	145.193	22.667	7.641

2. 化肥施用量

依据《2017 南阳统计年鉴》和《2016 邓州统计年鉴》，统计南阳市各县(市、区)和邓州市化肥施用量，南阳市 2016 年农田氮肥施用量 2 056 661 t、磷肥施用量 114 802 t，复合肥施用量 239 727 t；邓州市 2015 年农田氮肥施用量 47 885 t、磷肥施用量 31 381 t，复合肥施用量 94 192 t。根据复合肥 N-P_2O_5-K 比例，核算得到南阳市施用氮纯量 402 345. 29 t、磷纯量 107 286. 27 t、氨氮纯量 148 794. 83 t。具体如表 12-6 所示。

3. 农药施用量

南阳市主要农作物为小麦和玉米，小麦施用的主要农药是高效氯氟氰菊酯和多菌灵等杀虫剂和杀菌剂，玉米主要使用的是以乙草胺为主的除草剂，均为含有有机氮的农药。结合流域内小麦和玉米种植面积及高效氯氟氰菊酯、多菌灵和乙草胺的单位面积施用量及其有效成分含量和化学式中氮元素含量核算施用农药中的有机氮含量，核算得到南阳市农药施用氮纯量 193. 34 t，磷纯量 0。具体见表 12-6。

表 12-6　2016 年南阳市化肥和农药施用量　　（单位：t/a）

县(市、区)	化肥			农药		
	施用氮纯量	施用磷纯量	施用氨氮纯量	高效氯氟氰菊酯施用氮纯量	多菌灵施用氮纯量	乙草胺施用氮纯量
宛城区	38 350. 28	8 913. 54	17 303. 28	0. 01	11. 03	1. 73
卧龙区	25 701. 39	7 081. 26	10 127. 39	0. 01	9. 24	1. 75
南召县	10 749. 35	1 960. 42	1 449. 35	0	4. 32	0. 68
西峡县	14 356. 71	4 035. 59	2 565. 71	0	2. 84	0. 67
镇平县	23 065. 03	6 614. 34	7 677. 03	0. 01	13. 50	3. 31
内乡县	13 170. 22	3 895. 04	6 012. 22	0. 01	7. 79	2. 25
淅川县	24 171. 28	5 641. 75	6 256. 28	0. 01	9. 04	1. 42
社旗县	32 010. 59	8 810. 95	9 822. 59	0. 01	13. 96	1. 82
唐河县	51 642. 23	14 753. 35	17 805. 23	0. 03	35. 38	5. 31
新野县	52 629. 03	12 656. 24	18 027. 03	0. 01	13. 45	1. 81
方城县	19 557. 51	5 365. 61	9 246. 62	0. 01	8. 06	1. 49
桐柏县	7 376. 99	1 665. 78	822. 42	0. 00	1. 59	0. 06
邓州市	89 564. 68	25 892. 40	41 679. 68	0. 03	36. 15	4. 54
合计	402 345. 29	107 286. 27	148 794. 83	0. 14	166. 35	26. 84

12. 3. 2. 2　核算结果

1. 产生量

流域内氨氮、总氮、总磷的产生量分别为 148 794. 82 t/a、402 538. 61 t/a、107 286. 27 t/a。污染物产生的主要来源是肥料施用，农药施用产生的污染物量很小，农药施用产生的总氮量仅占总量的 0. 48%。

从各县(市、区)的产生量情况看，氨氮、总氮、总磷产生量最多的都是邓州市，其次是唐河县、新野县,南召县的产生量最小,主要是邓州市、唐河县、新野县农作物种植面积较大。

南阳市各县(市、区)农田面源污染物产生量如图 12-6 所示。

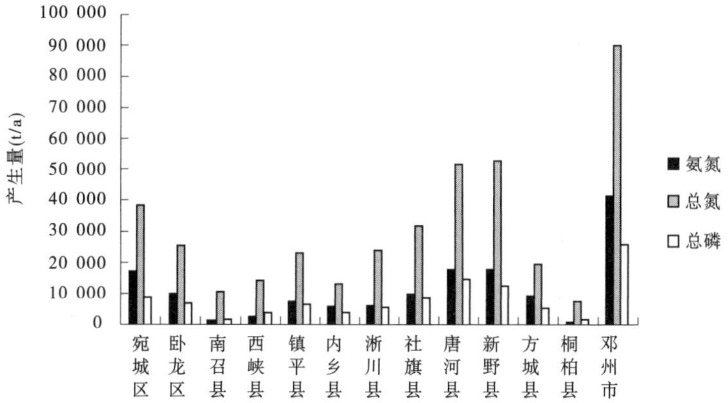

图 12-6　南阳市各县(市、区)农田面源污染物产生量

2. 流失量

流域内氨氮、总氮、总磷的流失量分别为 240.31 t/a、9 597.32 t/a、459.05 t/a,分别占流域内农田面源各类污染物产生量的 2.39%、0.43%和 0.16%。

从各县(市、区)农田面源污染物流失量情况看,与产生量的分布规律一致,邓州市的农田面源污染物入河量最多,其次是唐河县、新野县,南召县的入河量最小。

南阳市各县(市、区)农田面源污染物流失量如图 12-7 所示。

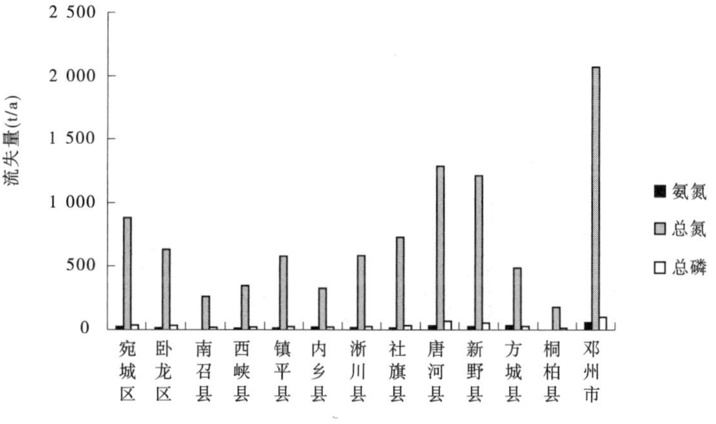

图 12-7　南阳市各县(市、区)农田面源污染物流失量

3. 入河量

流域内农田面源污染物氨氮、总氮、总磷的入河量分别为 62.74 t/a、3 073.59 t/a、154.29 t/a,各类污染物入河量分别占流失量的 32.03%、33.61%、26.11%。

从各县(市、区)农田面源污染物入河量看,受降水量、地形因素的影响,淅川县、镇平县、西峡县污染物入河量居前三位。南阳市各县(市、区)农田面源污染物入河量如图 12-8 所示。

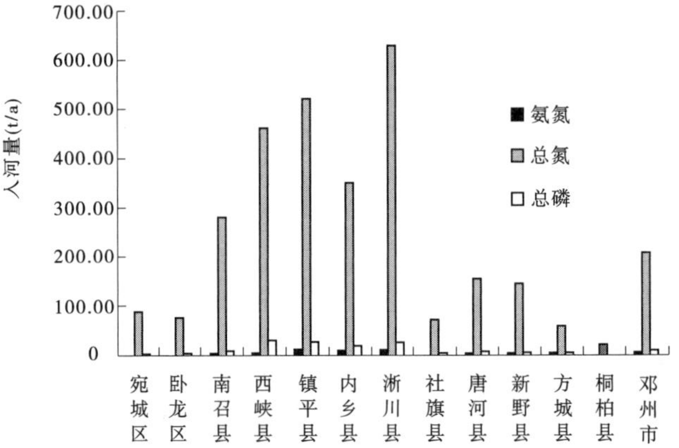

图 12-8　南阳市各县(市、区)农田面源污染物入河量

12.3.3　分散式畜禽养殖面源污染物入河量核算

12.3.3.1　所需数据

1. 分散式畜禽养殖数量

根据《畜禽养殖业污染物排放标准》(GB 18596—2001),将南阳市内各县(市、区)不同种类畜禽养殖量折算成猪,各县(市、区)折算后生猪养殖量如图 12-9 所示。

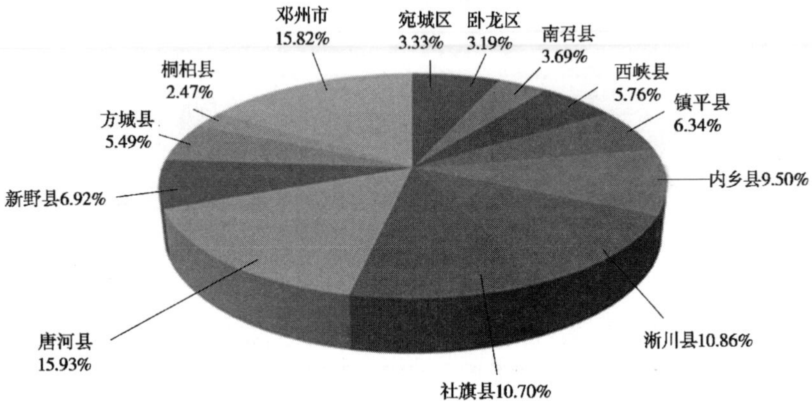

图 12-9　南阳市各县(市、区)折算后生猪养殖规模占比

按折算后生猪养殖量计,南阳市唐河县养殖量最大,占比为 15.93%,其次为邓州市,占比为 15.82%。

2. 畜禽的饲养周期

采用原国家环境保护总局自然生态司编写的《全国规模化畜禽养殖业污染情况调查及防治对策》中确定的各类畜禽的饲养周期。

12.3.3.2　核算结果

1. 产生量

采用分散式畜禽养殖面源污染物核算模型,计算出南阳市分散式畜禽养殖污染物产生量。南阳市分散式畜禽养殖面源污染物中,COD、氨氮、总氮、总磷入河量分别为 376 955.57 t/a、37 930.16 t/a、91 645.57 t/a、22 860.76 t/a。各县(市、区)分散式畜禽养殖污染物产生量占比具体见图 12-10。

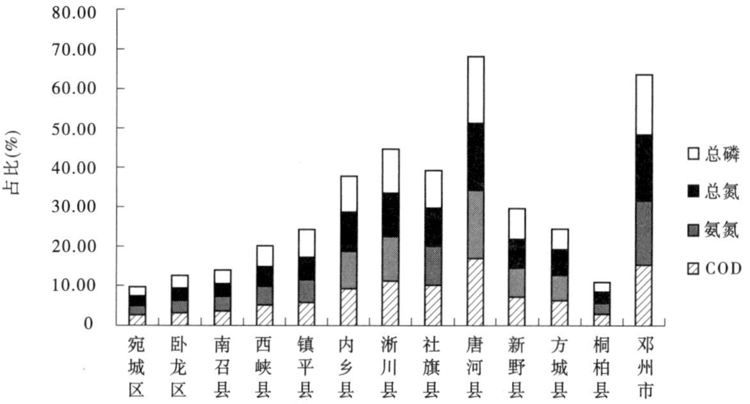

图 12-10　南阳市分散式畜禽养殖污染物产生量占比

分散式畜禽养殖污染物主要来自猪、牛、羊、鸡等,分析南阳市内分散式畜禽养殖污染物来源,如图 12-11 所示。

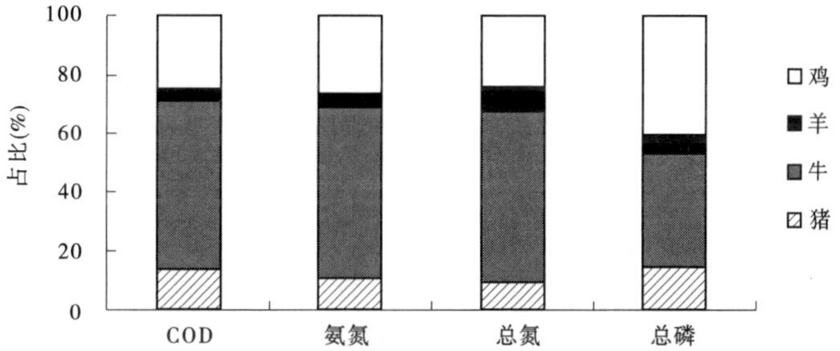

图 12-11　南阳市分散式畜禽养殖各养殖种类污染物产生量占比

南阳市各区域中,唐河县分散式畜禽养殖污染物产生量占比最大,其分散式畜禽养殖污染物 COD、氨氮、总氮和总磷占比分别为 17.03%、17.07%、17.02%和 16.95%。其次为邓州市,分散式畜禽养殖污染物 COD、氨氮、总氮和总磷占比分别为 15.52%、16.04%、16.61%和 15.50%。南阳市分散式畜禽养殖 COD、氨氮、总氮、总磷产生量主要来自牛,其次是鸡和猪。

2. 流失量

采用分散式畜禽养殖面源污染物核算模型,核算南阳市分散式畜禽养殖污染物排放量。南阳市分散式畜禽养殖面源污染物中,COD、氨氮、总氮、总磷流失量分别为 27 230.28 t/a、2 079.10 t/a、7 055.75 t/a、1 603.47 t/a。各区域分散式畜禽养殖污染物流失量占比见图 12-12。分散式畜禽养殖污染物主要来自猪、牛、羊、鸡等,分析南阳市内分散式畜禽养殖各养殖种类污染物流失量占比，如图 12-13 所示。

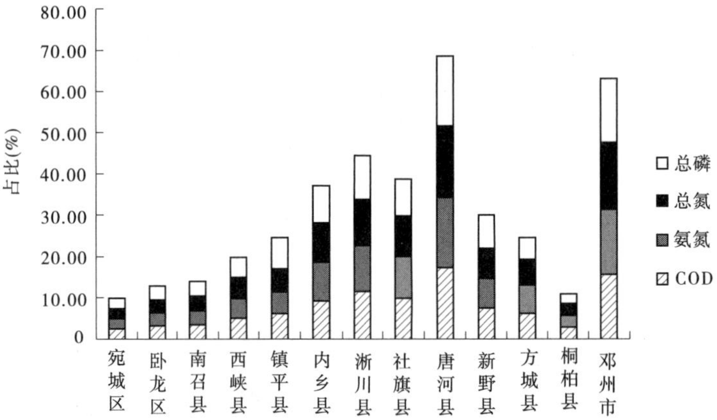

图 12-12　南阳市分散式畜禽养殖污染物流失量占比

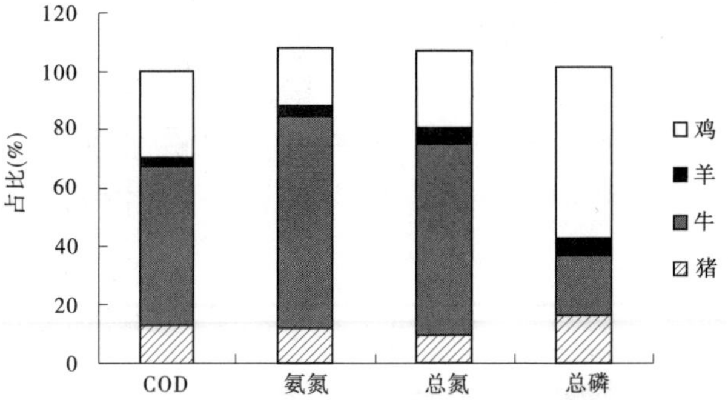

图 12-13　南阳市分散式畜禽养殖各养殖种类污染物流失量占比

南阳市各区域中，唐河县分散式畜禽养殖污染物流失量占比最大，其分散式畜禽养殖污染物 COD、氨氮、总氮和总磷占比量分别为 17.21%、17.16%、17.22%和 17.21%。分散式畜禽养殖 COD、氨氮、总氮、总磷入河量主要来自牛，其次是鸡和猪。

3. 入河量

采用分散式畜禽养殖面源污染物核算模型，核算出南阳市分散式畜禽养殖面源污染物入河量。南阳市分散式畜禽养殖面源污染物中，COD、氨氮、总氮、总磷入河量分别为 7 940.82 t/a、605.92 t/a、2 056.02 t/a、385.24 t/a。南阳市内各区域分散式畜禽养殖污染物入河量占比如图 12-14 所示。南阳市分散式畜禽养殖各养殖种类污染物入河量占比如图 12-15 所示。

南阳市各区域中，唐河县分散式畜禽养殖污染物入河量占比最大，其分散式畜禽养殖污染物 COD、氨氮、总氮和总磷占比分别为 17.40%、17.49%、17.48%和 16.72%。分散式畜禽养殖 COD、氨氮、总氮、总磷入河量主要来自牛，其次是鸡和猪。

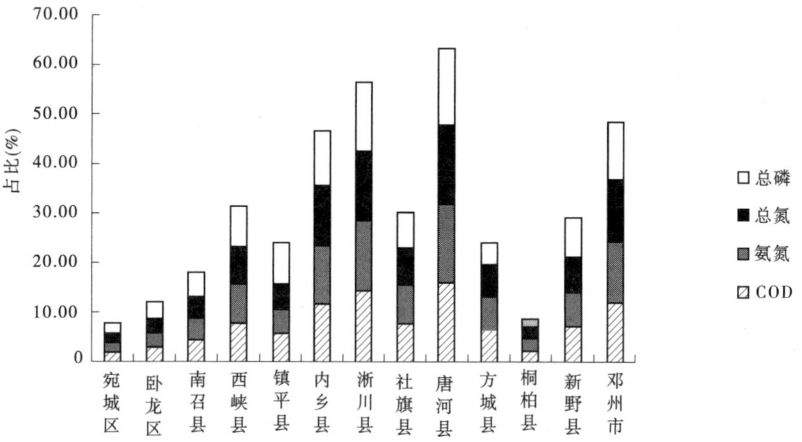

图 12-14　南阳市分散式畜禽养殖污染物入河量占比

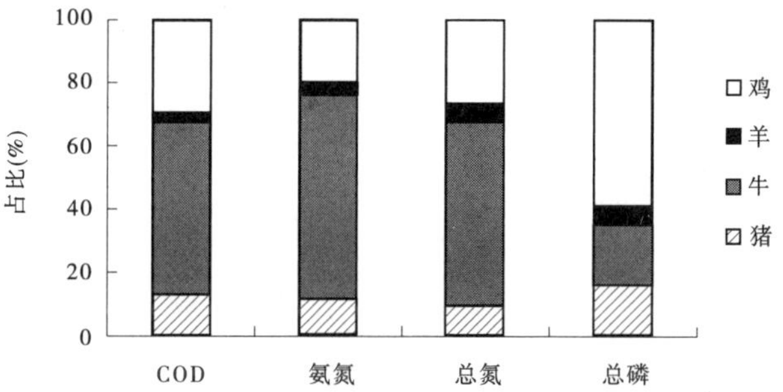

图 12-15　南阳市分散式畜禽养殖各养殖种类污染物入河量占比

12.3.4　城镇地表径流面源污染物入河量核算

12.3.4.1　所需数据

1. 各县(市、区)建成区面积

依据《2016 年南阳市统计年鉴》、南阳市各县、市政府网站及有关书籍,南阳市市区及辖区县级以上城市建成区面积、绿地覆盖率如表 12-7 所示。

2. 年降水量

依据《2015 年南阳市水资源公报》,南阳市各县(市、区)年降水量见表 12-7。

3. 降水径流污染物浓度

综合考虑,相关城市中,长治市与南阳市为同一等级城市,采用以长治市的监测成果为基础并结合其他城市公园绿地的监测结果取其均值的方法,将南阳市建成区降水径流中 COD、总氮、总磷的平均浓度取为 69.0 mg/L、1.8 mg/L、0.2 mg/L。因长治市未监测氨氮,所以氨氮浓度选用其他城市监测均值 1.6 mg/L。其他县市的城市降水径流污染物浓度参考秀山县的监测成果均值进行选取,将 COD、氨氮、总磷的平均浓度取为 39.5 mg/L、0.2 mg/L、0.05 mg/L,秀山县未监测总氮浓度,因此其总氮浓度选取其他城市监测结果的最低值,取为 0.7 mg/L。

表 12-7　南阳市市区及辖区县级以上城市建成区面积、绿地覆盖率和年降水量

县(市、区)	建成区面积(km^2)	绿地率(%)	年降水量(mm)
南阳市区	150.14	43.46	719.9
南召县	17.80	36.00	639.5
西峡县	17.30	38.56	658.7
镇平县	20.70	36.00	657.5
内乡县	18.30	25.70	657.5
淅川县	20.95	32.20	693.2
社旗县	23.00	36.50	728
唐河县	27.50	33.27	809.7
新野县	22.00	30.16	771.4
方城县	22.96	34.38	703.3
邓州市	45.00	32.70	719.9

12.3.4.2　核算结果

南阳市城镇地表径流面源污染物核算结果如表 12-8 所示。南阳市城镇地表径流面源 COD、氨氮、总氮、总磷的产生量分别为 5 190.00 t/a、62.08 t/a、116.28 t/a、11.310 t/a，入河量分别为 3 325.37 t/a、42.62 t/a、76.44 t/a、7.62 t/a。从各县(市、区)的城镇地表径流面源污染物产生量看，南阳市区及邓州市大于其他县(市、区)，主要原因是南阳市区及邓州市城市建成区面积大，城市发展水平较高。

表 12-8　南阳市城镇地表径流面源污染物核算结果　（单位：t/a）

县(市、区)	产生量				入河量			
	COD	氨氮	总氮	总磷	COD	氨氮	总氮	总磷
南阳市区	2 904.34	50.51	75.77	8.418	2 091.12	36.37	54.55	6.06
南召县	151.35	0.77	2.68	0.192	81.73	0.41	1.45	0.10
西峡县	147.88	0.75	2.62	0.187	79.86	0.40	1.42	0.10
镇平县	185.94	0.94	3.30	0.235	100.41	0.51	1.78	0.13
内乡县	175.40	0.89	3.11	0.222	94.71	0.48	1.68	0.12
淅川县	199.95	1.01	3.54	0.253	107.98	0.55	1.91	0.14
社旗县	221.58	1.12	3.93	0.280	119.65	0.61	2.12	0.15
唐河县	303.62	1.54	5.38	0.384	163.95	0.83	2.91	0.21
新野县	237.97	1.20	4.22	0.301	128.50	0.65	2.28	0.16
方城县	217.95	1.10	3.86	0.276	117.69	0.60	2.09	0.15
邓州市	444.02	2.25	7.87	0.562	239.77	1.21	4.25	0.30
合计	5 190.00	62.08	116.28	11.310	3 325.37	42.62	76.44	7.62

12.3.5 水土流失面源污染物入河量核算

12.3.5.1 所需数据

南阳市水土流失面源污染物入河量核算需要的数据包括,流域内泥沙流失量和流域内易流失土壤的表层氮、磷含量。

1. 流域内泥沙流失量

依据《河南省水土保持规划(2016—2030 年)》,截至 2015 年年底,南阳市尚有水土流失面积 5 800 km^2,南阳市水土流失分布特点是由丘陵的中重度侵蚀向中山的微度侵蚀过渡。水土流失以水力侵蚀为主,兼有重力侵蚀。水力侵蚀中面蚀主要分布在植被稀疏的坡地上,沟蚀主要发生在海拔 500 m 以下山地及海拔 200~500 m 丘陵区;重力侵蚀以泥石流为主,集中在伏牛山深处多雨和暴雨中心区。

参考《2017 年长江泥沙公报》来确定南阳市水土流失量,2017 年长江流域内汉江流域输沙模数为 42.9 t/km^2,南阳市长江流域面积为 2.38 万 km^2,因此南阳市泥沙流失量为 102.10 万 t。

2. 流域内易流失土壤的表层氮、磷含量

从中国土壤数据库中获取南阳市土壤氮、磷含量,中国土种数据库中南阳市境内易发生水土流失的土种主要为位于低山丘陵地带的红僵瓣土、活红僵瓣土、厚紫泥土、紫砂土、厚紫灰砂土等。各土壤类型的氮、磷含量如表 12-9 所示。

表 12-9 南阳市易发生水土流失的各土壤类型的氮、磷含量(取表层值)

土壤类型	分布和地形地貌	总氮(g/kg)	总磷(g/kg)
红僵瓣土	黄土丘陵坡地	0.76	0.74
活红僵瓣土	黄土丘陵坡地的中、下部	0.82	0.54
厚紫泥土	地区低山、丘陵坡地的坡麓及台地	0.79	0.44
紫砂土	地区的低山丘陵缓坡地	1.07	0.30
厚紫灰砂土	地区低山丘陵的坡麓	0.67	0.33
平均值		0.82	0.47

12.3.5.2 核算结果

依据上述数据进行核算,南阳市因水土流失由泥沙携带的总氮量为 2 511.71 t/a,总磷量为 959.76 t/a,实际入河的总氮量和总磷量分别为 1 255.85 t/a 和 575.86 t/a。南阳市水土流失面源污染物入河量核算结果如表 12-10 所示。

表 12-10 南阳市水土流失面源污染物入河量核算结果

流域面积(km^2)	输沙模数[t/(a · km^2)]	总氮产生量(t/a)	总磷产生量(t/a)	总氮入河量(t/a)	总磷入河量(t/a)
238 000	42.90	2 511.71	959.76	1 255.85	575.86

12.4　核算结果分析

经核算，南阳市所涉及区域面源污染物中，COD、氨氮、总氮、总磷产生量分别为579 291.70 t/a、191 411.86 t/a、528 840.16 t/a、135 752.23 t/a；COD、氨氮、总氮、总磷入河量分别为17 099.01 t/a、1 170.77 t/a、7 203.09 t/a、1 219.63 t/a，COD、氨氮、总氮、总磷的入河量分别占产生量的2.95%、0.61%、1.36%、0.90%。

南阳市各类面源污染物入河量占比如图12-16所示。从COD的入河量来看，分散式畜禽养殖占比最高，达到46.44%，其次是农村生活和城镇地表径流，分别占34.11%、19.45%。

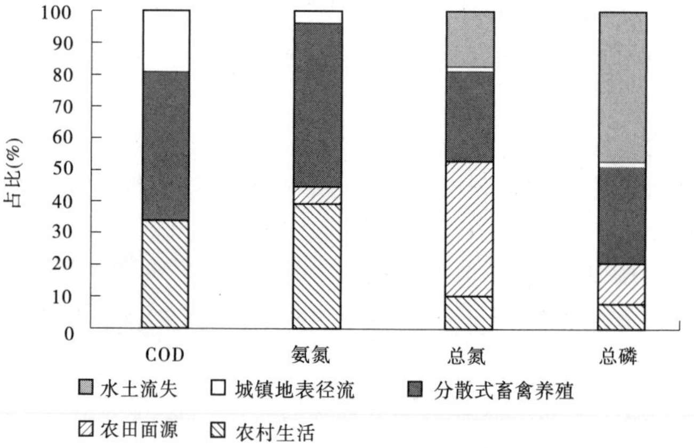

图12-16　南阳市各类面源污染物入河量占比

从氨氮的入河量来看，分散式畜禽养殖占比高达51.75%，其次是农村生活，占比39.25%，农田面源和城镇地表径流则较少。

从总氮的入河量来看，农田面源占比最高，达到42.67%，其次是分散式畜禽养殖，占比为28.54%，农村生活占比为10.29%，城镇地表径流占比相对较小。

从总磷的入河量来看，水土流失占比最大，达到47.22%，其次是分散式畜禽养殖和农田面源，占比分别为31.59%和12.65%，农村生活和城镇地表径流占比相对较小。

综上所述，分散式畜禽养殖产生的COD、氨氮、总氮和总磷的入河量占各类污染物入河总量的比例分别为46.44%、51.75%、28.54%和31.59%，4项污染物占比均较高；农村生活对COD、氨氮的贡献较高，其污染物入河量占COD和氨氮污染物入河总量的比例分别为34.11%、39.25%；农田面源对总氮的贡献较高，总氮的入河量占比达到42.67%；水土流失对总磷的贡献较高，总磷的入河量占比为47.22%。同时，城镇地表径流对COD的贡献也不容忽视。

第 13 章　实践总体评价

通过对面源污染物入河量调查与核算的研究,总结提炼了面源污染物入河量调查与核算方法,并立足于河南省实际提出了适用的调查与核算方法,选择河南省典型的平原区大型水库和山区大型水库、南方山地丘陵区水库和北方山地丘陵区水库、城市近郊水库和南阳市为典型的研究区域。通过资料收集和实地调查,结合现有数据资料,在对面源污染物入河量核算进行详细研究的基础上,选用合适的核算方法,结合各区域社会经济、自然地理特点制定各类面源污染物差异化的产生系数、流失系数和入河系数。对各区域农村生活、农田面源、分散式畜禽养殖、城镇地表径流、水土流失 5 类面源污染物入河量进行了核算,得出了 5 个水库流域内各乡镇和南阳市各县(市、区)各类面源污染类型的 COD、氨氮、总氮、总磷入河量。

通过典型区域面源污染物入河量调查与核算实践,从核算出的农村生活、农田、分散式畜禽养殖、城镇地表径流、水土流失面源污染入河量看,同一典型区域各类面源污染物核算结果能够反映各区域面源污染特征,通过核算得出的各典型区域主要面源污染来源与实地调查情况相符。如宿鸭湖水库流域主要面源污染来自分散式畜禽养殖、陆浑水库流域主要面源污染来源于农村生活和水土流失、彰武水库流域主要面源污染来源于农田种植、尖岗水库流域主要面源污染来源于农村生活、南阳市主要面源污染来源于分散式畜禽养殖,核算结果对于科学地进行面源污染物入河量调查核算、了解河南省面源污染现状、揭示河南省面源污染特征、开展水资源保护、保护流域水环境具有指导意义。

面源污染物入河量调查与核算也存在一定的不足之处。在面源污染物入河量调查方面主要仍是采用现场调查和资料收集的方法,未充分采用典型监测方法;在面源污染物入河量核算方面,虽对相关核算方法进行了改进优化,但整体仍是以系数法为主,后续相关研究中可在合适的范围内应用更多的成熟模型进行面源污染物入河量的核算研究。

参考文献

[1] 夏青. 城市径流污染系统分析[J]. 环境科学学报,1982,2(4):271-278.
[2] 陈利顶,傅伯杰. 农田生态系统管理与非点源污染控制[J]. 环境科学,2000(2):98-100.
[3] 梁冬梅. 小流域面源污染特征与控制技术研究[D]. 长春:吉林大学,2014.
[4] 贺缠生,傅伯杰,陈利顶. 非点源污染的管理及控制[J]. 环境科学,1998(5):3-5.
[5] 孙金华,朱乾德,颜志俊,等. AGNPS 系列模型研究与应用综述[J]. 水科学进展,2009,20(6):876-884.
[6] 麻德明,石洪华,丰爱平. 基于流域单元的海湾农业非点源污染负荷估算:以莱州湾为例[J]. 生态学报,2014,34(1):173-181.
[7] ONGLEY E D,ZHANG X L,YU T. Current status of agricultural and rural non-point source pollution assessment in China[J]. Environmental Pollution,2010,158:1159-1168.
[8] UTTO RMARK P D,CHAPIN J D,GREEN K M. Estimating nutrient loadings of lakes from non-point sources [R]. Washington DC: U S Government Printing Office,1974.
[9] JOHNES P J. Evaluation and management of the impact of land use change on the nitrogen and phosphorus load delivered to surface waters: The export coefficient modeling approach[J]. Journal of Hydrology,1996, 183:323-349.
[10] 薛利红,杨林章. 面源污染物输出系数模型的研究进展[J]. 生态学杂志,2009,28(4):755-761.
[11] SHRESTHA S,KAZAMA F,NEWHAM L T H. Catchment scale modelling of point source and non-point source pollution loads using pollutant export coefficients determined from long-term in-stream monitoring data[J]. Journal of Hydro-environment Research,2008(2):134-147.
[12] DING X W. The simulation research agricultural non-point source pollution in Yongding River in Hebei Province [J]. Procedia Environmental Sciences,2010(2): 1770-1774.
[13] 叶延琼,章家恩,李逸勉,等. 基于 GIS 的广东省农业面源污染的时空分异研究[J]. 农业环境科学学报,2013,32(2):369-377.
[14] 孙添伟,陈家军,王浩,等. 白洋淀流域府河干流村落非点源负荷研究[J]. 环境科学研究,2012,25(5):568-572.
[15] SHEN Z Y,CHEN L, DING XW,et al. Long-term variation(1960–2003)and causal factors of non-point source nitrogen and phosphorus in the upper reach of the Yangtze River [J]. Journal of Hazardous Materials,2013,252/253:45-56.
[16] 李怀恩. 估算非点源污染负荷的平均浓度法及其应用[J]. 环境科学学报,2000,20(4):397-400.
[17] 李强坤,李怀恩,胡亚伟,等. 黄河干流潼关断面非点源污染负荷估算[J]. 水科学进展,2008,19(4):460-466.
[18] 李家科,李怀恩,沈冰,等. 渭河干流典型断面非点源污染监测与负荷估算[J]. 水科学进展,2011,22(6):818-828.
[19] 蔡明,李怀恩,庄咏涛. 估算流域非点源污染负荷的降雨量差值法[J]. 西北农林科技大学学报(自然科学版)2005,33(4):102-106.
[20] 杨珏,钱新,张玉超,等. 两种新型流域非点源污染负荷估算模型的比较[J]. 中国环境科学,2009,29(7):762-766.

[21] 于涛,孟伟,ONGLEY E D,等. 我国非点源负荷研究中的问题探讨[J]. 环境科学学报,2008,28(3):401-407.

[22] 冯庆,王晓燕,王连荣,等.水源保护区农村生活污染排放特征研究[J].安徽农业科学,2009,37(24):11681-11685.

[23] 袁晓燕,余志敏,施卫明,等.大清河流域典型村镇生活污水排放规律和污染负荷研究[J].农业环境科学学报,2010,29(8):1547-1557.

[24] 尹微琴,王小治,王爱礼,等.太湖流域农村生活污水污染物排放系数研究——以昆山为例[J].农业环境科学学报,2010,29(7):1369-1373.

[25] 孙兴旺.巢湖流域农村生活污染源产排污特征及规律研究[D].合肥:安徽农业大学,2010.

[26] 严婷婷,王红华,孙治旭,等.滇池流域农村生活污水产排污系数研究[J]. 环境科学导刊,2010,29(4):46-48.

[27] 万寅婧,王文林,唐晓燕,等.太湖流域农村生活垃圾产排污系数测算研究[J].农业环境科学学报,2012,31(10):2046-2052.

[28] 卢金涛.农村生活污水与垃圾调查及其处理技术选择——以垫江县长大村为例[D].重庆:重庆大学,2012.

[29] 唐晓燕,季斌,王丹丹,等.太湖流域农村生活源产排污系数测算的相关方法及问题分析[J].生态与农村环境学报,2013,29(4):433-437.

[30] 陈志明,谢鸿,林华,等.广西区农村生活垃圾产排污系数研究[J].大众科技,2013,2(162):43-45.

[31] 马玉宝,陈丽雯,刘静静,等.洪湖流域农业面源污染调查与污染负荷核算[J]. 湖北农业科学,2013,52(4):804-806.

[32] 李文超.凤羽河流域农业面源污染负荷估算及关键区识别研究[D].北京:中国农业科学院,2014.

[33] 史鹏飞.规模化奶牛场产污系数和排污系数测定研究[D].郑州:河南农业大学,2009.

[34] 董红敏,朱志平,黄宏坤,等.畜禽养殖业产污系数和排污系数计算方法[J].农业工程学报,2011,27(1):303-308.

[35] 苏文幸.生猪养殖业主要污染源产排污量核算体系研究[D].长沙:湖南师范大学,2012.

[36] 潘华.城市地表径流污染特性及排污规律的研究[D].西安:长安大学,2005.

[37] 宋迁凤.重庆市某城区地表降雨径流污染特性研究[D].重庆:重庆大学,2012.

[38] 徐志勇.天津市非点源污染状况调查及控制对策[D].天津:天津大学,2011.

[39] 谭平,马太玲,赵立欣,等.巢湖农村生活污水产排污系数测算及处理模式分析[J].中国给水排水,2012,7(13):88-91.

[40] 王文林,胡孟春,唐晓燕.太湖流域农村生活污水产排污系数测算[J].生态与农村环境学报,2010,26(6):616-621.

[41] 朱梅.海河流域农业非点源污染负荷估算与评价研究[D].北京:中国农业科学院,2011.

[42] 汤洁,张爱丽,李昭阳,等.基于“3S”技术的大伙房水库汇水区农村生活污染负荷分析[J].湿地科学,2012,9(3):306-311.

[43] 林雪原.山东省农业面源污染负荷分析及控制研究[D].曲阜:曲阜师范大学,2015.

[44] 蔡路灵.河南省农业面源污染调查研究[D].开封:河南大学,2017.

[45] 张大弟,张晓红.上海市郊区非点源污染综合调查评价[J].上海农业学报,1997,13(1):31-36.

[46] 李卉,苏保林,张倩,等.平原河网地区农村生活污染入河机制[J].生态与农村环境学报,2011,27(4):110-112.

[47] 苏保林,袁军营,李卉,等.赣江下游平原圩区农村生活污染入河系数研究[J].北京师范大学学报(自然科学版),2013,49(2/3):256-260.

[48] 申萌萌,苏保林,黄宁波,等.太湖周边农村生活污染调查及入湖系数估算[J].北京师范大学学报(自然科学版),2013,49(2/3):261-265.
[49] 桂平婧,王丰,李善朴,等.四川省农村生活非点源污染负荷估算及评价研究[J].中国农学通报,2015,31(18):152-162.
[50] 张利民,刘伟京,尤本胜,等.太湖流域漕桥河污染物来源特征[J].环境科学研究,2009,22(10):1150-1155.
[51] 斯琴高娃.松花江流域农业面源污染特征研究[D].呼和浩特:内蒙古师范大学,2010.
[52] 费频频,杨京平.杭嘉湖水网平原村域水环境污染及其负荷分析[J].环境科学与技术,2011,34(4):104-109.
[53] 纪丁愈,王庆安,佘红英,等.川中丘陵地区小流域农业面源污染特征及水环境容量研究——以黄腊溪小流域为例[J].水资源与水工程学报,2011,22(4):81-84.
[54] 李春哲.饮马河流域农业面源污染负荷及污染物时空格局演变特征分析[D].长春:吉林农业大学,2016.
[55] 康晚英.环鄱阳湖区面源污染负荷的估算及预测评价[D].南昌:南昌大学,2010.
[56] 刘亚琼,杨玉林,李法虎,等.基于输出系数模型的北京地区农业面源污染负荷估算[J].农业工程学报,2011,27(7):7-12.
[57] 杨彦兰,申丽娟,谢德体,等.基于输出系数模型的三峡库区(重庆段)农业面源污染负荷估算[J].西南大学学报(自然科学版),2015,37(3):113-119.
[58] 彭舜磊,李鹏,王梓臣,等.河南省农业面源污染负荷估算及区划[J].水土保持研究,2018,25(1):225-230.
[59] 黄婧.清江流域农业非点源污染空间分布[D].武汉:湖北大学,2009.
[60] 周凯,雷泽勇,王智芳,等.河南省畜禽养殖粪便年排放量估算[J].中国生态农业学报,2010,18(5):1060-1065.
[61] 周亮,徐建刚,孙东琪,等.淮河流域农业非点源污染空间特征解析及分类控制[J].环境科学,2013,34(2):547-554.
[62] 张吉香,万大娟,苏青,等.湖南省农业农村面源污染负荷分布特征[J].云南农业大学学报,2015,30(1):125-132.
[63] 张关超.河南省农业非点源污染特征研究[D].郑州:华北水利水电大学,2017.
[64] 国家环境保护总局自然生态保护司.全国规模化畜禽养殖业污染情况调查及防治对策[M].北京:中国环境科学出版社,2002.
[65] 洪华生,黄金良.九龙江流域农业非点源污染机制与控制研究[M].北京:科学出版社,2008.
[66] 李家科,李亚娇,李怀恩,等.城市地表径流污染负荷计算方法研究[J].水资源与水工程学报,2010,21(2):5-13.
[67] 李恒鹏,黄文钰,杨桂山,等.太湖上游典型城镇地表径流面源污染特征[J].农业环境科学学报,2006,25(6):1598-1602.
[68] 夏晓树,张松.贵州省面污染源调查与分析及治理对策[J].贵州科学,2007,25(增刊):150-155.
[69] 郝守宁.颍河流域水功能区面源污染控制研究[D].郑州:华北水利水电大学,2014.
[70] 王业雷.南昌市城区降雨径流污染过程与防治措施研究[D].南昌:南昌大学,2008.
[71] 赵剑强.城市地表径流污染与控制[M].北京:中国环境科学出版社,2002.
[72] 张媛.兰州市区地表径流污染初探[D].兰州:兰州大学,2005.
[73] 王和意.上海城市降雨径流污染过程及管理措施研究[D]:上海:华东师范大学,2005.
[74] 王丽.海安县城区地表径流污染负荷研究[D].扬州:扬州大学,2008.

[75] 潘璐. 武汉典型校区降雨径流污染特征及污染负荷研究[D]. 武汉:湖北工业大学,2018.
[76] 程红光,郝芳华,任希岩,等. 不同降雨条件下非点源污染氮负荷入河系数研究[J]. 环境科学学报,2006(3):392-397.
[77] 张倩,苏保林,罗运祥,等. 城市水环境控制单元污染物入河量估算方法[J]. 环境科学学报,2013,33(3):877-884.
[78] 李根,毛锋. 我国水土流失型非点源污染负荷及其经济损失评估[J]. 中国水土保持,2008(2):9-11.
[79] 王丹,邵景安,王金亮,等. 近20年三峡库区泥沙输移比估算与吸附态氮磷污染负荷模拟[J]. 农业工程学报,2015,31(15):167-176.
[80] 李怀恩,蔡明. 非点源营养负荷—泥沙关系的建立及其应用[J]. 地理科学,2003,23(4):460-463.
[81] 胥彦玲,李怀恩,贾海娟,等. 陕西省黑河流域水土流失型非点源污染估算[J]. 水土保持通报,2005,25(5):78-80.
[82] 杨胜天,程红光,步青松,等. 全国土壤侵蚀量估算及其在吸附态氮磷流失量匡算中的应用[J]. 环境科学学报,2006,26(3):366-374.
[83] 李强坤,李怀恩,孙娟,等. 基于有限资料的水土流失区非点源污染负荷估算[J]. 水土保持学报,2008,22(5):181-185.

附　表

附表 1　农村农户生活污染源调查表

省辖市：　　　县(市、区)：　　　乡(镇)：　　　村：

填报人：　　　　填报日期：　　年　　月　　日

指标名称	计量单位	指标值	说明
一、人口基本情况	—	—	
户籍总人口	人		
户籍常住人口	人		常住人口指居住时间超过 6 个月及以上
外来常住人口	人		
二、收入情况	—	—	
人均年纯收入	元/年		
三、住房厕所类型	—	—	
有水冲式厕所	—		包括冲入化粪池和粪坑或其他地方
无水冲式厕所	—		使用旱厕或没有厕所
四、人粪尿处理情况	—	—	
综合利用或填埋	—		采取干厕储存再利用等综合利用或直接掩埋入荒地
采用储粪池抽吸后集中处理	—		排入设置的储粪池后定期统一抽吸运出再集中处理
直排入水体	—		没有经过化粪池或三级隔渣池直接外排
直排入户用污水处理设备	—		直接排入分散式一体化设备等农村户用生活污水处理设备

续附表 1

指标名称	计量单位	指标值	说明
经化粪池后排入下水管道	—		已经过化粪池或三级隔渣池后外排
其他	—		
五、生活用水、垃圾处理情况	—	—	
家庭生活日用水量	L/d		
生活污水日处理量	L/d		
生活污水日利用量	L/d		
生活垃圾日产生量	kg/d		
厨余垃圾日利用量	kg/d		
六、生活污水排放去向	—	—	生活污水分为厨房污水、洗浴污水等，明确各类污水的排放方式和去向
直排入农田	—		
直排入水体	—		直接排向沟渠、池塘、江、河、湖、海等环境水体或排出户外进入蒸发坑塘
排入户用污水处理设备	—		
进入农村集中式处理设施	—		
进入市政管网	—		
其他			
七、生活垃圾处理方式	—	—	
运转至城镇处理	—		
镇村范围内无害化处理	—		
镇村范围内简易处理	—		
无处理	—		
八、其他	—	—	
是否集中供水	—		
生活污水是否集中处理			
生活垃圾是否集中处理			

附表 2　农田面源污染现状调查表

一、农户基本信息

时间:__________县(市、区):__________	乡镇(街道):__________村庄:__________	经度:__________纬度:__________
耕地面积:__________(亩); 平地面积:______(亩); 坡地面积:__________(亩)	水田(单季、双季):__________(亩);旱地大田(单季、双季):__________(亩); 蔬菜:____________________(亩);园地:__________(亩)	

二、农作物种植信息

作物类型	种植时间(周期)	种植面积(亩)	化肥施用			有机肥施用			农药施用			灌溉	
			名称	施用时间	施用量(kg)	类型	施用时间	施用量(kg)	名称	施用时间	施用量(kg)	灌溉方式	灌溉时间

附表 3　分散式畜禽养殖户污粪污产排和治理情况调查表

<table>
<tr><td rowspan="3">基本信息</td><td>养殖户名称</td><td colspan="2"></td><td colspan="2">养殖户地址</td><td colspan="2">________市(县)________乡________村</td></tr>
<tr><td>联系人</td><td colspan="2"></td><td colspan="2">联系电话</td><td colspan="2"></td></tr>
<tr><td>养殖类型</td><td colspan="2">生猪____、肉牛____、奶牛____、蛋鸡______、肉鸡______</td><td>存栏量(头/只)</td><td></td><td>出栏量(头/只)</td><td></td></tr>
<tr><td rowspan="14">畜禽粪污处理及利用情况</td><td>养殖周期(d)</td><td></td><td>使用饲料类型</td><td></td><td>养殖户距河流距离(m)</td><td></td><td>养殖场周围地形</td><td></td></tr>
<tr><td>清粪方式</td><td>干清粪______</td><td>水冲粪______</td><td>水泡粪______</td><td colspan="2">垫料______</td><td colspan="2">其他______</td></tr>
<tr><td>粪便存储方式__</td><td>自然堆放____</td><td colspan="2">水泥地面硬化堆粪场____</td><td colspan="2">防雨堆粪场____</td><td colspan="2">防雨防渗防溢流堆粪场____</td></tr>
<tr><td rowspan="2">粪便产生量及利用方式</td><td>粪便产生总量(t)</td><td>直接用于农田(t)</td><td>生产农家肥(t)</td><td>生产有机肥(t)</td><td>生产沼气(t)</td><td>种植食用菌(t)</td><td>其他(t)</td></tr>
<tr><td></td><td></td><td></td><td></td><td></td><td></td><td></td></tr>
<tr><td>污水存储方式</td><td colspan="2">无存储池__________</td><td>土坑__________</td><td colspan="2">砖砌储存池__________</td><td colspan="2">混凝土浇筑储存池__________</td></tr>
<tr><td rowspan="2">污水产生量及处理方式</td><td>污水年产生总量(m^3)</td><td>污水处理总量(m^3)</td><td>好氧池处理量(m^3)</td><td>兼性塘处理量(m^3)</td><td>厌氧+好氧处理量(m^3)</td><td>沼气池处理量(m^3)</td><td>其他(m^3)</td></tr>
<tr><td></td><td></td><td></td><td></td><td></td><td></td><td></td></tr>
<tr><td rowspan="2">未处理污水排放去向</td><td>未处理直接排放污水量(m^3)</td><td>排入附近水体量(m^3)</td><td colspan="2">直接排入农田量(m^3)</td><td colspan="2">灌溉季节利用水量(m^3)</td><td>其他(m^3)</td></tr>
<tr><td></td><td></td><td colspan="2"></td><td colspan="2"></td><td></td></tr>
<tr><td rowspan="2">处理后污水排放去向</td><td>处理后排放污水量(m^3)</td><td>直接排入农田量(m^3)</td><td>排入附近水体量(m^3)</td><td>灌溉季节利用水量(m^3)</td><td>处理后回用量(m^3)</td><td colspan="2">其他(m^3)</td></tr>
<tr><td></td><td></td><td></td><td></td><td></td><td colspan="2"></td></tr>
</table>

附表 4　典型区域面源污染物入河量核算结果表

区域	面源污染类型	产生量(t/a)				流失量(t/a)				入河量(t/a)			
		COD	氨氮	总氮	总磷	COD	氨氮	总氮	总磷	COD	氨氮	总氮	总磷
宿鸭湖水库流域	农村生活	33 662.48	885.04	5 635.65	803.85	4 543.80	367.41	856.38	95.37	1 377.52	155.15	277.38	26.22
	农田面源	—	52 984.66	85 596.32	23 459.84	—	82.26	2 009.35	91.98	—	12.48	299.93	13.81
	分散式畜禽养殖	94 531.43	9 288.88	22 015.33	5 690.67	6 793.14	727.10	1 691.48	402.26	2 073.48	284.91	509.19	122.30
	城镇地表径流	2 703.51	54.53	66.76	7.10	—	—	—	—	1 865.49	38.85	46.63	5.01
	水土流失	—	—	445.22	143.82	—	—	—	—	—	—	222.61	86.29
	合计	130 897.42	63 213.11	113 759.28	30 105.28	11 336.94	1 176.77	4 557.21	589.61	5 316.49	491.39	1 355.74	253.63
陆浑水库流域	农村生活	18 805.14	435.78	3 057.67	442.68	2 882.37	152.55	420.1	57.31	606.57	47.66	77.19	10.10
	农田面源	—	3 289.35	11 406.20	2 417.10	—	13.58	612.89	49.23	—	1.86	84.92	6.47
	分散式畜禽养殖	15 708.09	1 538.45	3 735.03	773.07	1 082.59	91.53	285.27	48.97	297.28	25.11	78.27	9.32
	城镇地表径流	271.06	1.37	4.80	0.34	—	—	—	—	153.25	0.78	2.72	0.19
	水土流失	—	—	465.27	167.50	—	—	—	—	—	—	232.63	100.50
	合计	34 784.29	5 264.95	18 668.97	3 800.69	3 964.96	257.66	1 318.26	155.51	1 057.1	75.41	475.73	126.58

续附表 4

区域	面源污染类型	产生量(t/a)				流失量(t/a)				入河量(t/a)			
		COD	氨氮	总氮	总磷	COD	氨氮	总氮	总磷	COD	氨氮	总氮	总磷
南湾水库流域	农村生活	9 191.83	127.13	803.22	113.39	1 069.05	59.05	141.95	14.62	310.26	30.96	54.39	4.42
	农田面源	—	573.82	3 239.56	545.72	—	0.98	26.22	2.27	—	0.15	4.56	0.38
	分散式畜禽养殖	—	—	—	—	—	—	—	—	—	—	—	—
	城镇地表径流	—	—	—	—	—	—	—	—	—	—	—	—
	水土流失	—	—	385.81	100.40	—	—	—	—	—	—	192.91	60.24
	合计	9 191.83	700.95	4 428.59	759.51	1 069.05	60.03	168.17	16.89	310.26	31.11	251.86	65.04
彰武水库流域	农村生活	8 426.17	179.55	1 372.26	201.50	47.20	121.41	15.36	148.36	148.36	12.88	20.89	2.44
	农田面源	—	9 731.58	16 695.08	2 079.57	—	18.05	422.56	9.35	—	1.69	38.11	0.78
	分散式畜禽养殖	12 501.48	1 080.80	2 394.20	884.93	874.96	874.96	874.96	874.96	182.23	12.10	38.35	12.79
	城镇地表径流	276.51	1.40	4.90	0.35	—	—	—	—	149.31	0.76	2.65	0.19
	水土流失	—	—	45.57	23.37	—	—	—	—	—	—	22.79	14.02
	合计	21 204.16	10 993.33	20 512.01	3 189.72	922.16	1 014.42	1 312.88	1 032.67	479.90	27.43	122.79	30.22

续附表 4

区域	面源污染类型	产生量(t/a)				流失量(t/a)				入河量(t/a)			
		COD	氨氮	总氮	总磷	COD	氨氮	总氮	总磷	COD	氨氮	总氮	总磷
尖岗水库流域	农村生活	1 583.06	52.04	265.44	37.28	267.51	30.04	50.52	5.05	65.54	9.15	12.53	1.13
	农田面源	—	201.56	389.79	100.83	—	1.39	0.58	0.49	—	0.08	0.58	0.03
	分散式畜禽养殖	—	—	—	—	—	—	—	—	—	—	—	—
	城镇地表径流	—	—	—	—	—	—	—	—	—	—	—	—
	水土流失	—	—	0.018	0.008	—	—	—	—	—	—	0.011	0.005
	合计	1 583.06	253.60	655.248	138.118	267.51	31.43	51.10	5.54	65.54	9.23	13.121	1.165
南阳市	农村生活	197 146.1	4 624.8	32 028.01	4 633.07	31 278.4	1 688.09	4 903.16	617.18	5 832.81	459.49	741.21	96.62
	农田面源	—	148 794.82	402 538.6	107 286.3	—	240.31	9 597.32	459.05	—	62.74	3 073.59	154.29
	分散式畜禽养殖	376 955.6	37 930.16	91 645.57	22 860.76	27 230.3	2 079.1	7 055.75	1 603.47	7 940.82	605.92	2 056.02	385.24
	城镇地表径流	5 190	62.08	116.27	12.34		—	—	—	3 325.38	42.62	76.42	7.62
	水土流失	—	—	2 511.71	959.76	—	—	—	—	—	—	1 255.85	575.86
	合计	579 291.7	191 411.86	528 840.16	135 752.23	58 508.7	4 007.5	21 556.23	2 679.7	17 099.01	1 170.77	7 203.09	1 219.63

附图 1　面源污染物入河量调查与核算区位图

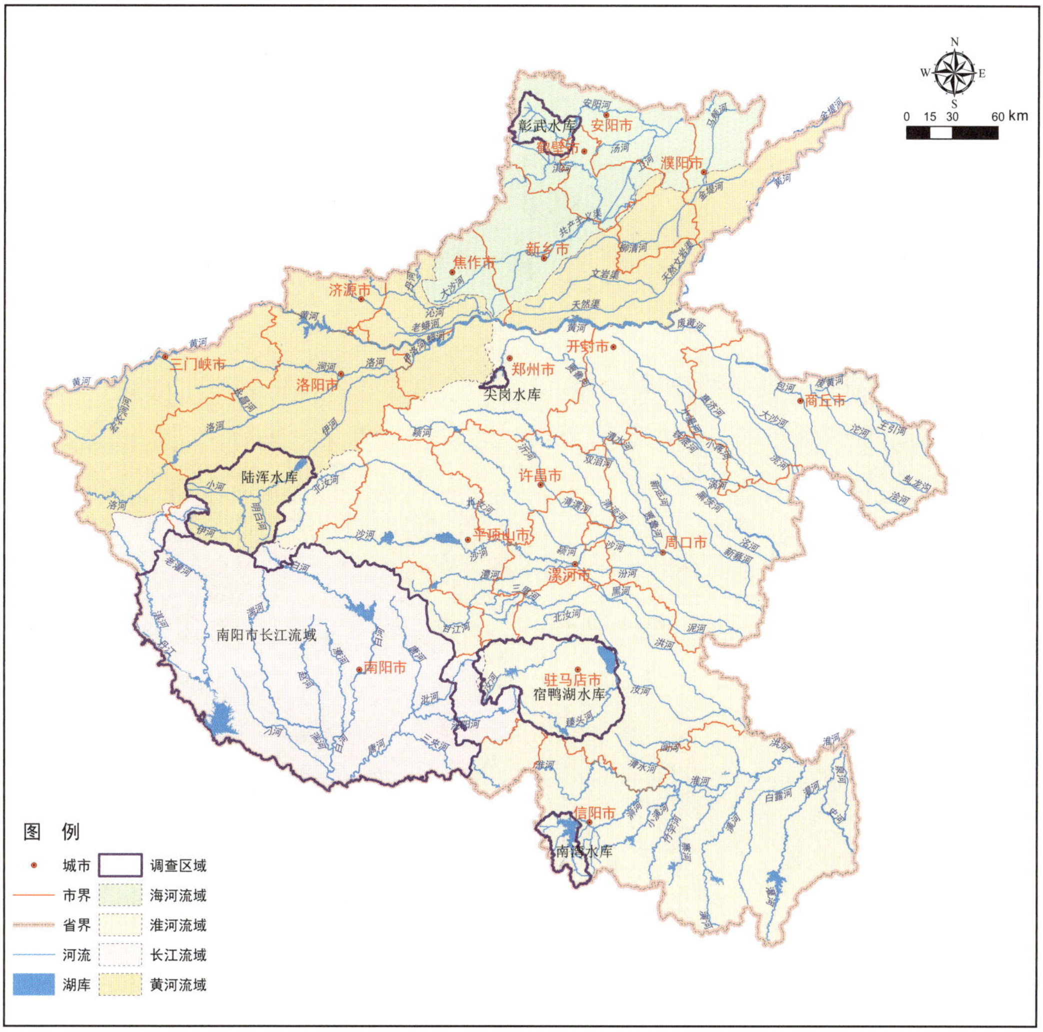

附图2　平原区大型水库面源污染物入河量调查与核算相关图件

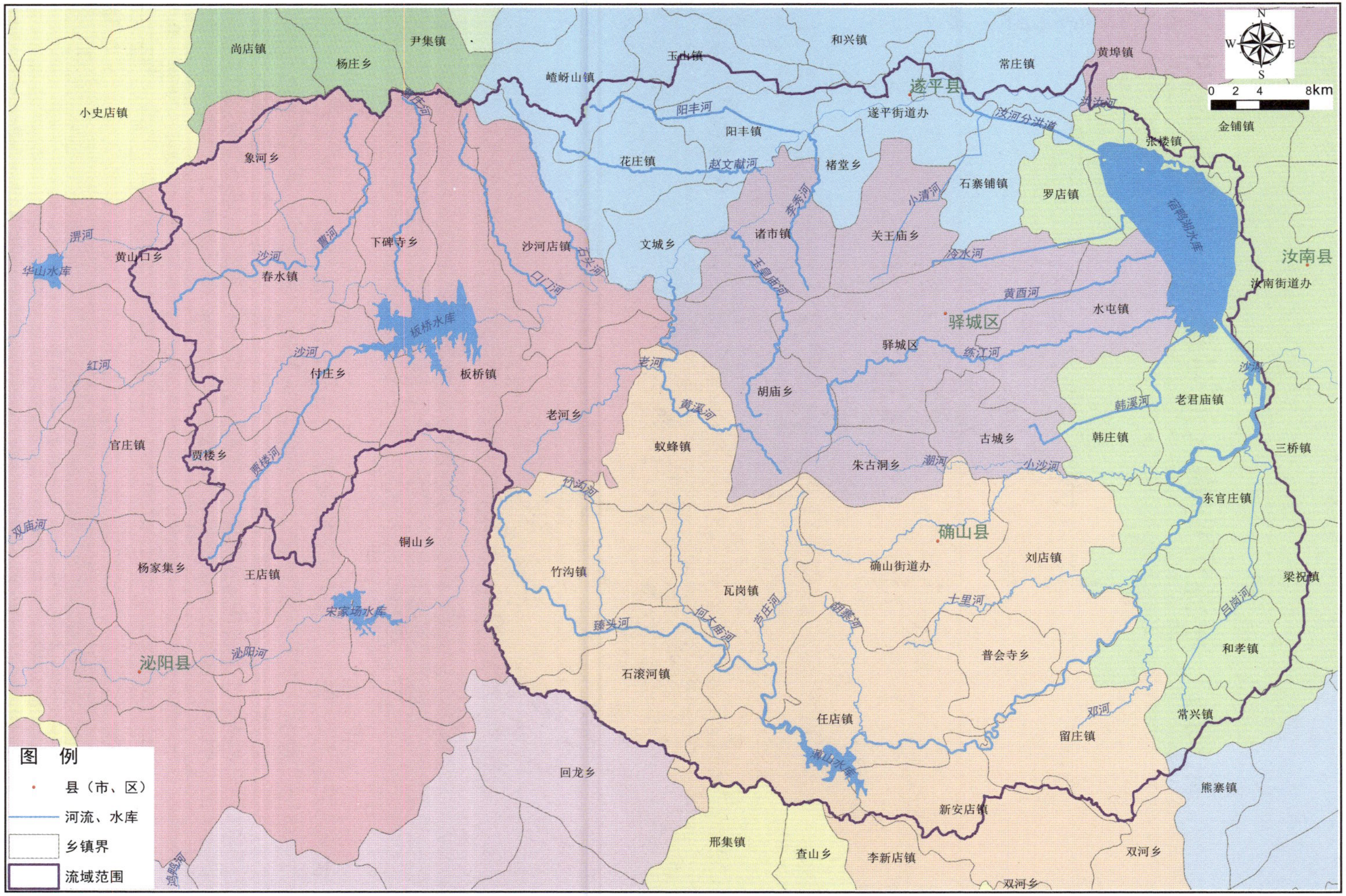

附图 2-1　宿鸭湖水库流域范围图

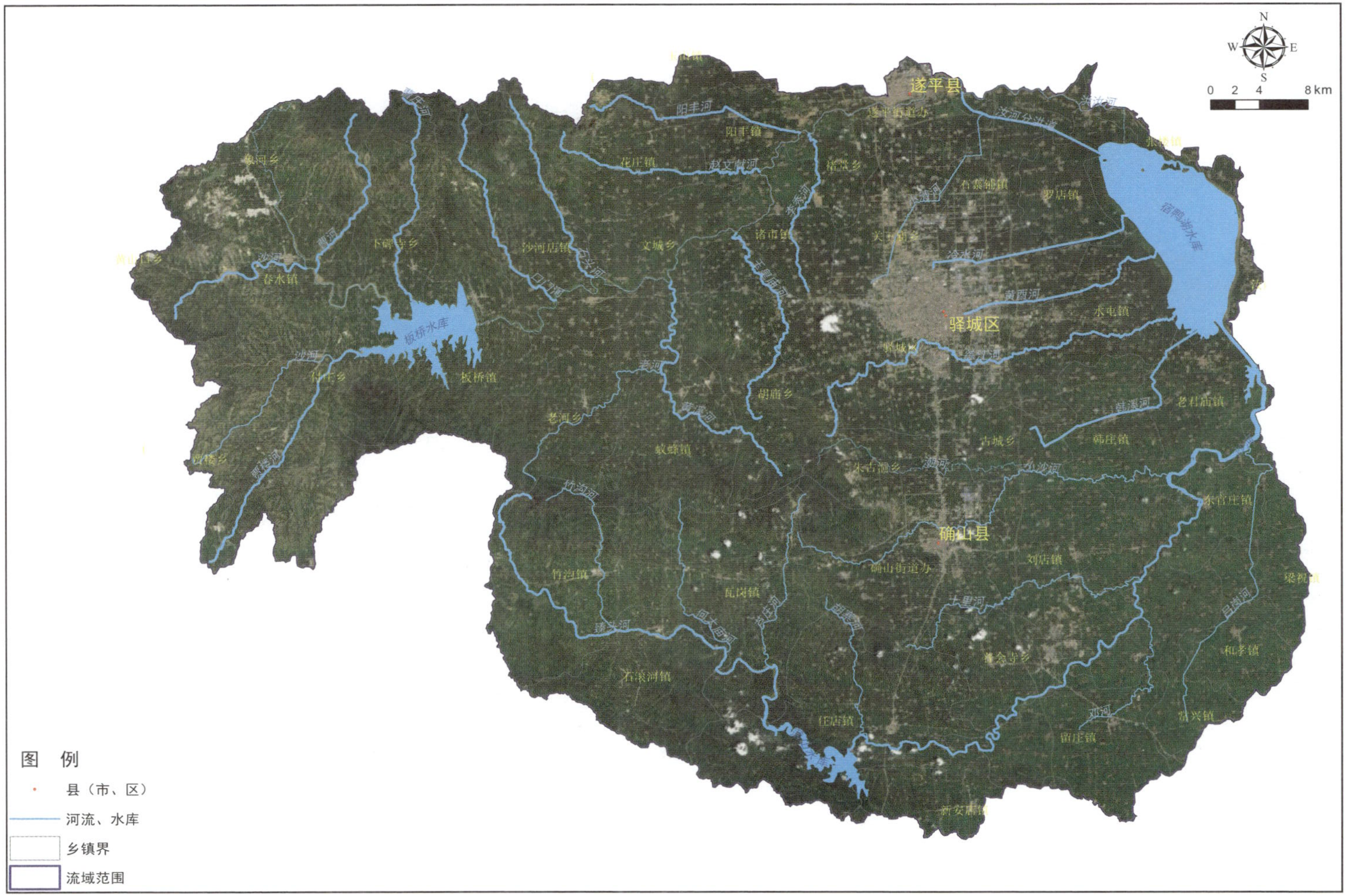

附图 2-2　宿鸭湖水库流域地形地貌图

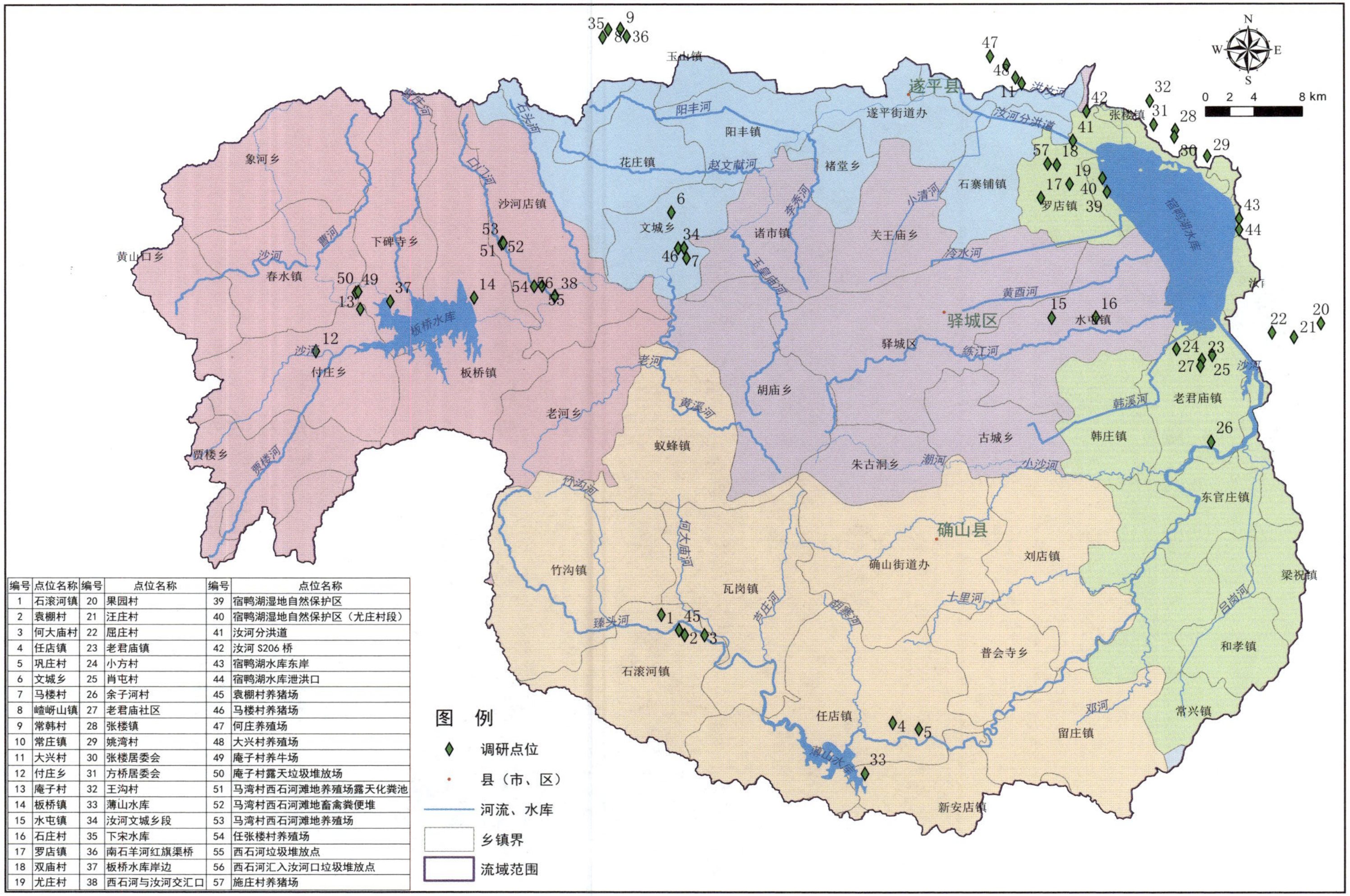

编号	点位名称	编号	点位名称	编号	点位名称
1	石滚河镇	20	果园村	39	宿鸭湖湿地自然保护区
2	袁棚村	21	汪庄村	40	宿鸭湖湿地自然保护区（尤庄村段）
3	何大庙村	22	屈庄村	41	汝河分洪道
4	任店镇	23	老君庙镇	42	汝河 S206 桥
5	巩庄村	24	小方村	43	宿鸭湖水库东岸
6	文城乡	25	肖屯村	44	宿鸭湖水库泄洪口
7	马楼村	26	余子河村	45	袁棚村养猪场
8	嵖岈山镇	27	老君庙社区	46	马楼村养猪场
9	常韩村	28	张楼镇	47	何庄养殖场
10	常庄镇	29	姚湾村	48	大兴村养殖场
11	大兴村	30	张楼居委会	49	庵子村养牛场
12	付庄乡	31	方桥居委会	50	庵子村露天垃圾堆放场
13	庵子村	32	王沟村	51	马湾村西石河滩地养殖场露天化粪池
14	板桥镇	33	薄山水库	52	马湾村西石河滩地畜禽粪便堆
15	水屯镇	34	汝河文城乡段	53	马湾村西石河滩地养殖场
16	石庄村	35	下宋水库	54	任张楼村养殖场
17	罗店镇	36	南石羊河红旗渠桥	55	西石河垃圾堆放点
18	双庙村	37	板桥水库岸边	56	西石河汇入汝河口垃圾堆放点
19	尤庄村	38	西石河与汝河交汇口	57	施庄村养猪场

附图 2-3　宿鸭湖水库流域面源污染现状调查点位分布图

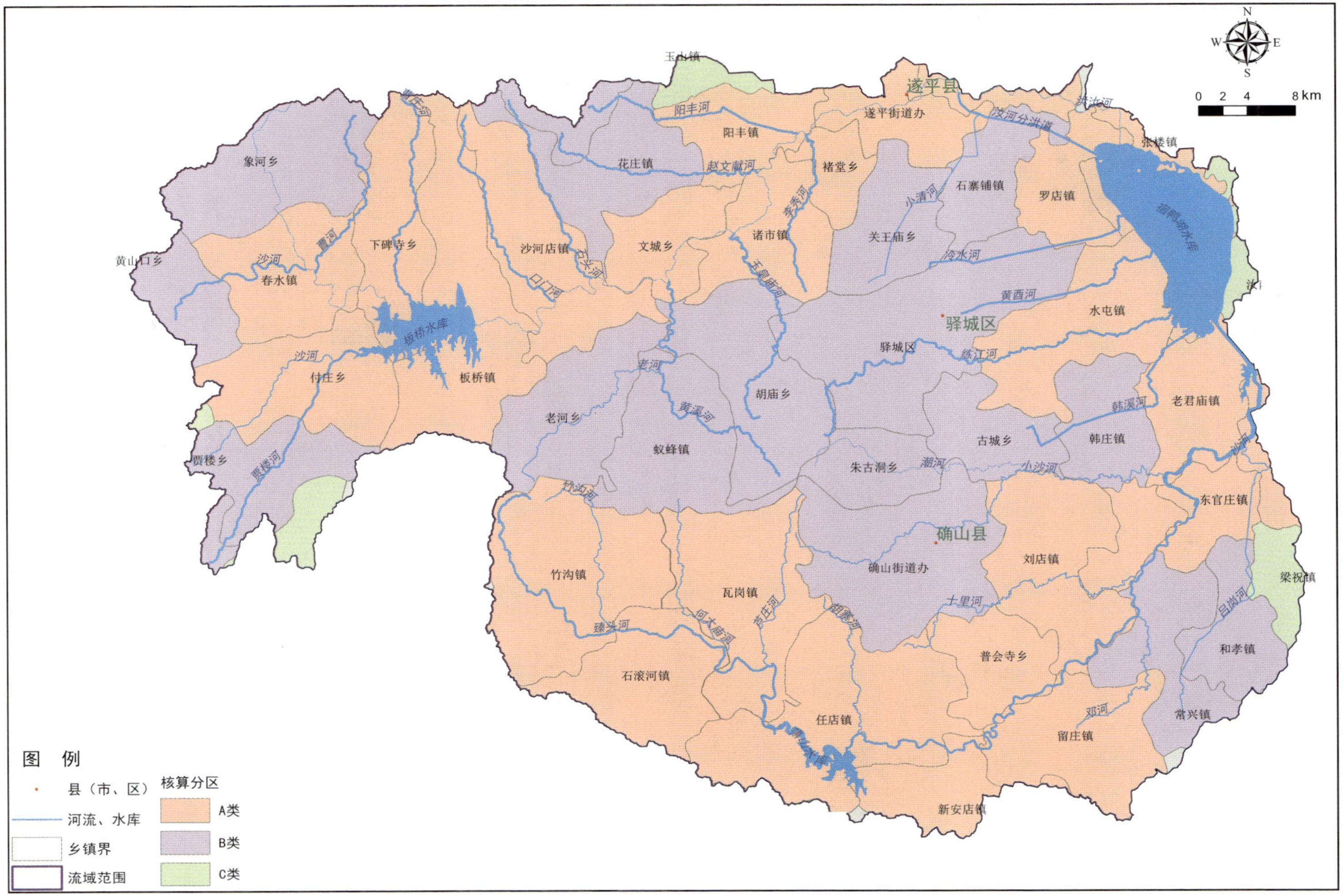

附图 2-4　宿鸭湖水库流域面源污染物核算水系修正分区图

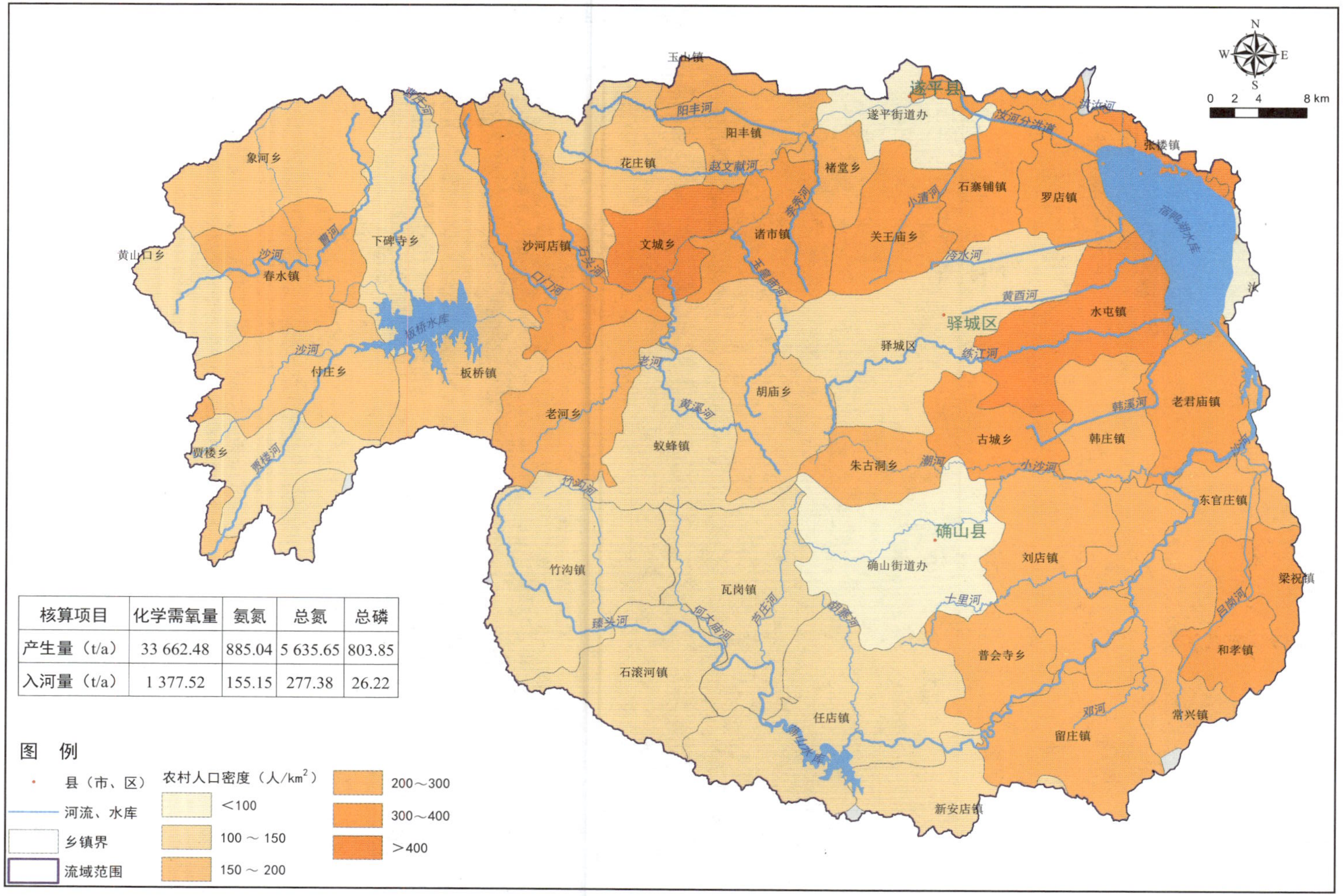

核算项目	化学需氧量	氨氮	总氮	总磷
产生量（t/a）	33 662.48	885.04	5 635.65	803.85
入河量（t/a）	1 377.52	155.15	277.38	26.22

附图 2-5　宿鸭湖水库流域农村生活面源污染物核算结果图

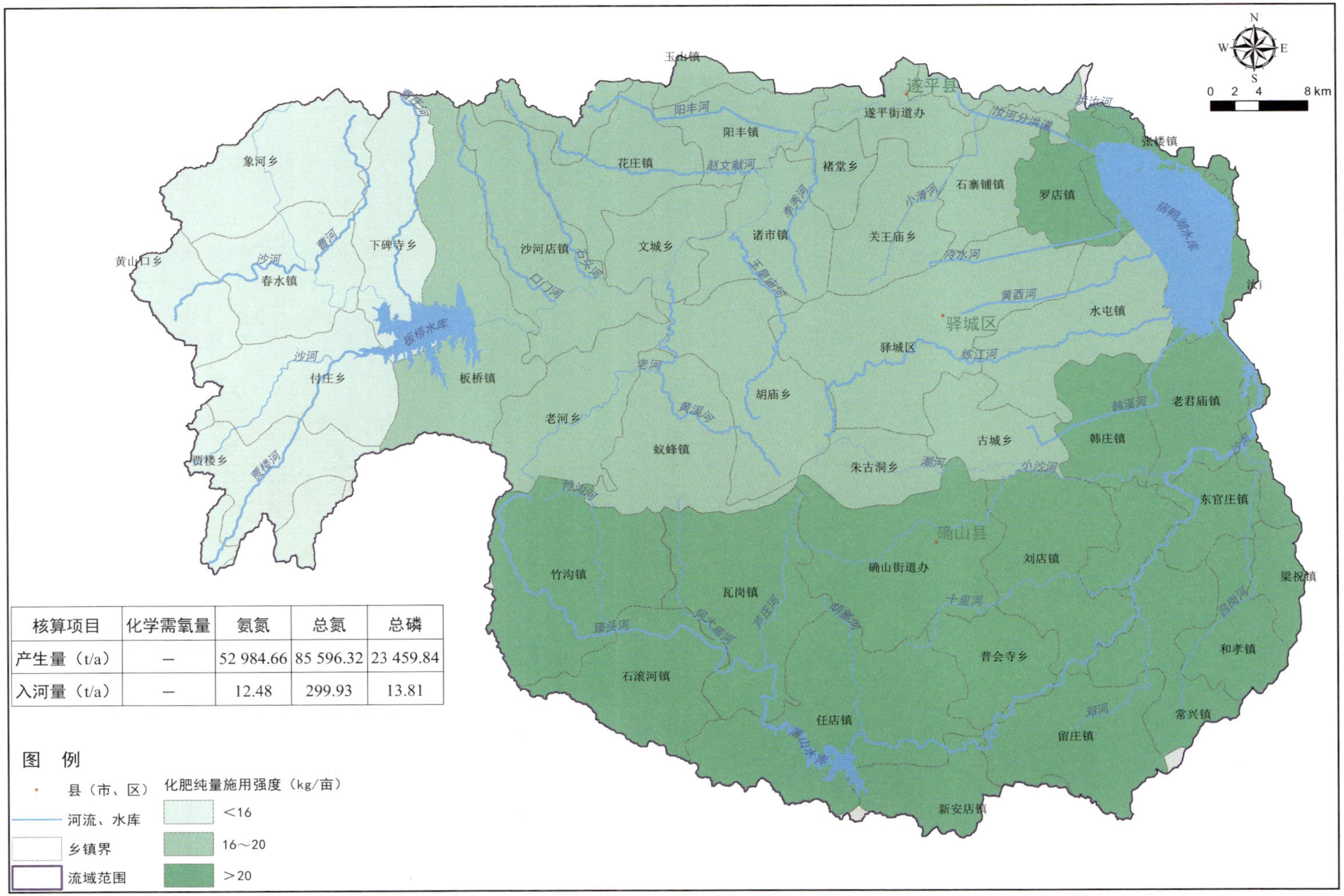

核算项目	化学需氧量	氨氮	总氮	总磷
产生量（t/a）	—	52 984.66	85 596.32	23 459.84
入河量（t/a）	—	12.48	299.93	13.81

附图 2-6　宿鸭湖水库流域农田面源污染物核算结果图

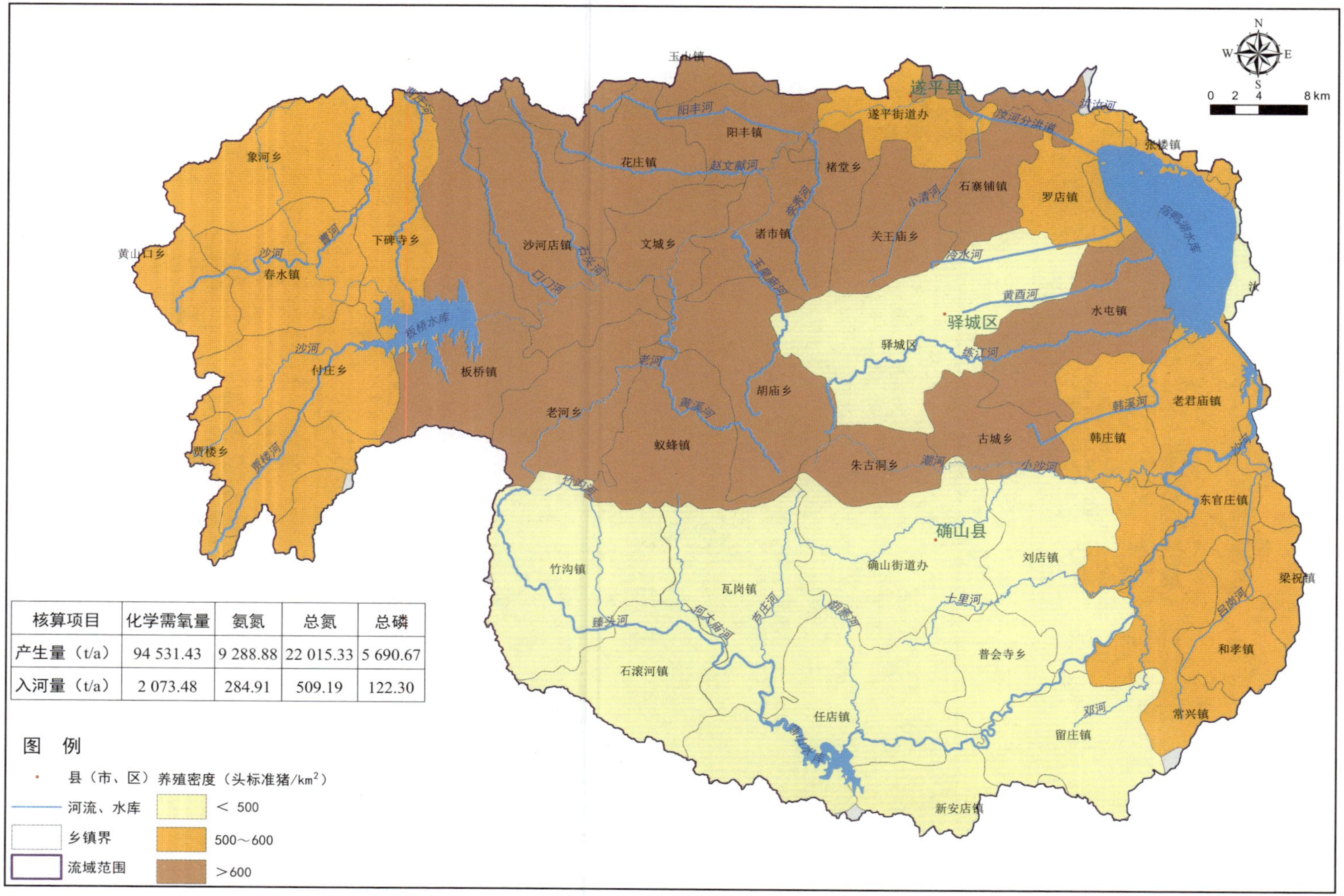

核算项目	化学需氧量	氨氮	总氮	总磷
产生量（t/a）	94 531.43	9 288.88	22 015.33	5 690.67
入河量（t/a）	2 073.48	284.91	509.19	122.30

附图 2-7　宿鸭湖水库流域分散式畜禽养殖面源污染物核算结果图

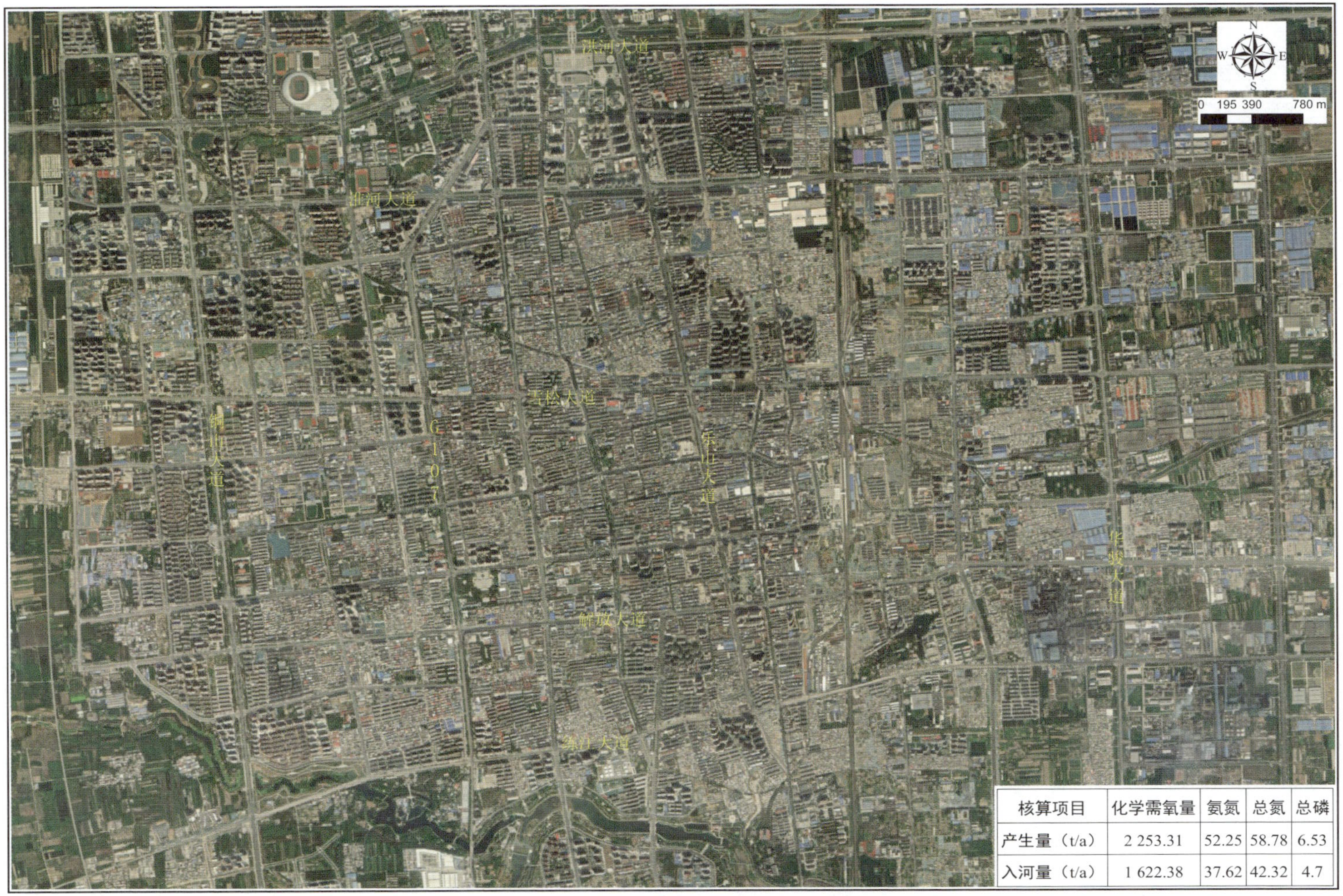

核算项目	化学需氧量	氨氮	总氮	总磷
产生量（t/a）	2 253.31	52.25	58.78	6.53
入河量（t/a）	1 622.38	37.62	42.32	4.7

附图 2-8（a） 宿鸭湖水库流域驿城区建成区城镇地表径流面源污染物核算结果图

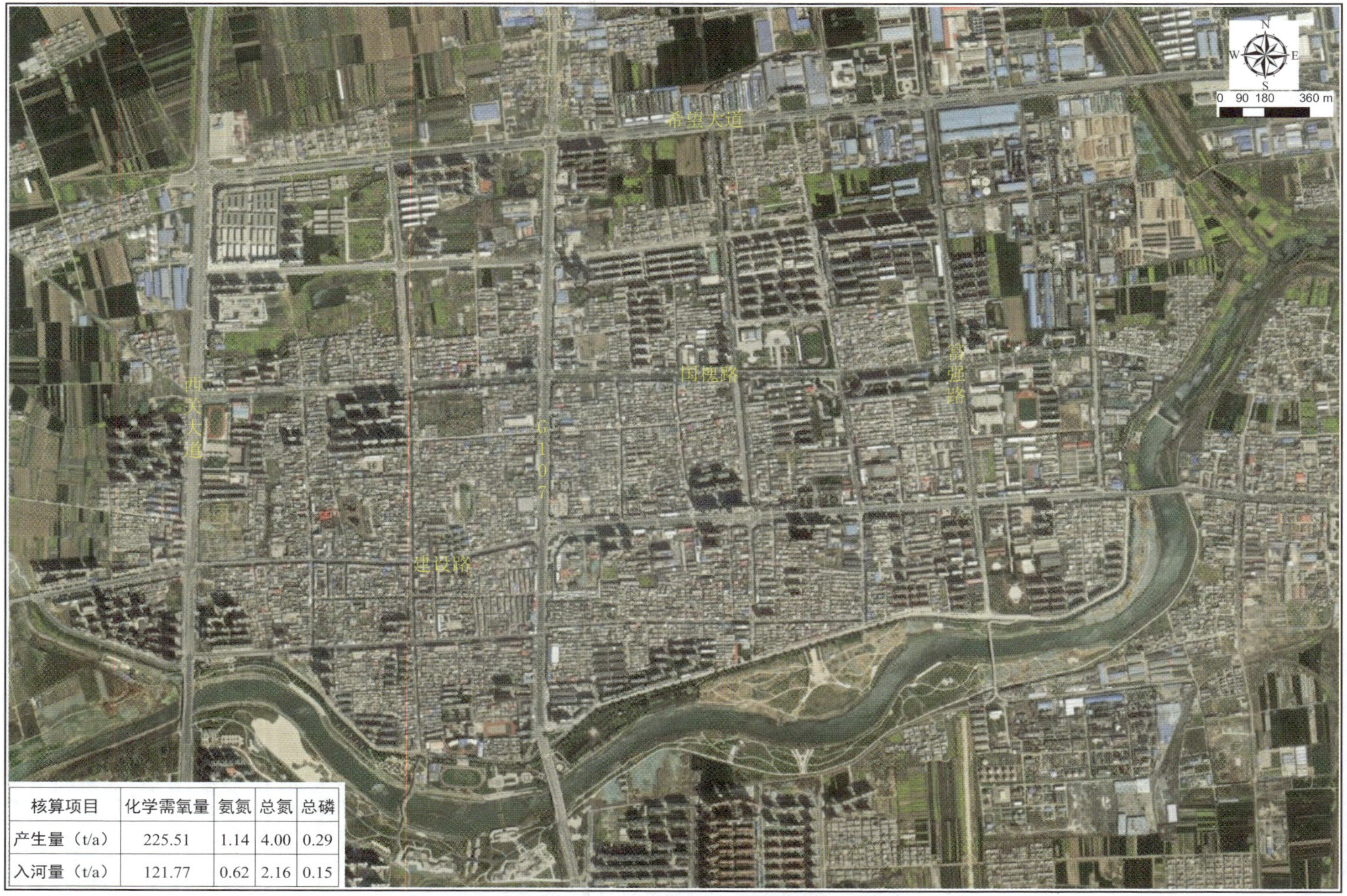

核算项目	化学需氧量	氨氮	总氮	总磷
产生量（t/a）	225.51	1.14	4.00	0.29
入河量（t/a）	121.77	0.62	2.16	0.15

附图 2-8（b） 宿鸭湖水库流域遂平县建成区城镇地表径流面源污染物核算结果图

核算项目	化学需氧量	氨氮	总氮	总磷
产生量（t/a）	224.69	1.14	3.98	0.28
入河量（t/a）	121.33	0.61	2.15	0.15

附图 2-8（c） 宿鸭湖水库流域确山县建成区城镇地表径流面源污染物核算结果图

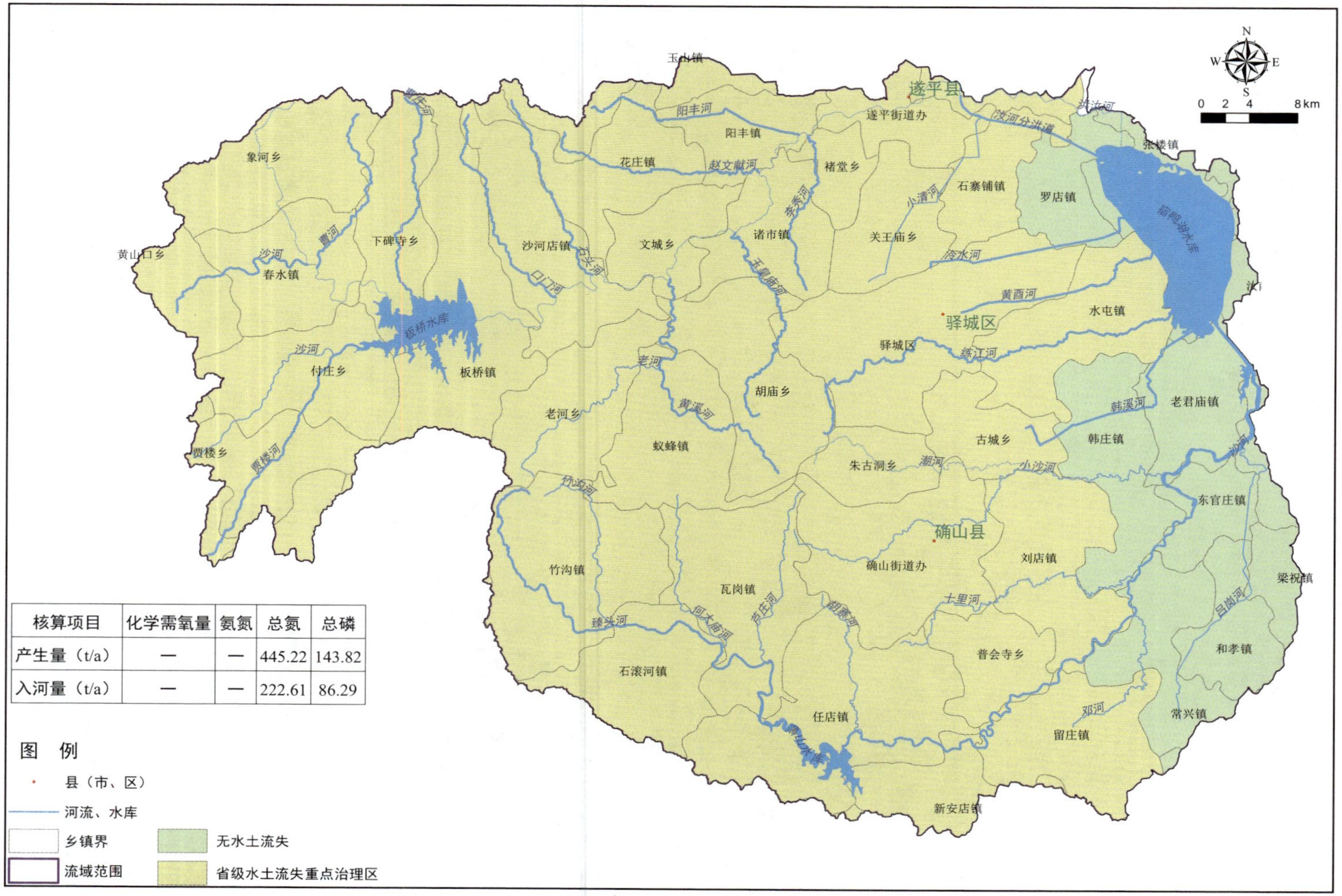

核算项目	化学需氧量	氨氮	总氮	总磷
产生量（t/a）	—	—	445.22	143.82
入河量（t/a）	—	—	222.61	86.29

附图 2-9　宿鸭湖水库流域水土流失面源污染物核算结果图

附图 3　山区大型水库面源污染物入河量调查与核算相关图件

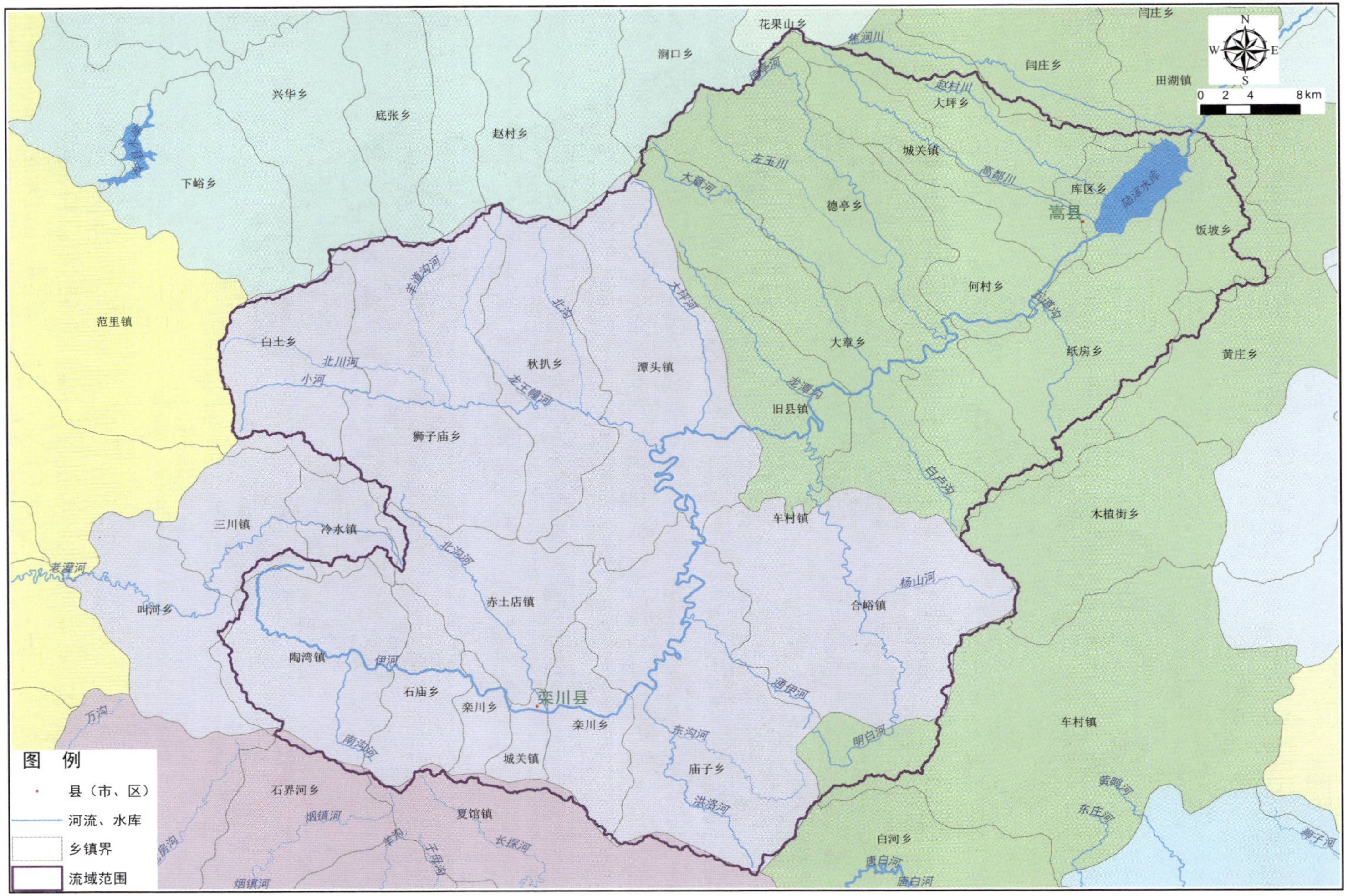

附图 3-1　陆浑水库流域范围图

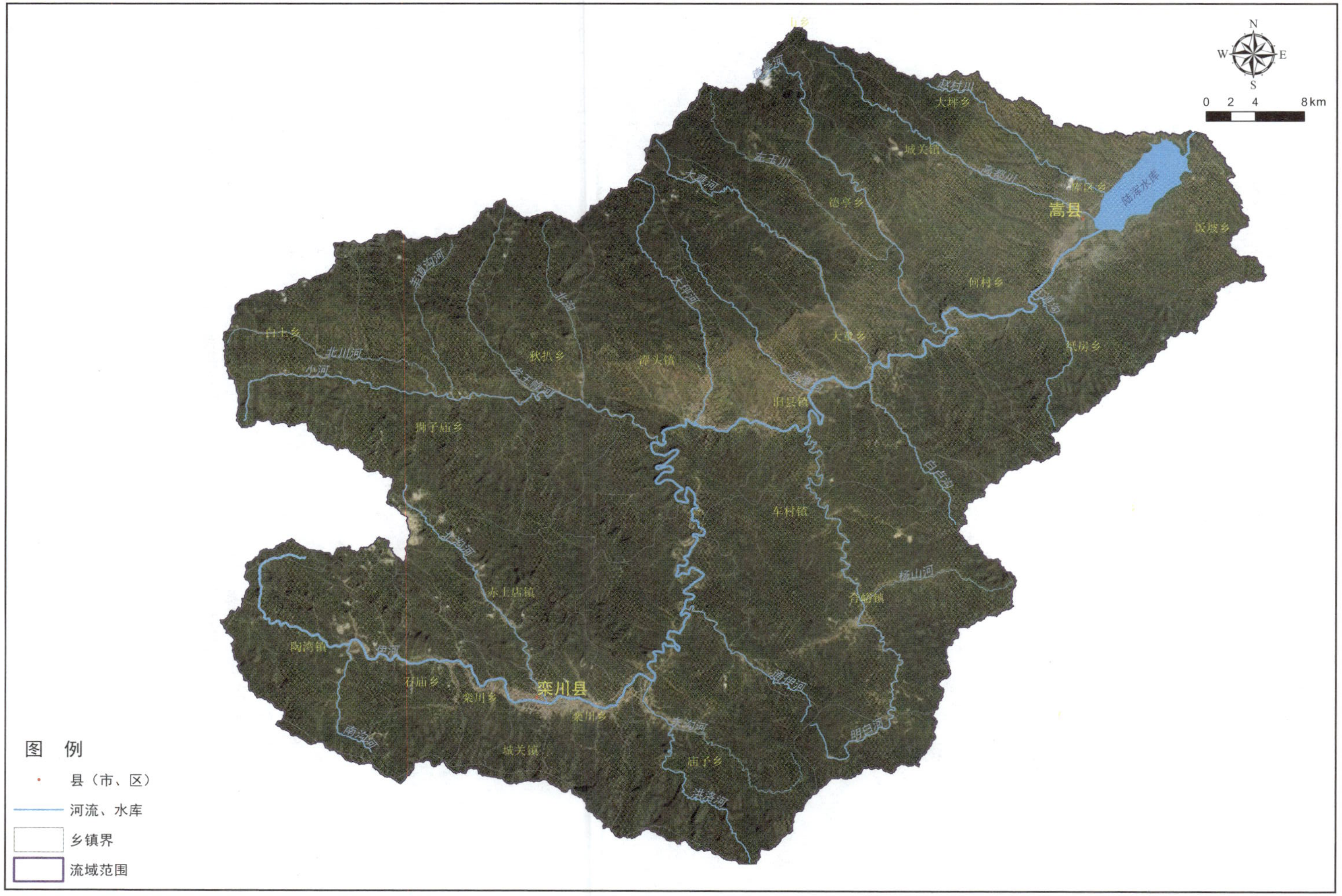

附图 3-2　陆浑水库流域地形地貌图

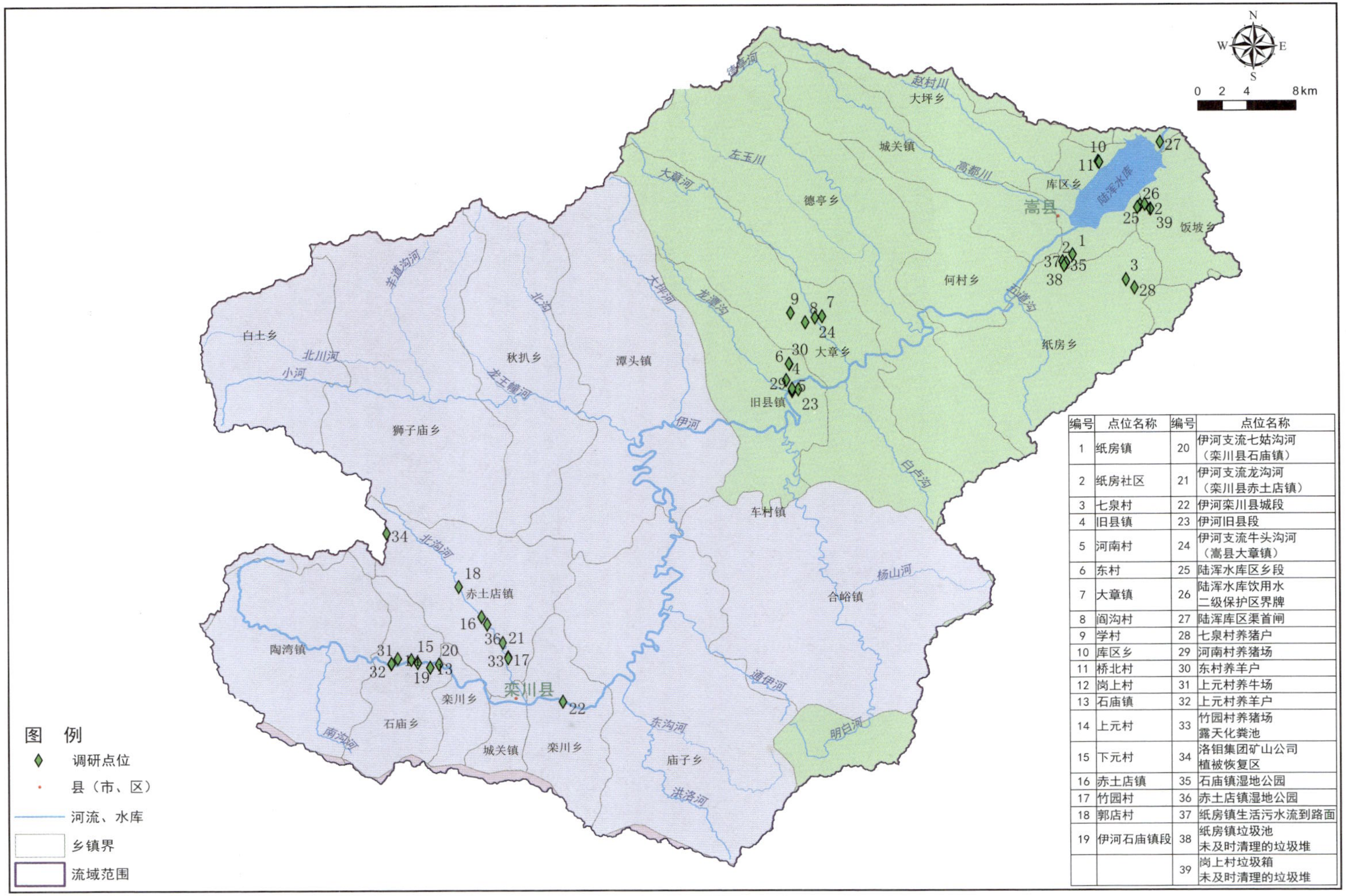

编号	点位名称	编号	点位名称
1	纸房镇	20	伊河支流七姑沟河（栾川县石庙镇）
2	纸房社区	21	伊河支流龙沟河（栾川县赤土店镇）
3	七泉村	22	伊河栾川县城段
4	旧县镇	23	伊河旧县段
5	河南村	24	伊河支流牛头沟河（嵩县大章镇）
6	东村	25	陆浑水库区乡段
7	大章镇	26	陆浑水库饮用水二级保护区界牌
8	阎沟村	27	陆浑库区渠首闸
9	学村	28	七泉村养猪户
10	库区乡	29	河南村养猪场
11	桥北村	30	东村养羊户
12	岗上村	31	上元村养牛场
13	石庙镇	32	上元村养羊户
14	上元村	33	竹园村养猪场露天化粪池
15	下元村	34	洛钼集团矿山公司植被恢复区
16	赤土店镇	35	石庙镇湿地公园
17	竹园村	36	赤土店镇湿地公园
18	郭店村	37	纸房镇生活污水流到路面
19	伊河石庙镇段	38	纸房镇垃圾池未及时清理的垃圾堆
		39	岗上村垃圾箱未及时清理的垃圾堆

附图 3-3 陆浑水库流域面源污染现状调查点位分布图

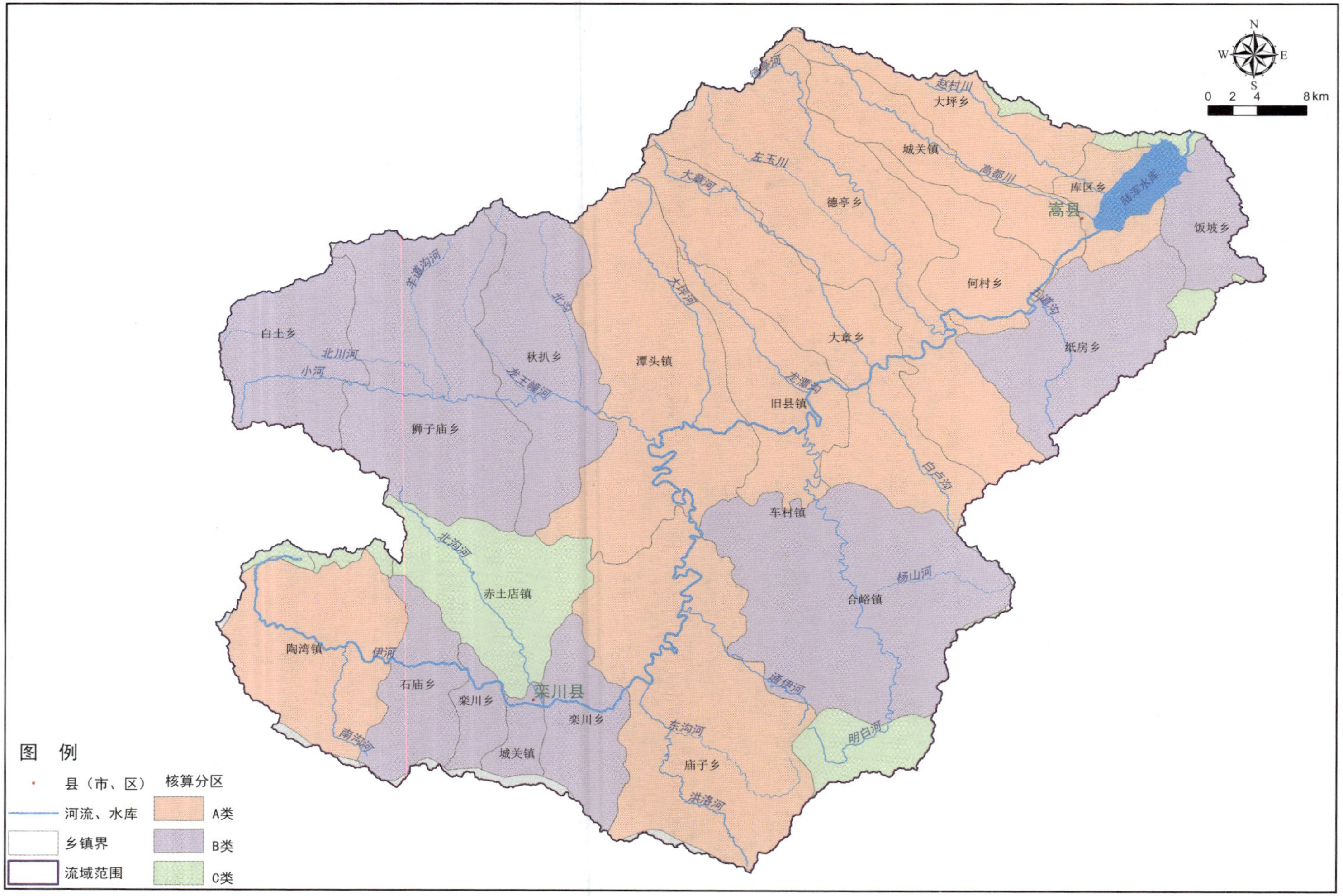

附图 3-4　陆浑水库流域面源污染物核算水系修正分区图

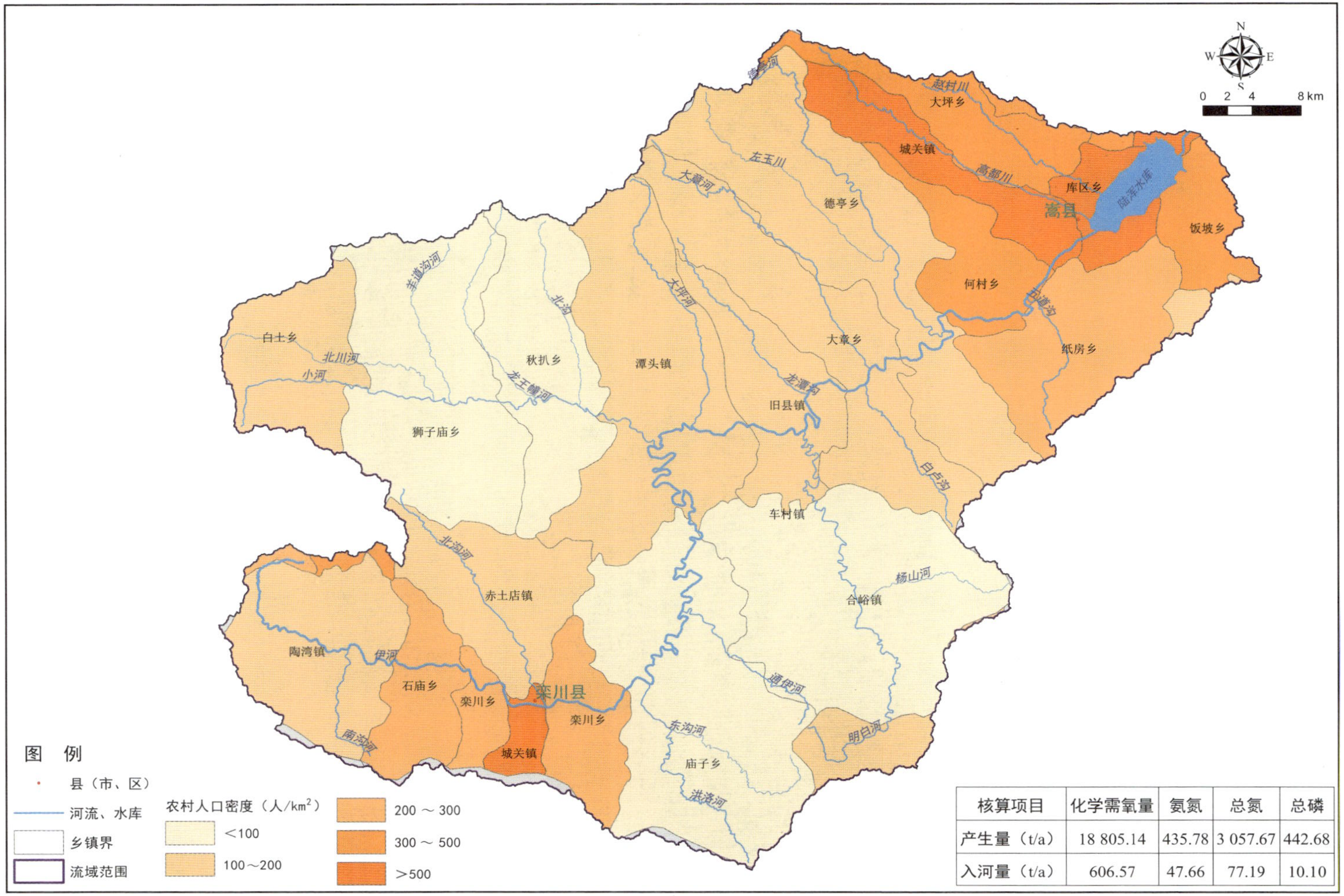

核算项目	化学需氧量	氨氮	总氮	总磷
产生量（t/a）	18 805.14	435.78	3 057.67	442.68
入河量（t/a）	606.57	47.66	77.19	10.10

附图 3–5　陆浑水库流域农村生活面源污染物核算结果图

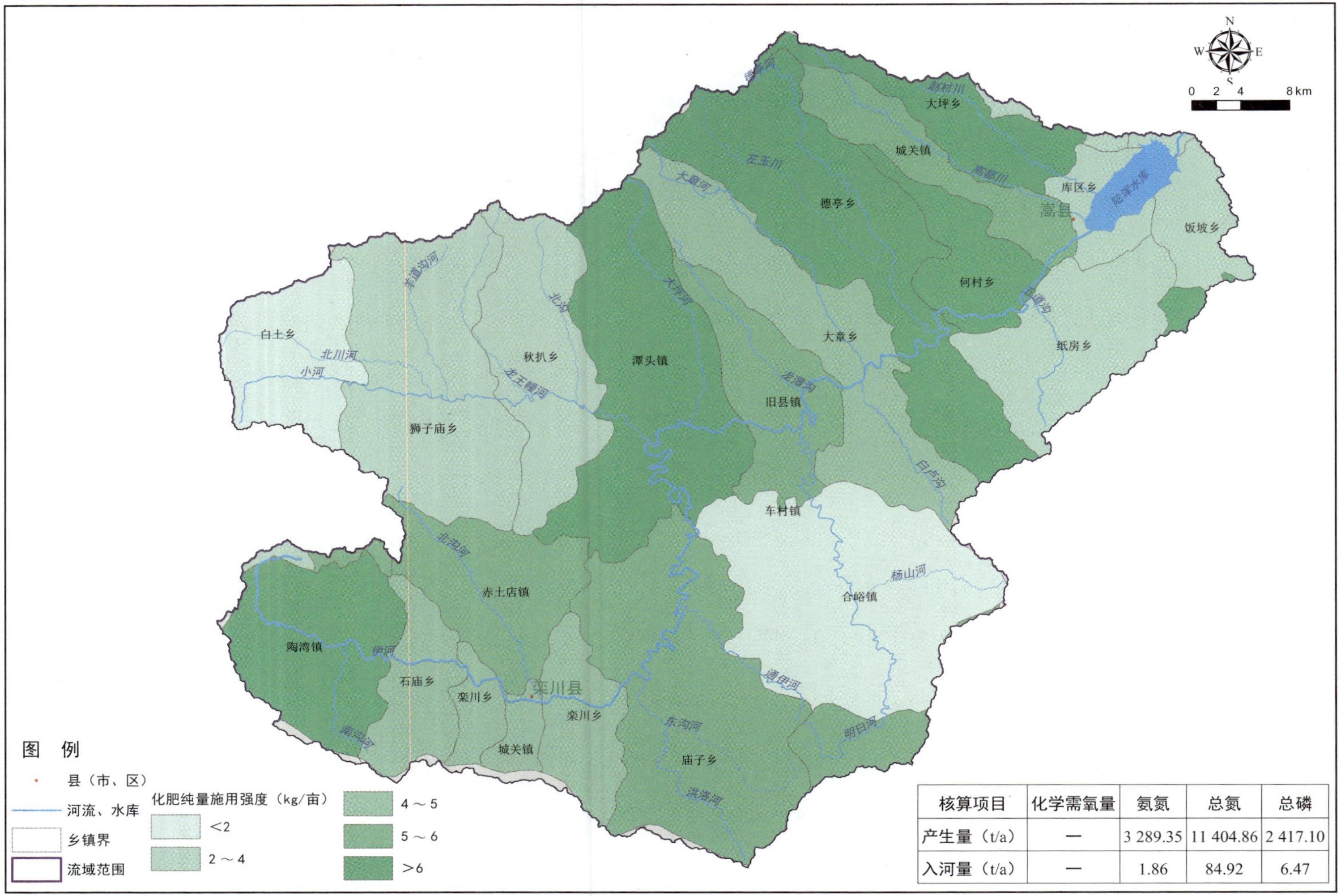

核算项目	化学需氧量	氨氮	总氮	总磷
产生量（t/a）	—	3 289.35	11 404.86	2 417.10
入河量（t/a）	—	1.86	84.92	6.47

附图 3-6　陆浑水库流域农田面源污染物核算结果图

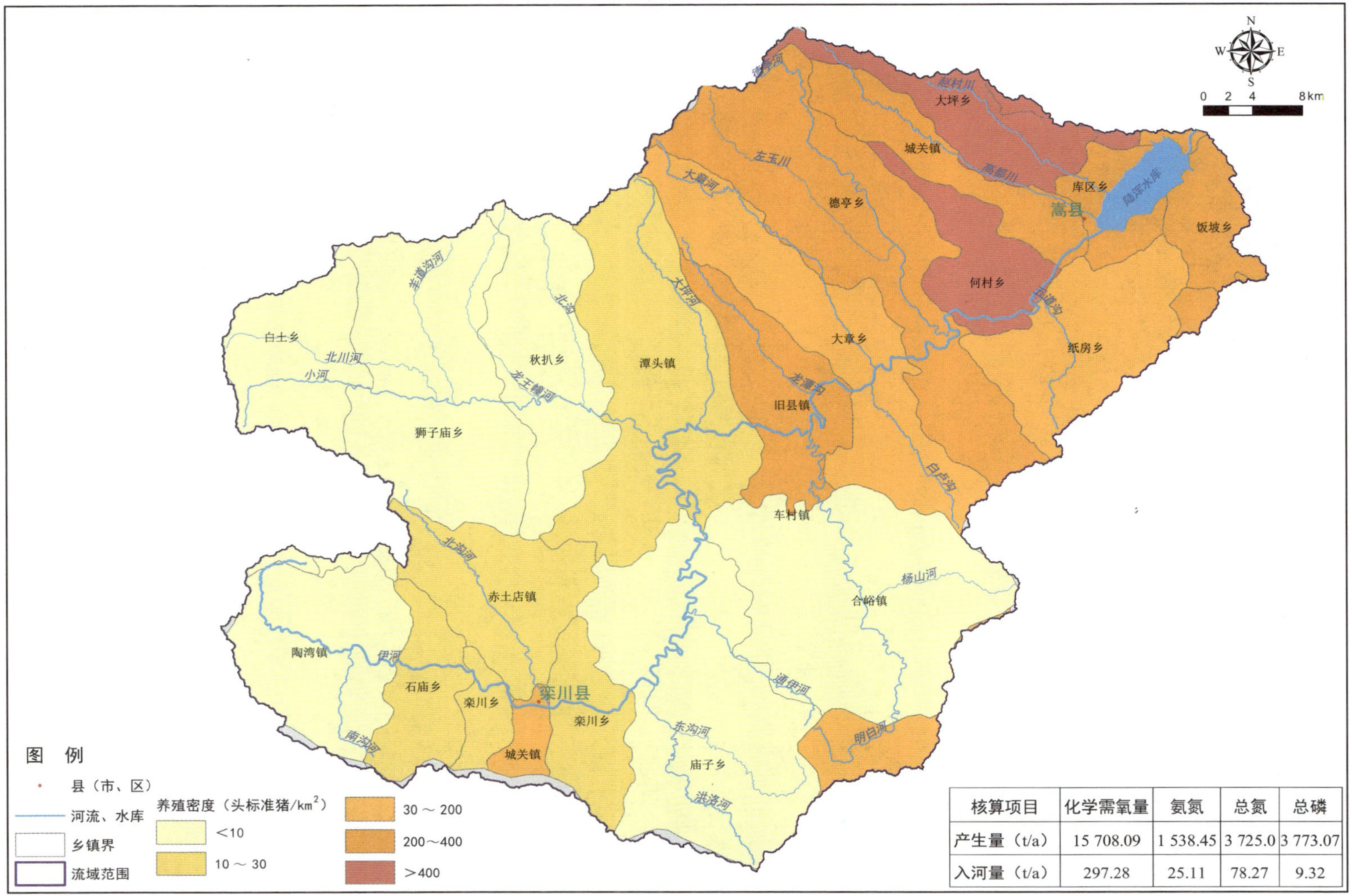

核算项目	化学需氧量	氨氮	总氮	总磷
产生量（t/a）	15 708.09	1 538.45	3 725.0	3 773.07
入河量（t/a）	297.28	25.11	78.27	9.32

附图 3-7　陆浑水库流域分散式畜禽养殖面源污染物核算结果图

核算项目	化学需氧量	氨氮	总氮	总磷
产生量（t/a）	114.63	0.58	2.03	0.15
入河量（t/a）	68.78	0.35	1.22	0.09

附图 3–8（a） 陆浑水库流域嵩县建成区城镇地表径流面源污染物核算结果图

核算项目	化学需氧量	氨氮	总氮	总磷
产生量（t/a）	156.43	0.79	2.77	0.20
入河量（t/a）	84.47	0.43	1.50	0.10

附图 3–8（b） 陆浑水库流域栾川县建成区城镇地表径流面源污染物核算结果图

核算项目	化学需氧量	氨氮	总氮	总磷
产生量（t/a）	—	—	465.27	167.50
入河量（t/a）	—	—	232.63	100.50

附图 3–9　陆浑水库流域水土流失面源污染物核算结果图

附图 4　南方山地丘陵区大型水库面源污染物入河量调查与核算相关图件

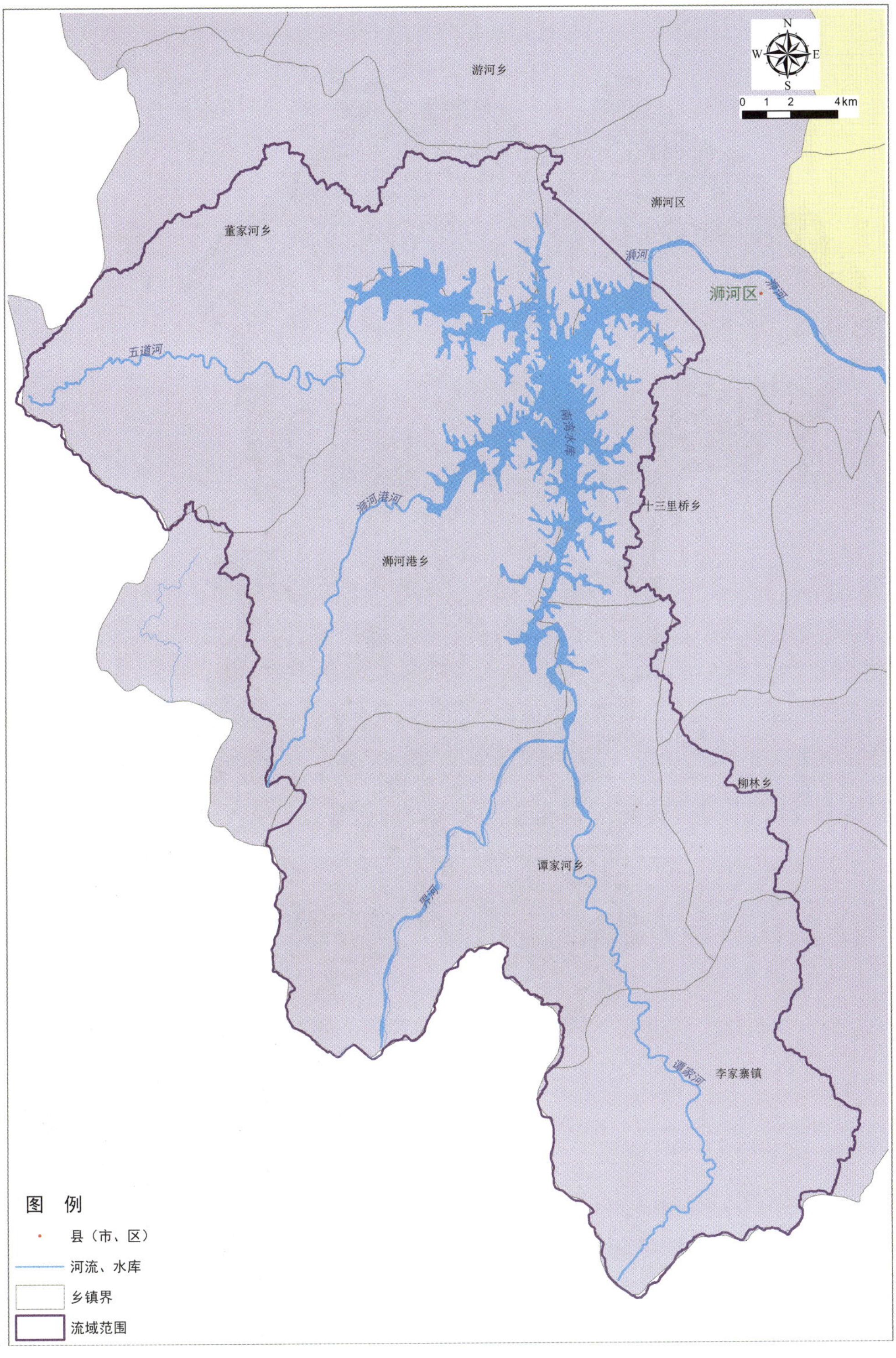

附图 4–1　南湾水库流域面源污染现状范围图

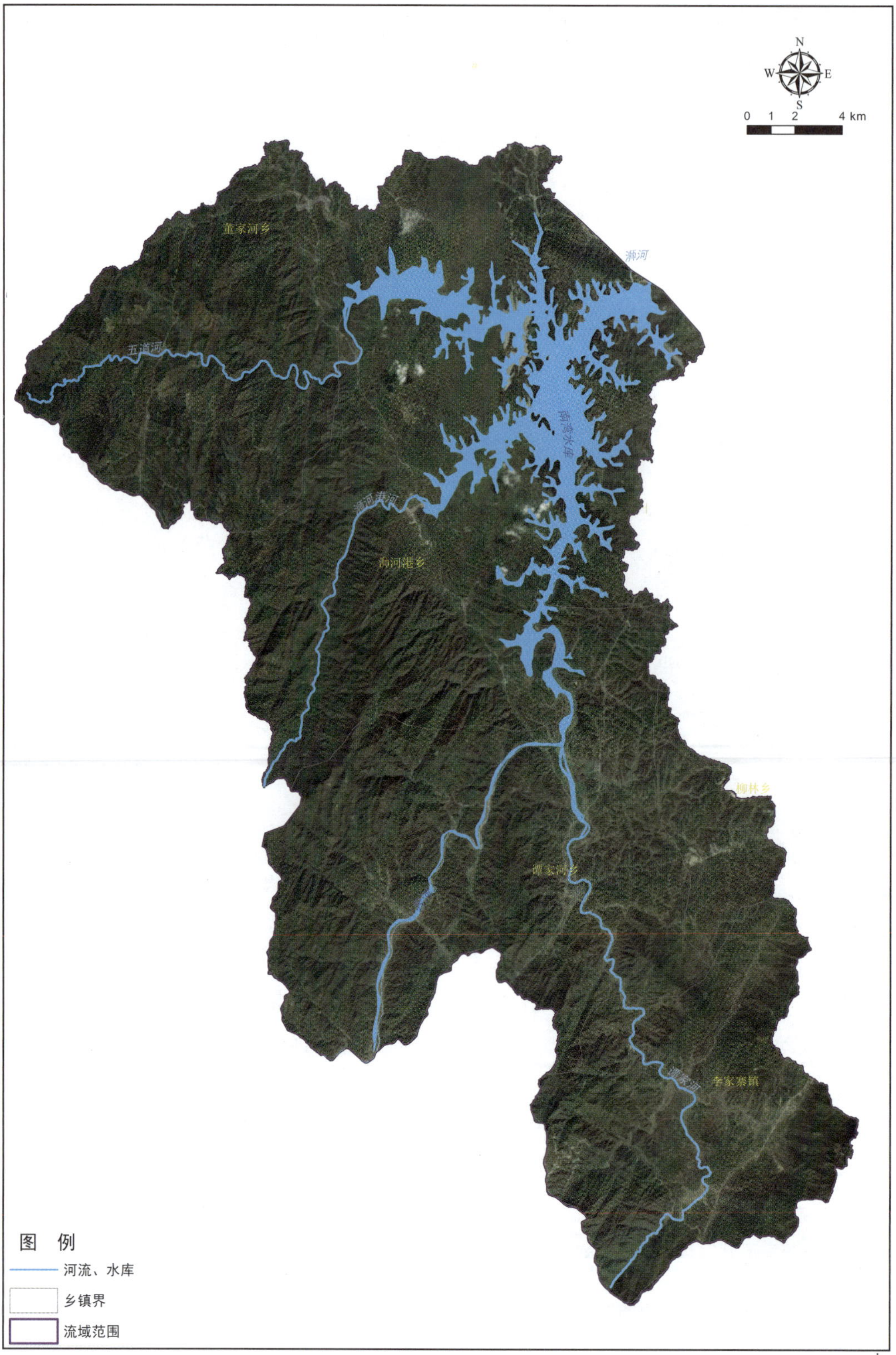

附图 4-2　南湾水库流域地形地貌图

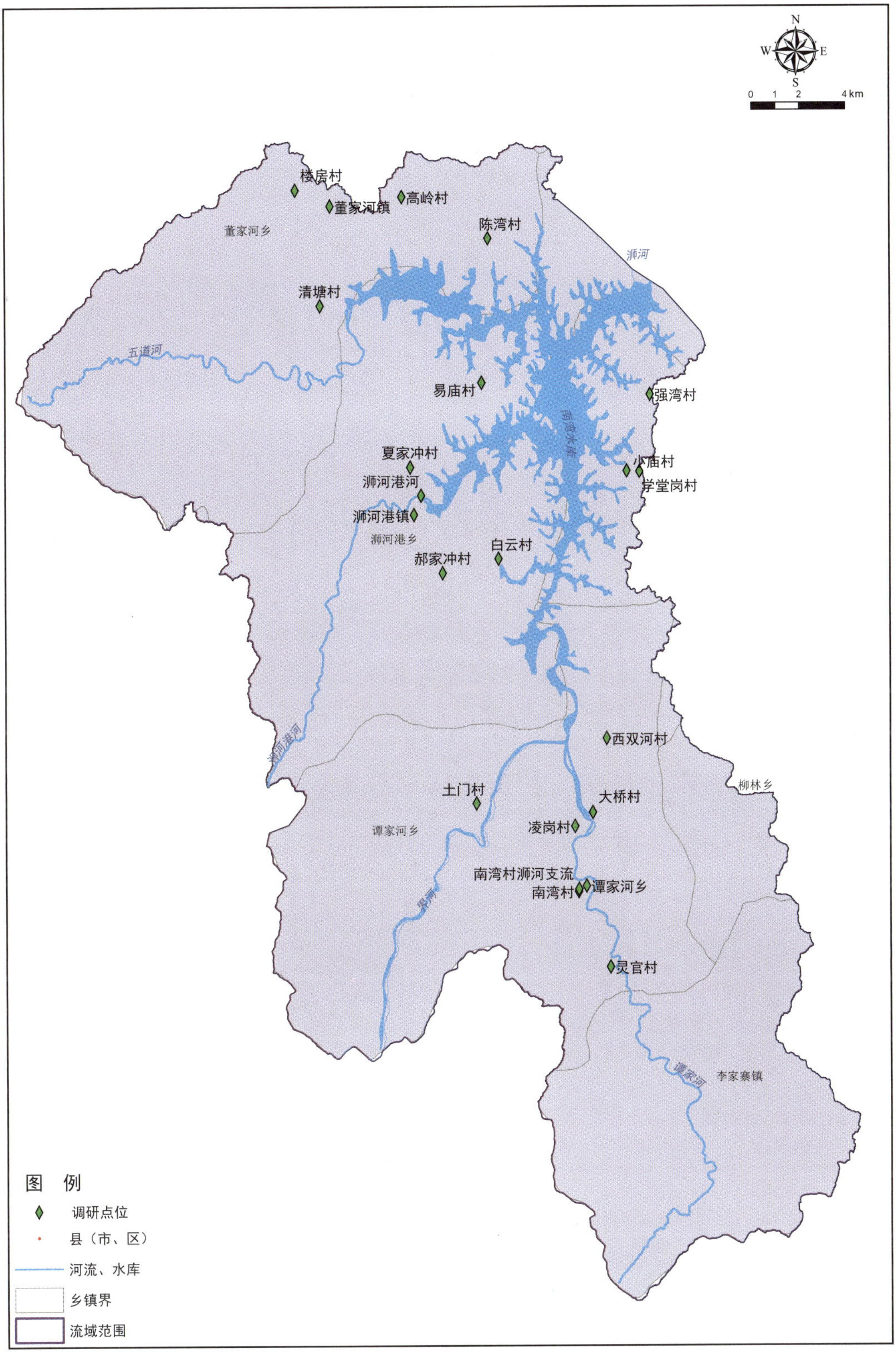

附图 4-3　南湾水库流域面源污染现状调查点位分布图

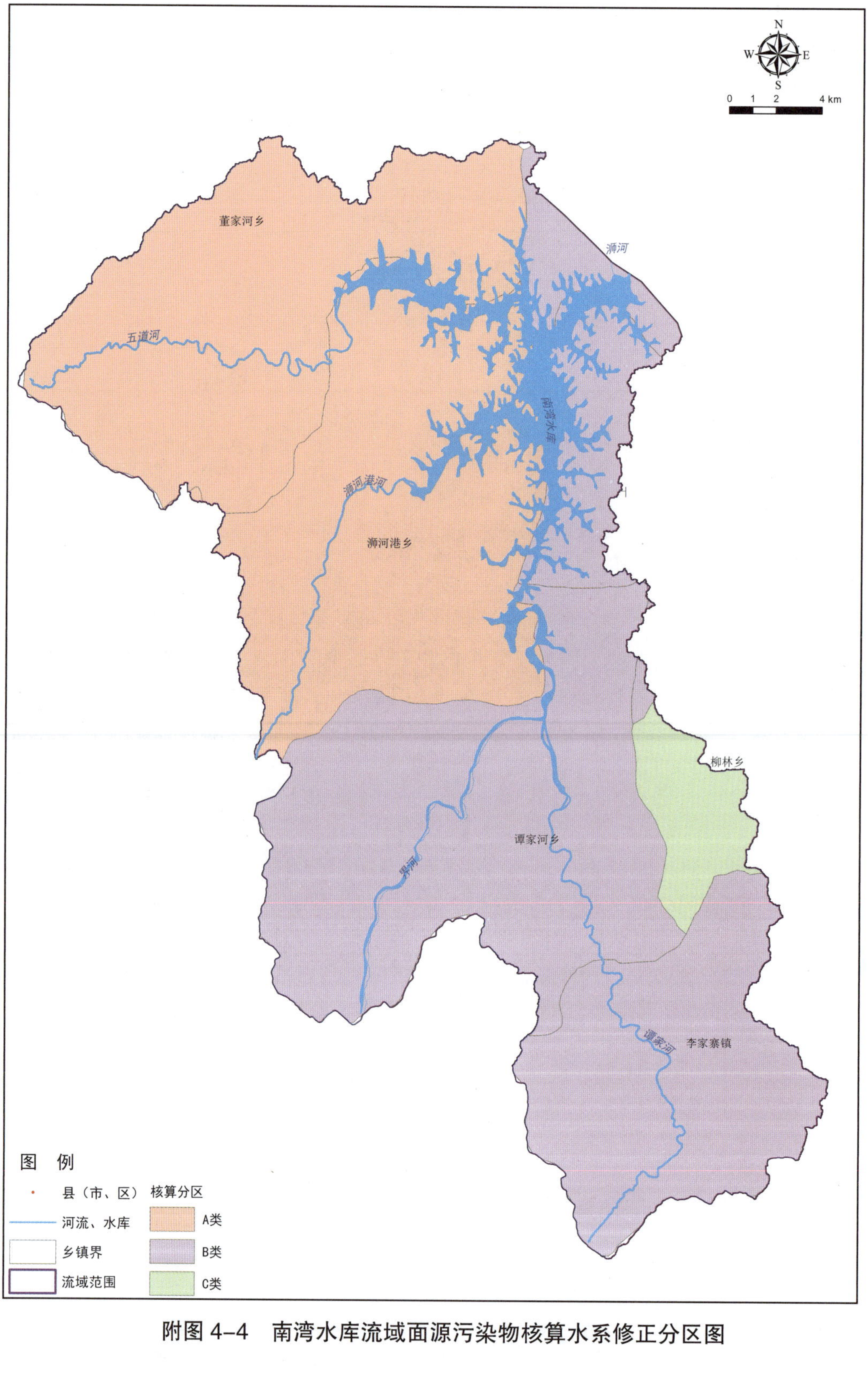

附图 4-4　南湾水库流域面源污染物核算水系修正分区图

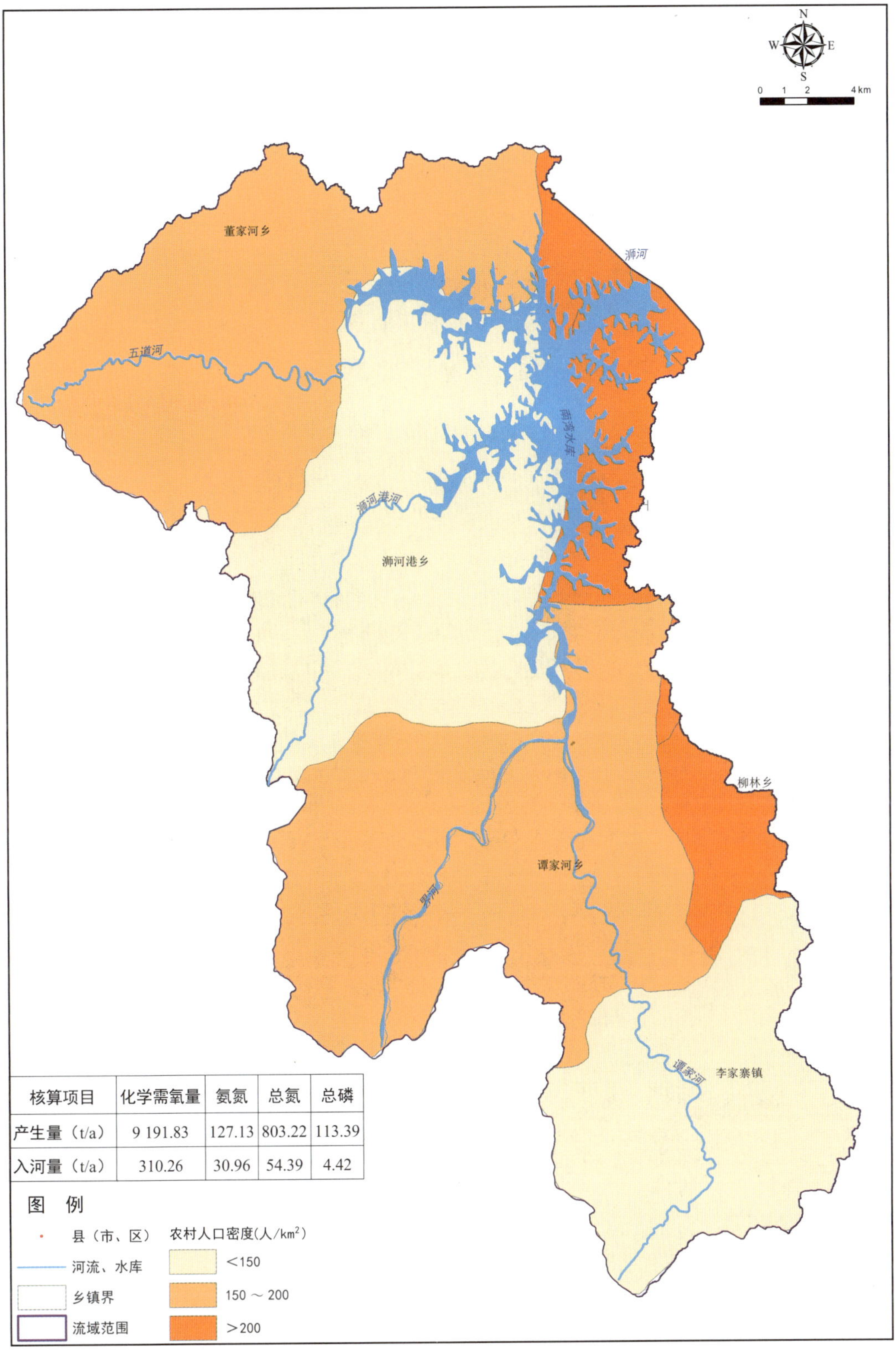

核算项目	化学需氧量	氨氮	总氮	总磷
产生量（t/a）	9 191.83	127.13	803.22	113.39
入河量（t/a）	310.26	30.96	54.39	4.42

附图 4–5　南湾水库流域农村生活面源污染物核算结果图

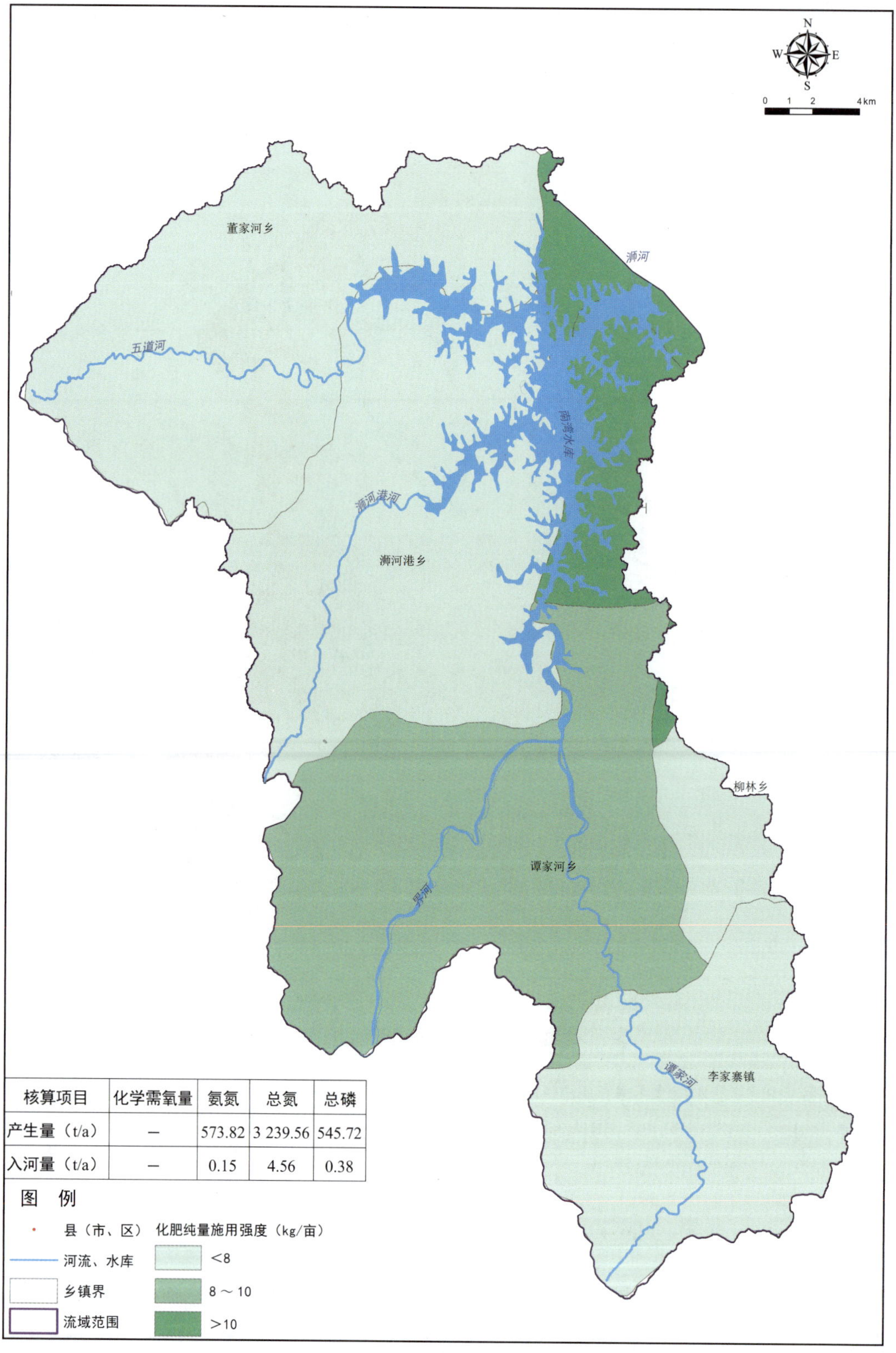

核算项目	化学需氧量	氨氮	总氮	总磷
产生量（t/a）	—	573.82	3 239.56	545.72
入河量（t/a）	—	0.15	4.56	0.38

附图 4-6　南湾水库流域农田面源污染物核算结果图

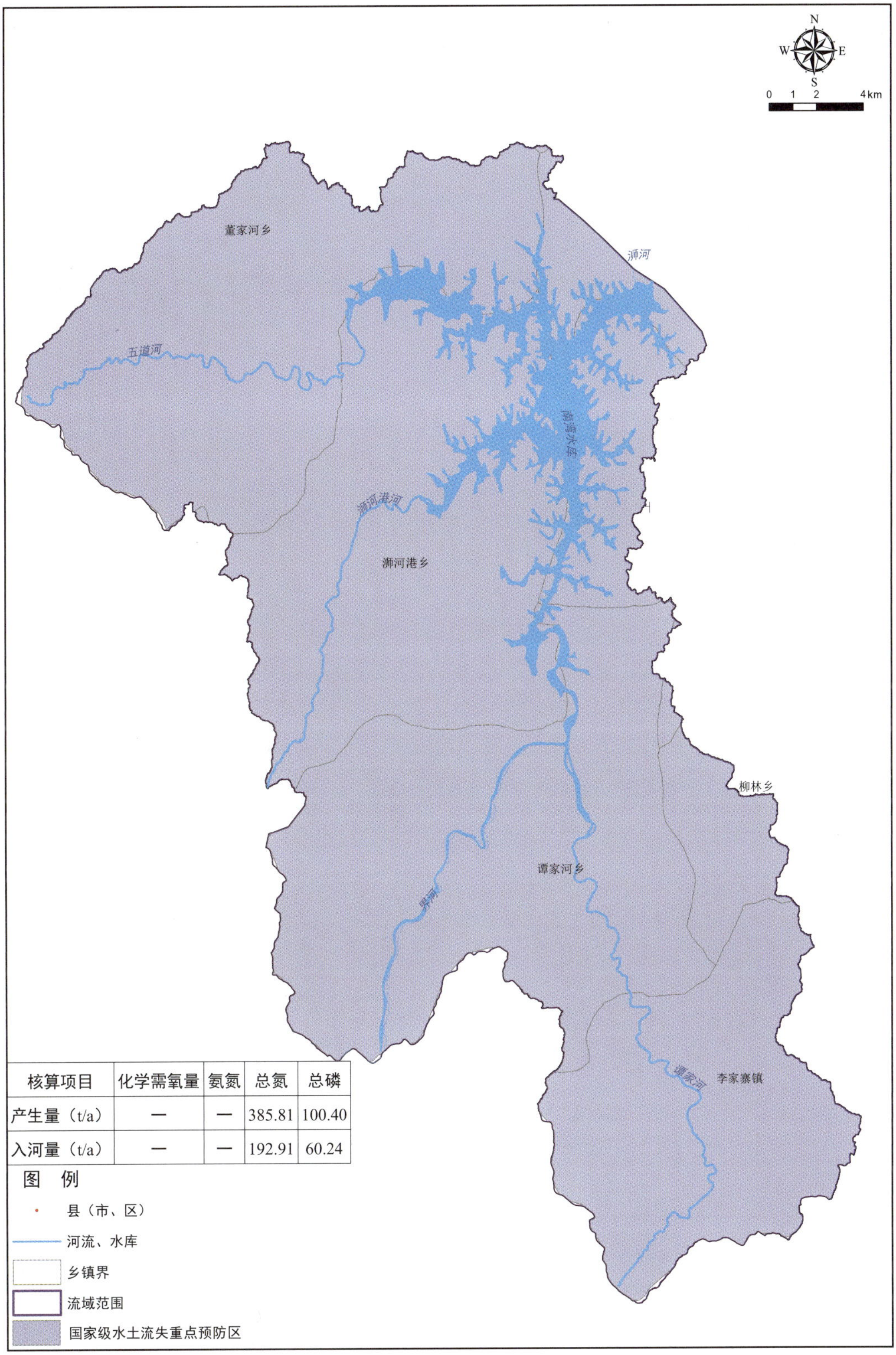

核算项目	化学需氧量	氨氮	总氮	总磷
产生量（t/a）	—	—	385.81	100.40
入河量（t/a）	—	—	192.91	60.24

附图 4–7　南湾水库流域水土流失面源污染物核算结果图

附图 5　北方山地丘陵区中型水库面源污染物入河量调查与核算相关图件

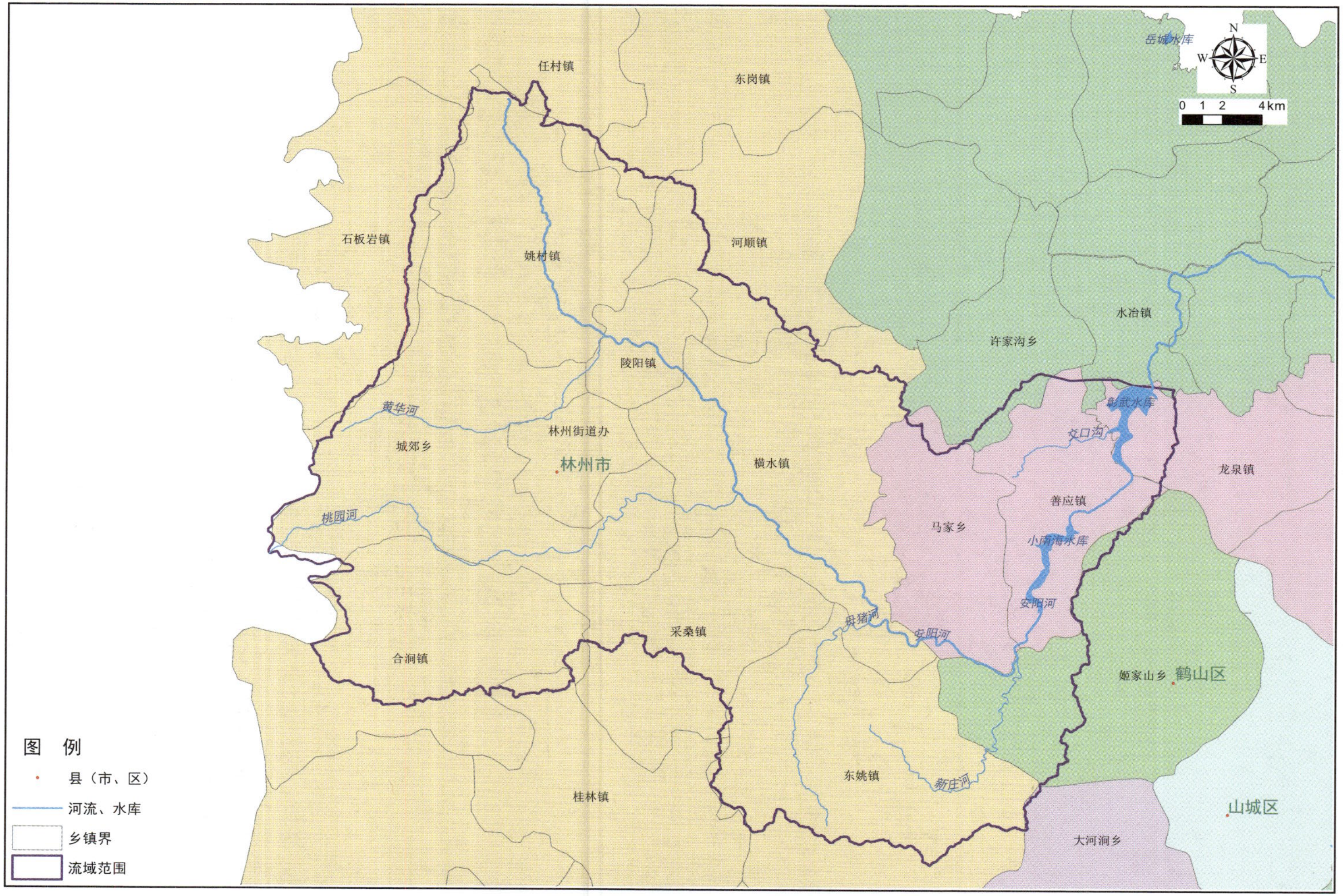

附图 5-1　彰武水库流域范围图

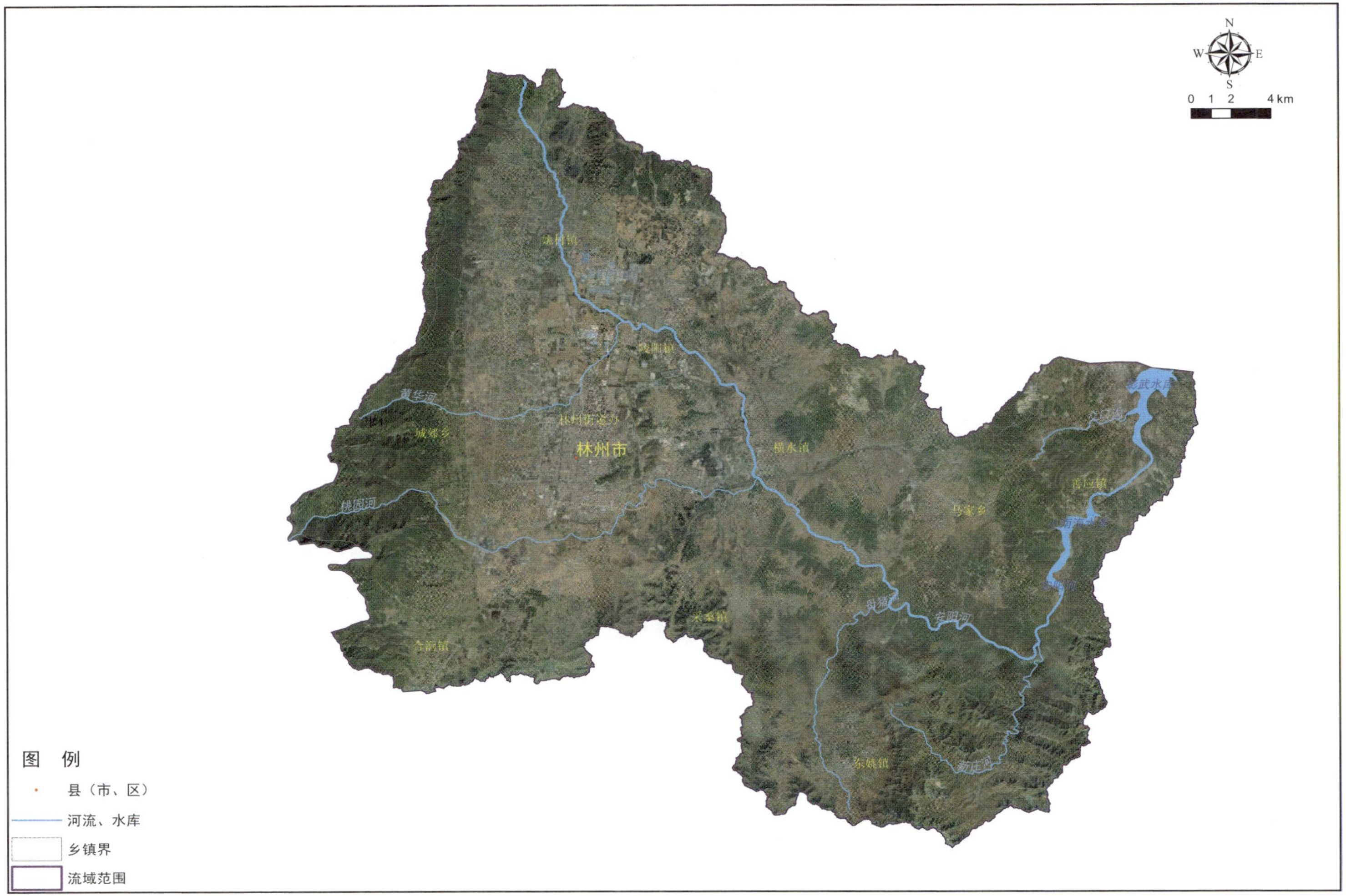

附图 5-2　彰武水库流域地形地貌图

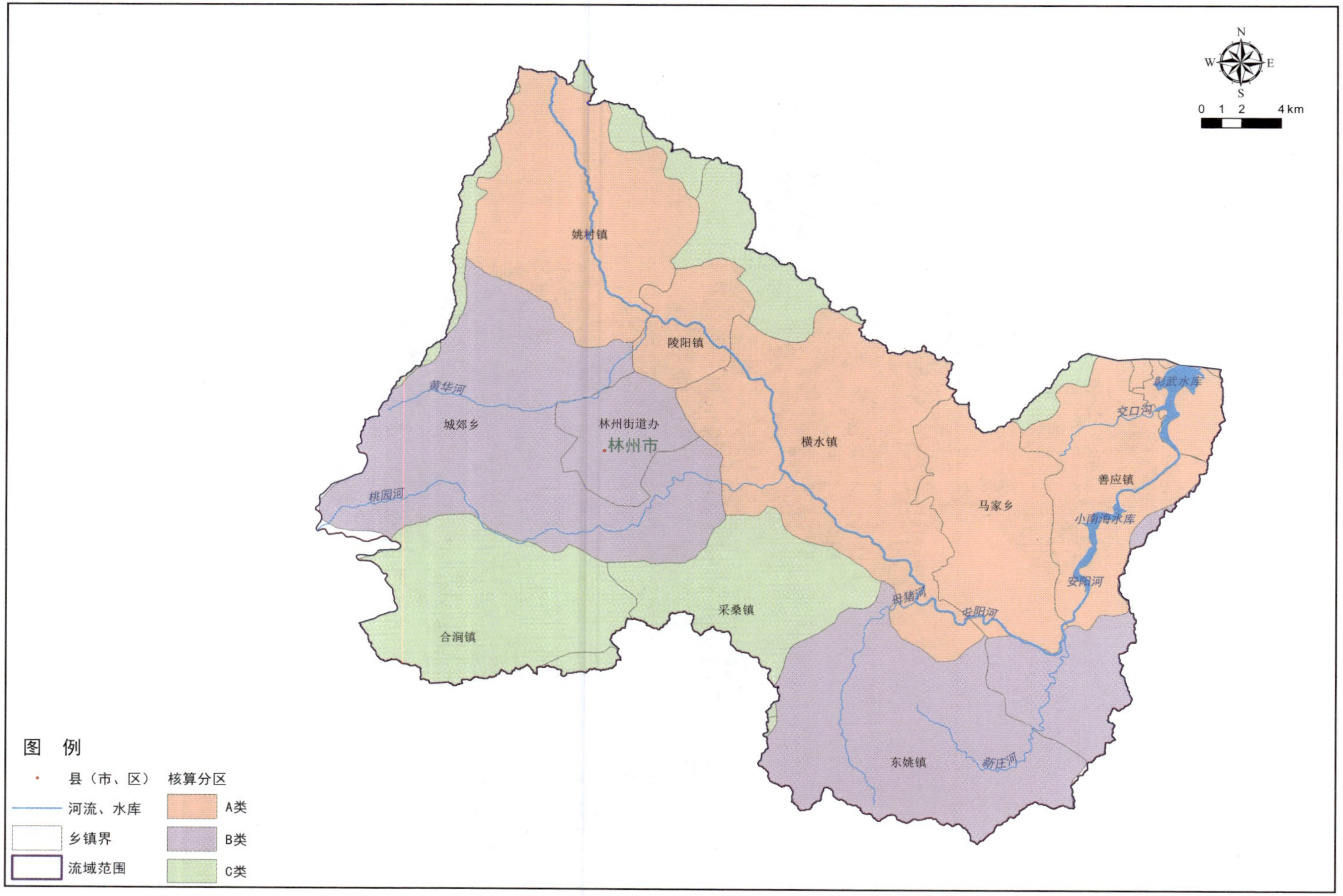

附图 5-3 彰武水库流域面源污染物核算水系修正分区图

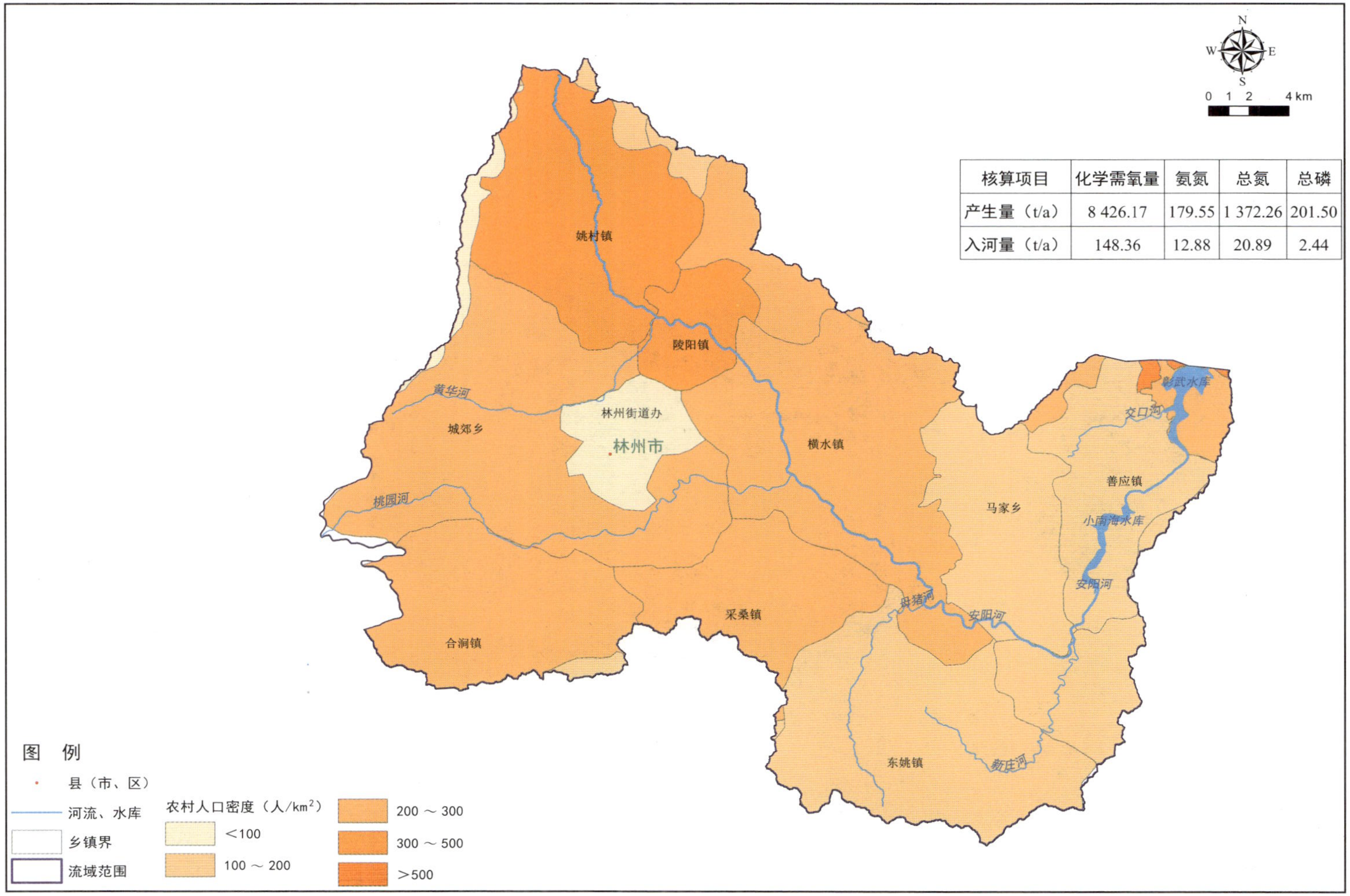

核算项目	化学需氧量	氨氮	总氮	总磷
产生量（t/a）	8 426.17	179.55	1 372.26	201.50
入河量（t/a）	148.36	12.88	20.89	2.44

附图 5-4　彰武水库流域农村生活面源污染物核算结果图

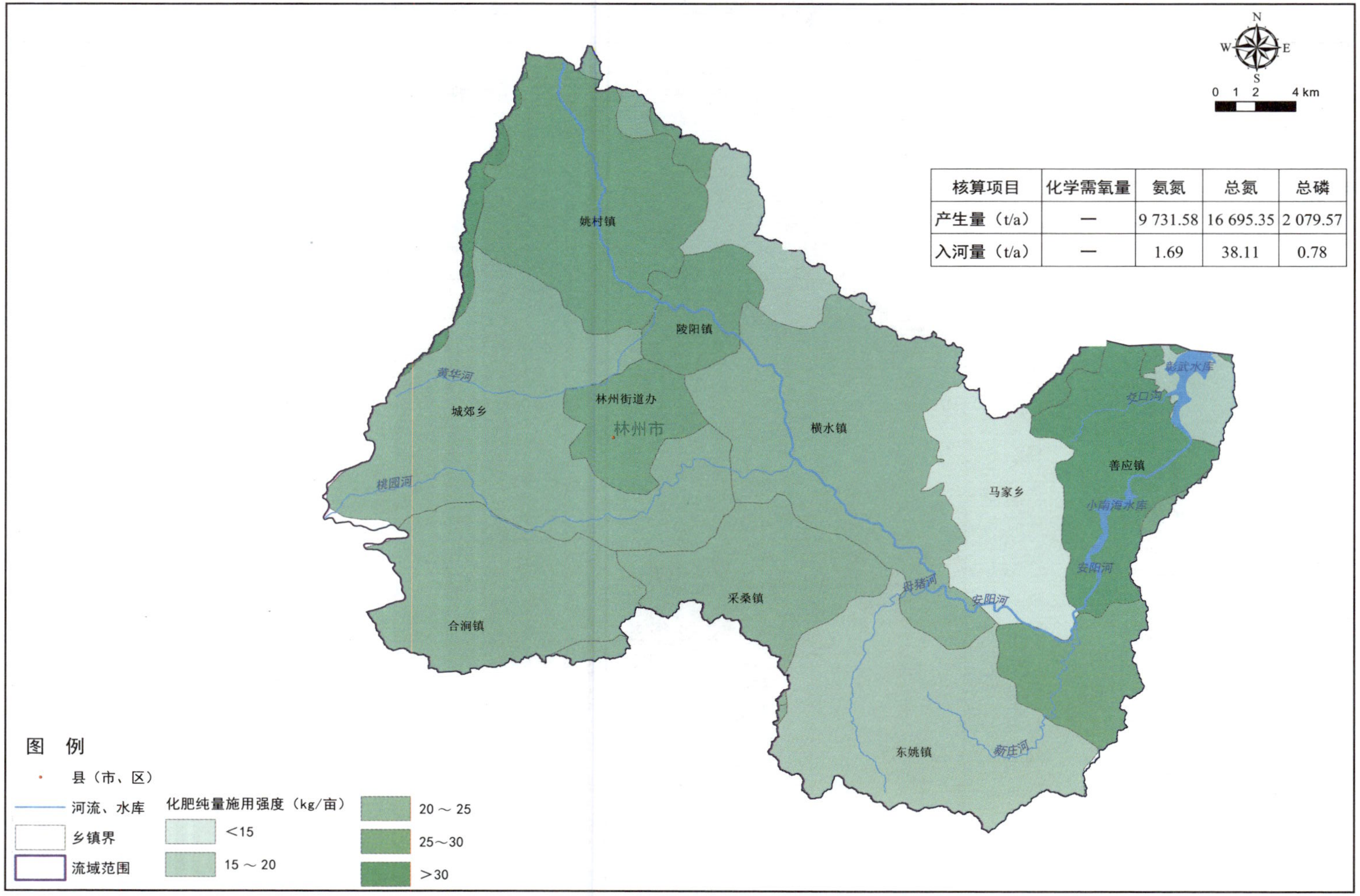

核算项目	化学需氧量	氨氮	总氮	总磷
产生量（t/a）	—	9 731.58	16 695.35	2 079.57
入河量（t/a）	—	1.69	38.11	0.78

附图 5-5　彰武水库流域农田面源污染物核算结果图

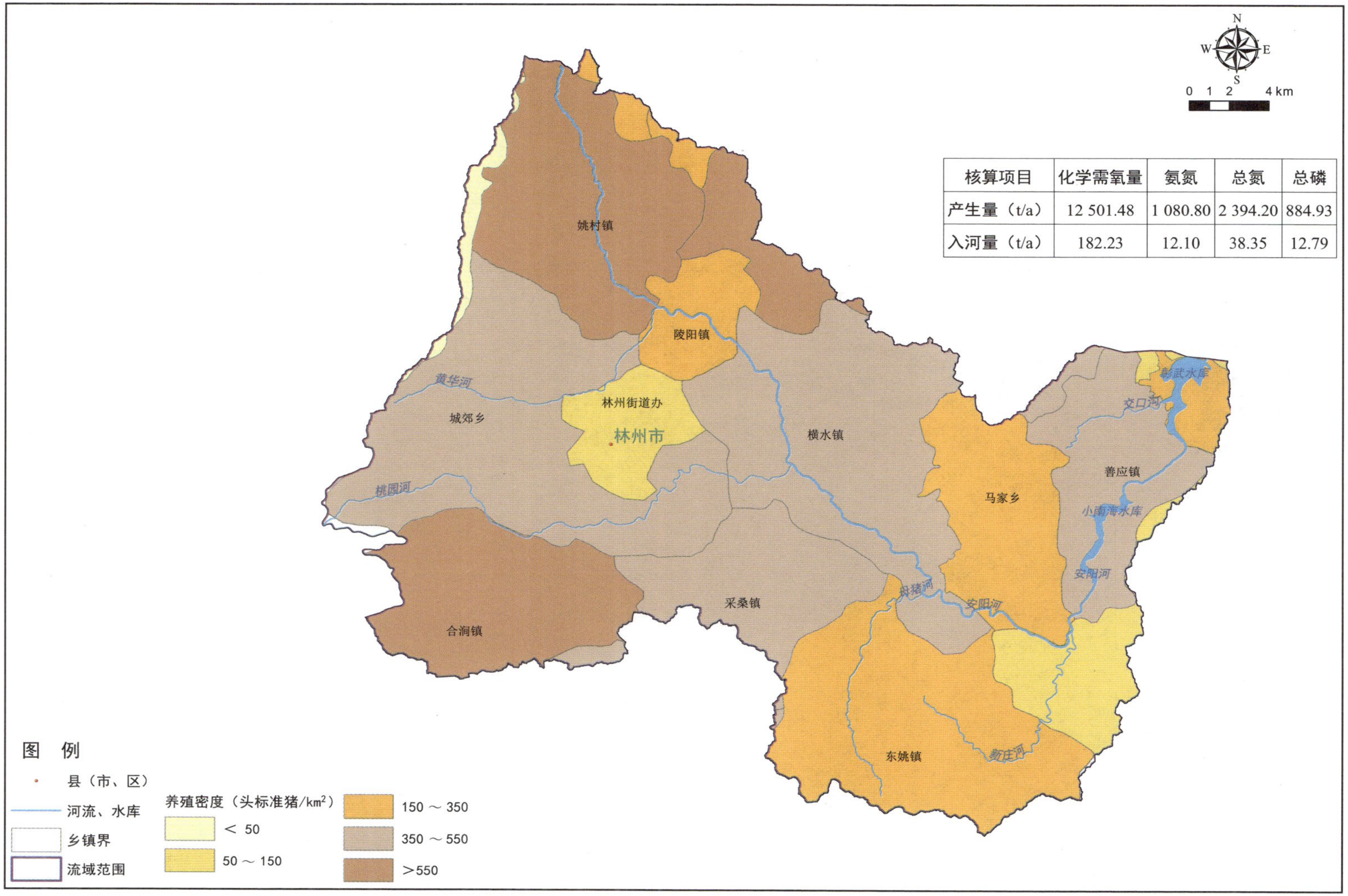

核算项目	化学需氧量	氨氮	总氮	总磷
产生量（t/a）	12 501.48	1 080.80	2 394.20	884.93
入河量（t/a）	182.23	12.10	38.35	12.79

附图 5-6　彰武水库流域分散式畜禽养殖面源污染物核算结果图

核算项目	化学需氧量	氨氮	总氮	总磷
产生量（t/a）	276.51	1.40	4.90	0.35
入河量（t/a）	149.31	0.76	2.65	0.19

附图 5-7　彰武水库流域林州市建成区城镇地表径流面源污染物核算结果图

核算项目	化学需氧量	氨氮	总氮	总磷
产生量（t/a）	—	—	45.57	23.37
入河量（t/a）	—	—	22.79	14.02

附图 5-8　彰武水库流域水土流失面源污染物核算结果图

附图 6　城市近郊中型水库面源污染物入河量调查与核算相关图件

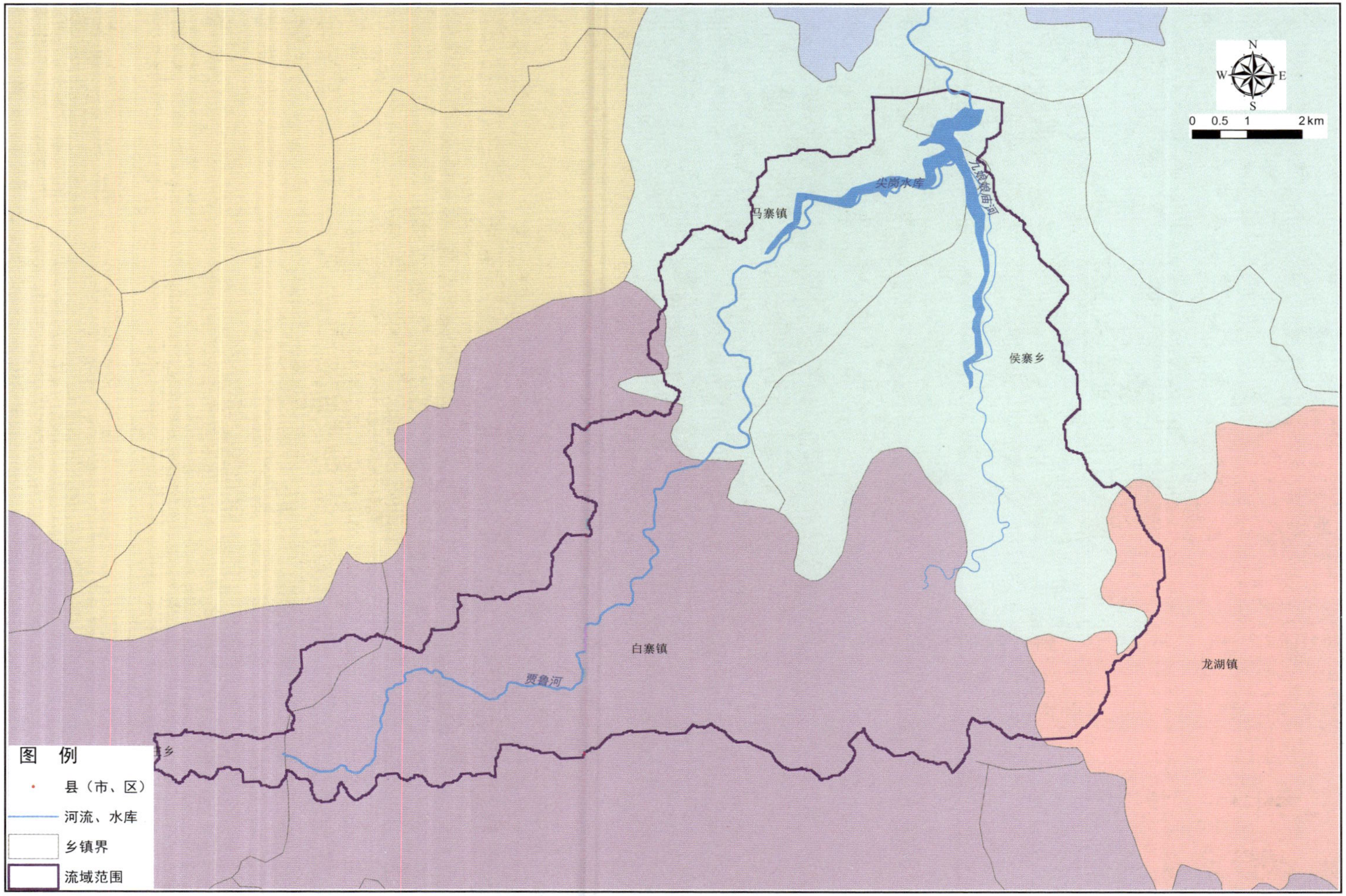

附图 6–1　尖岗水库流域范围图

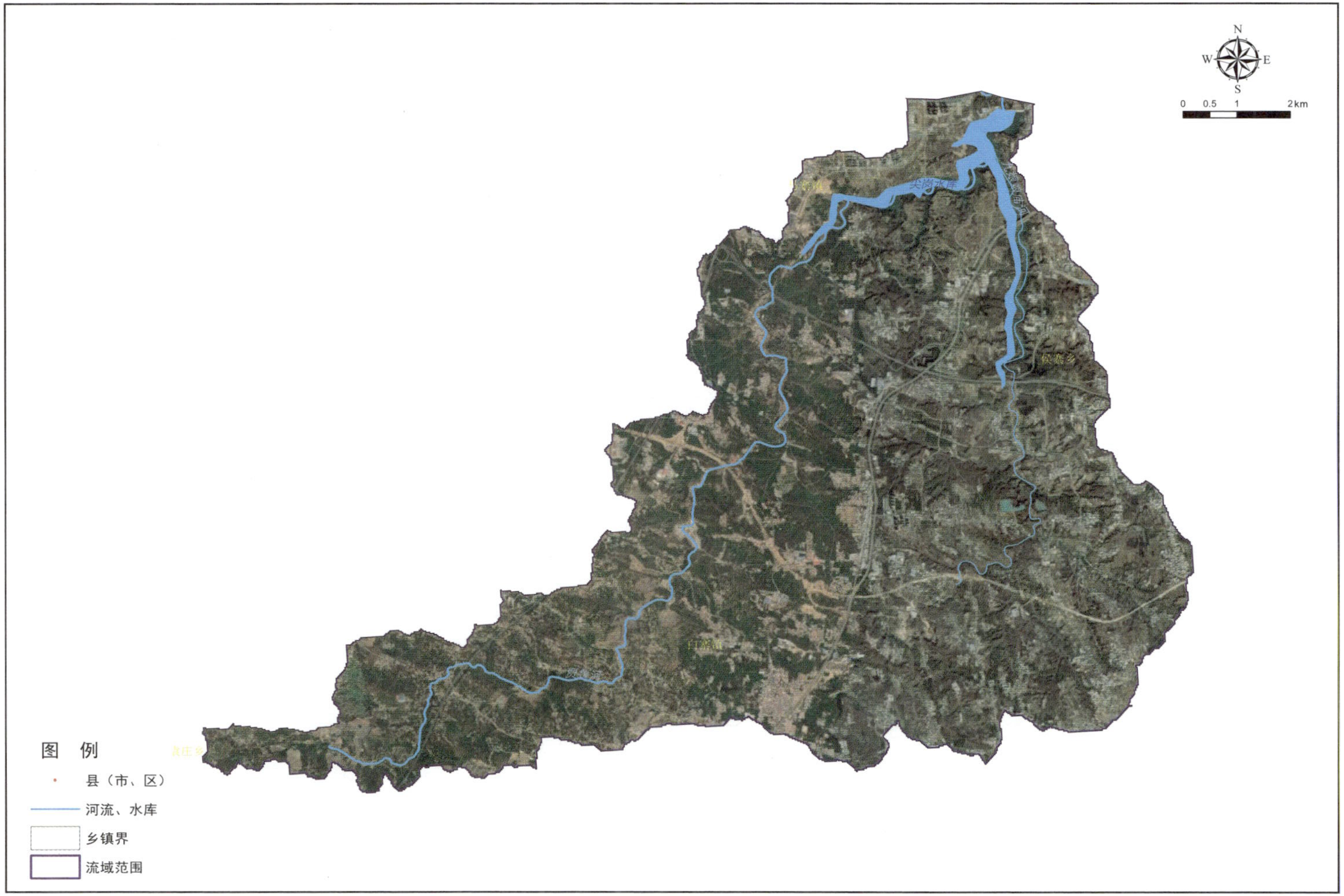

附图 6-2　尖岗水库流域地形地貌图

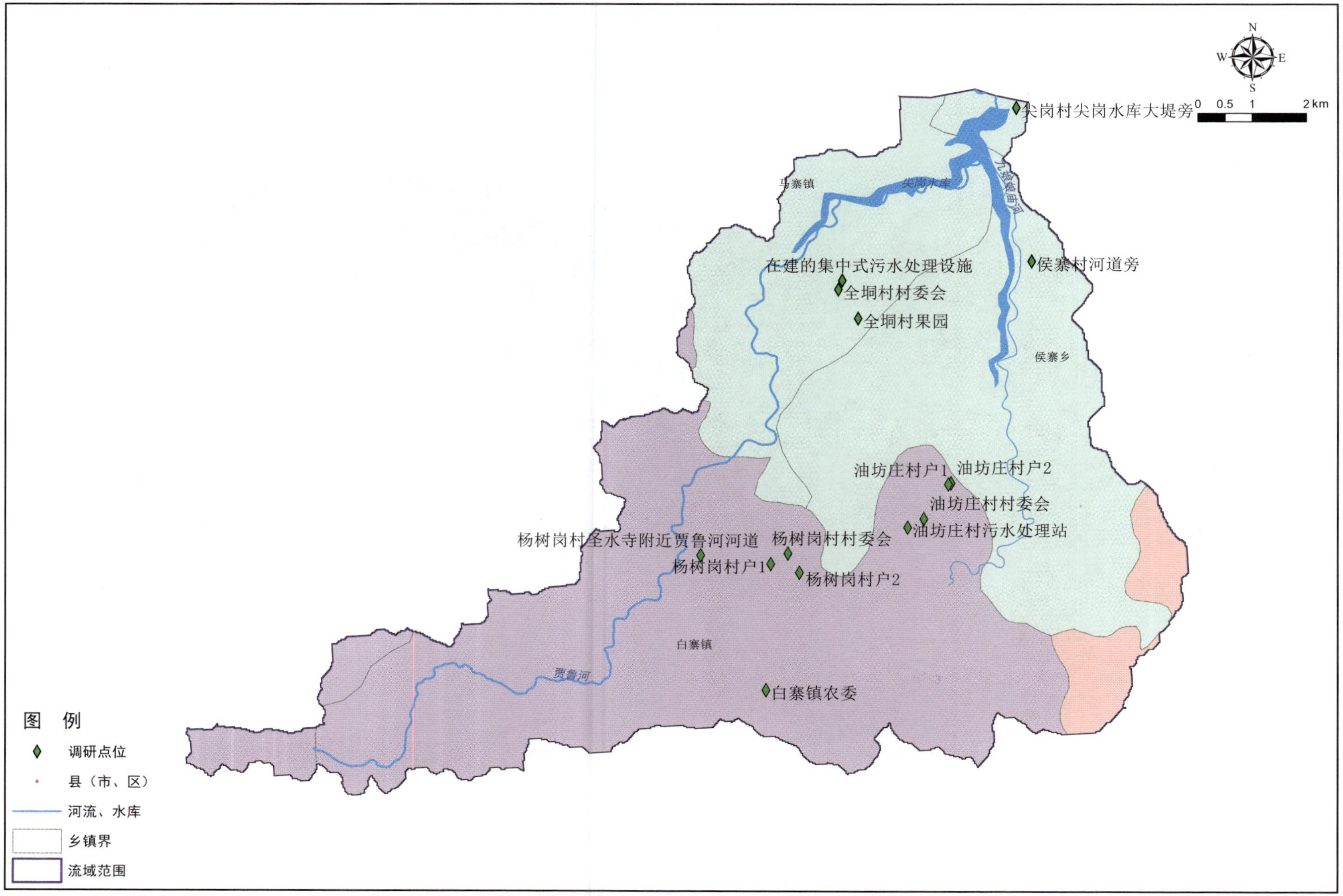

附图 6-3　尖岗水库流域面源污染现状调查点位分布图

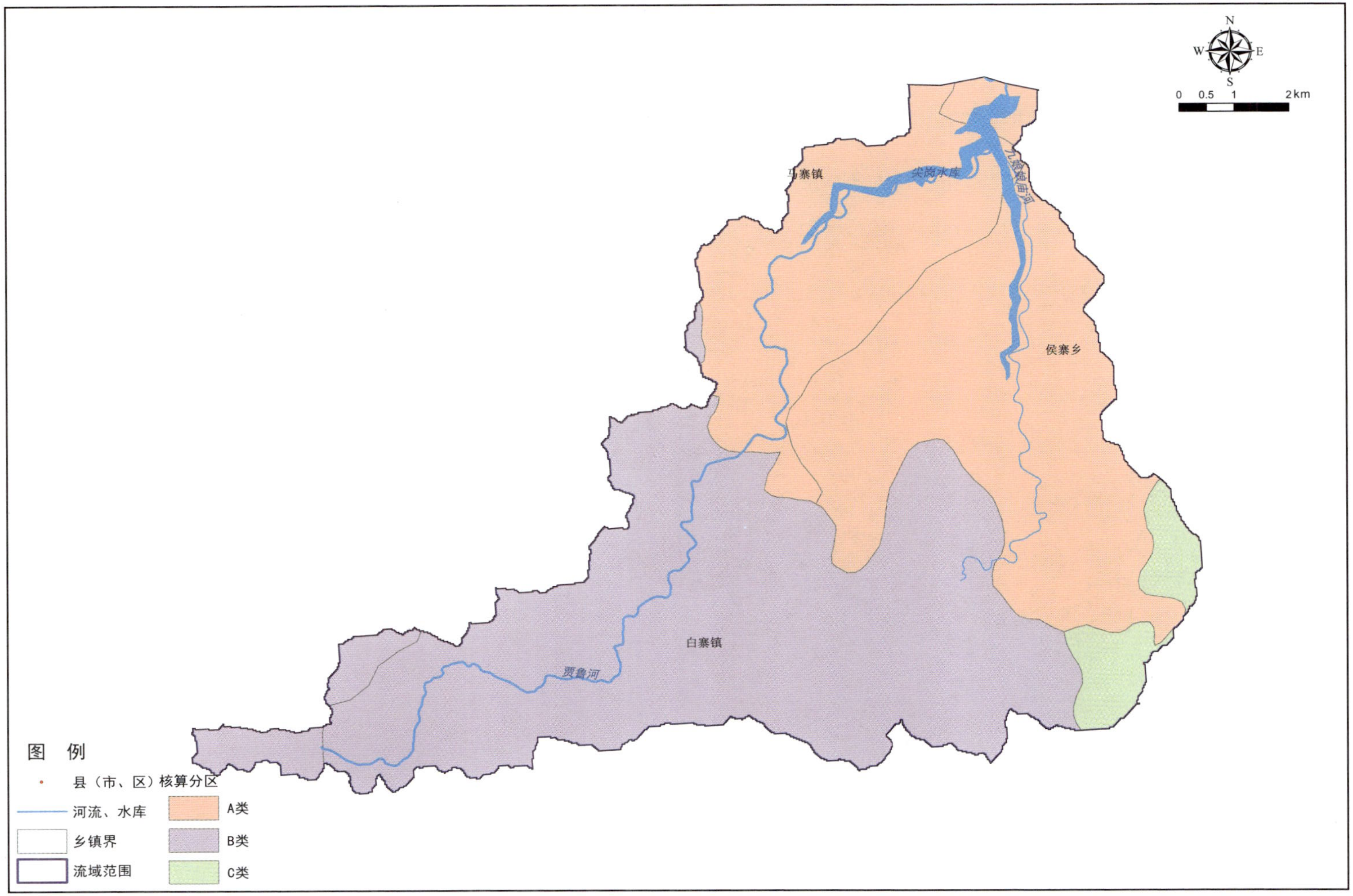

附图 6-4　尖岗水库流域面源污染物核算水系修正分区图

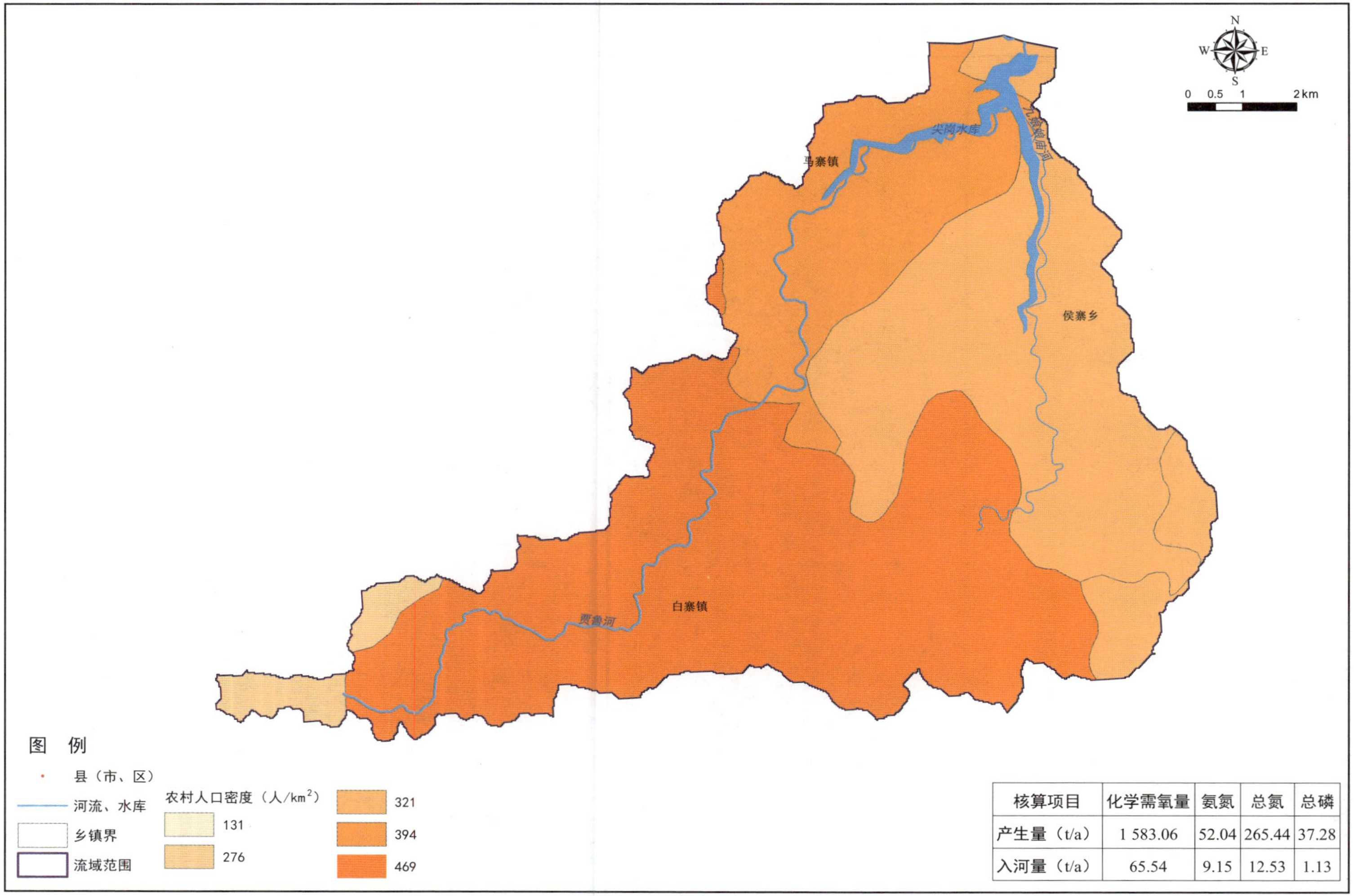

核算项目	化学需氧量	氨氮	总氮	总磷
产生量（t/a）	1 583.06	52.04	265.44	37.28
入河量（t/a）	65.54	9.15	12.53	1.13

附图 6-5　尖岗水库流域农村生活面源污染物核算结果图

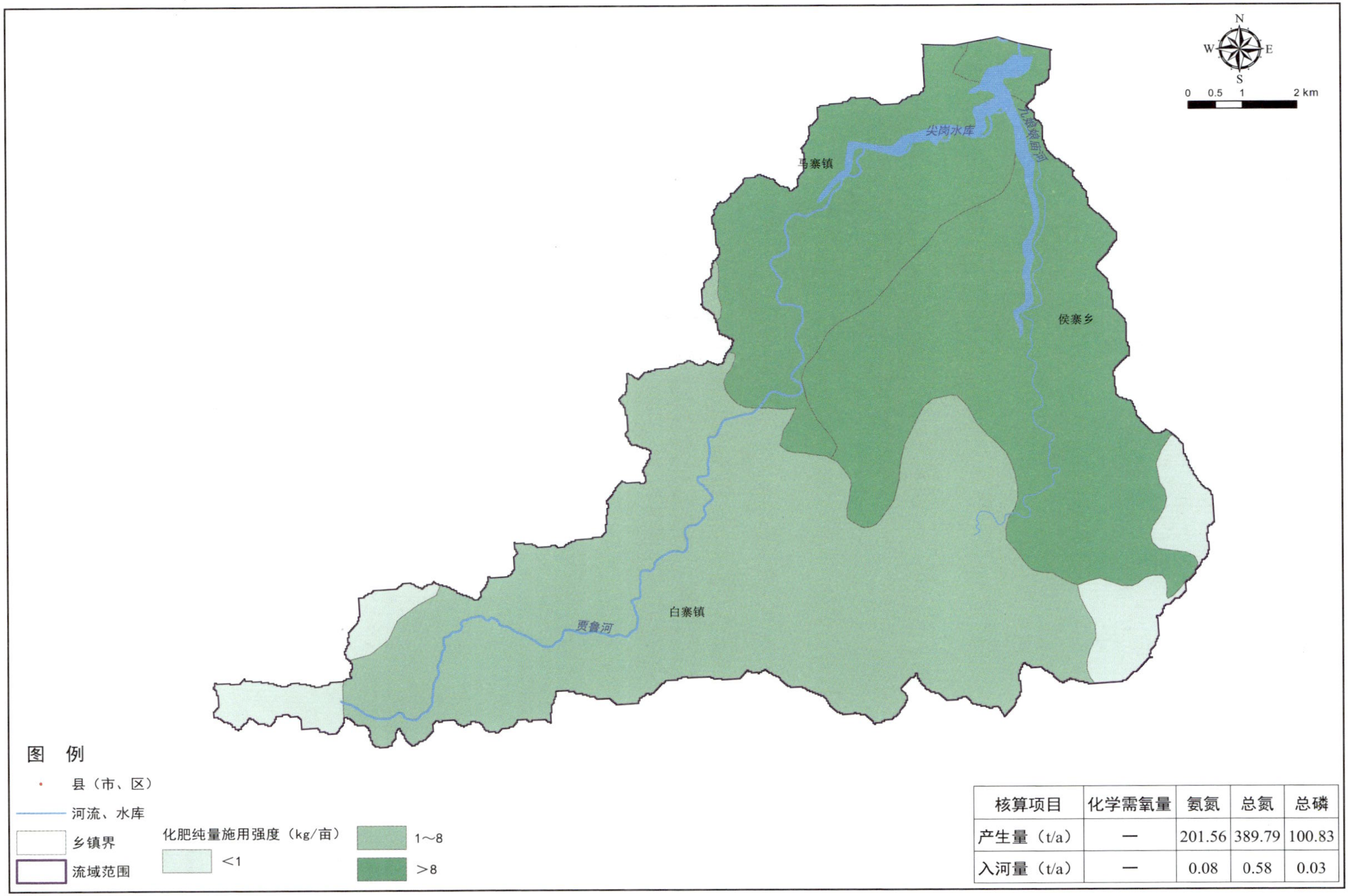

核算项目	化学需氧量	氨氮	总氮	总磷
产生量（t/a）	—	201.56	389.79	100.83
入河量（t/a）	—	0.08	0.58	0.03

附图 6-6　尖岗水库流域农田面源污染物核算结果图

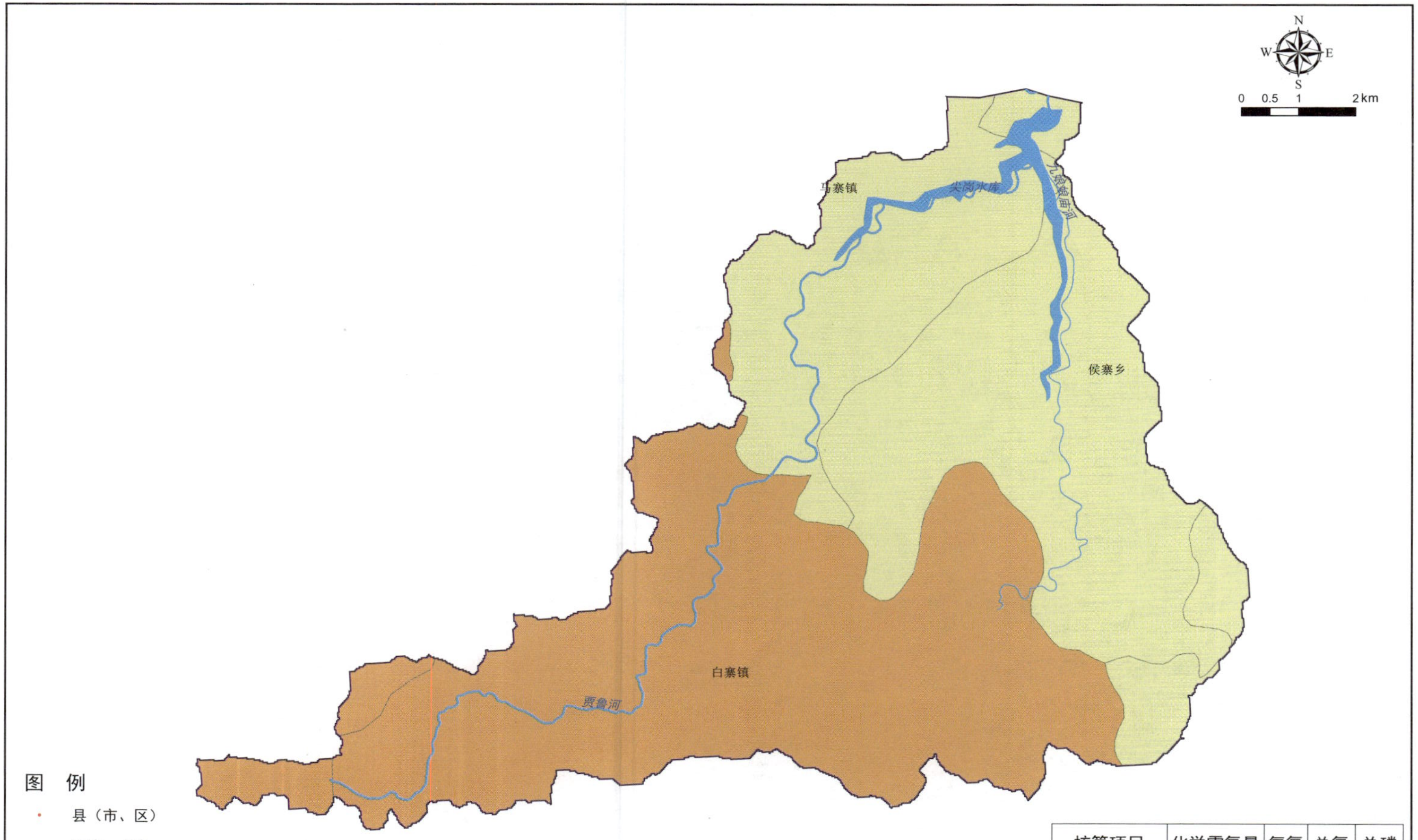

核算项目	化学需氧量	氨氮	总氮	总磷
产生量（t/a）	—	—	0.018	0.008
入河量（t/a）	—	—	0.011	0.005

附图 6-7　尖岗水库流域水土流失面源污染物核算结果图

附图 7　行政区域面源污染物入河量调查与核算相关图件

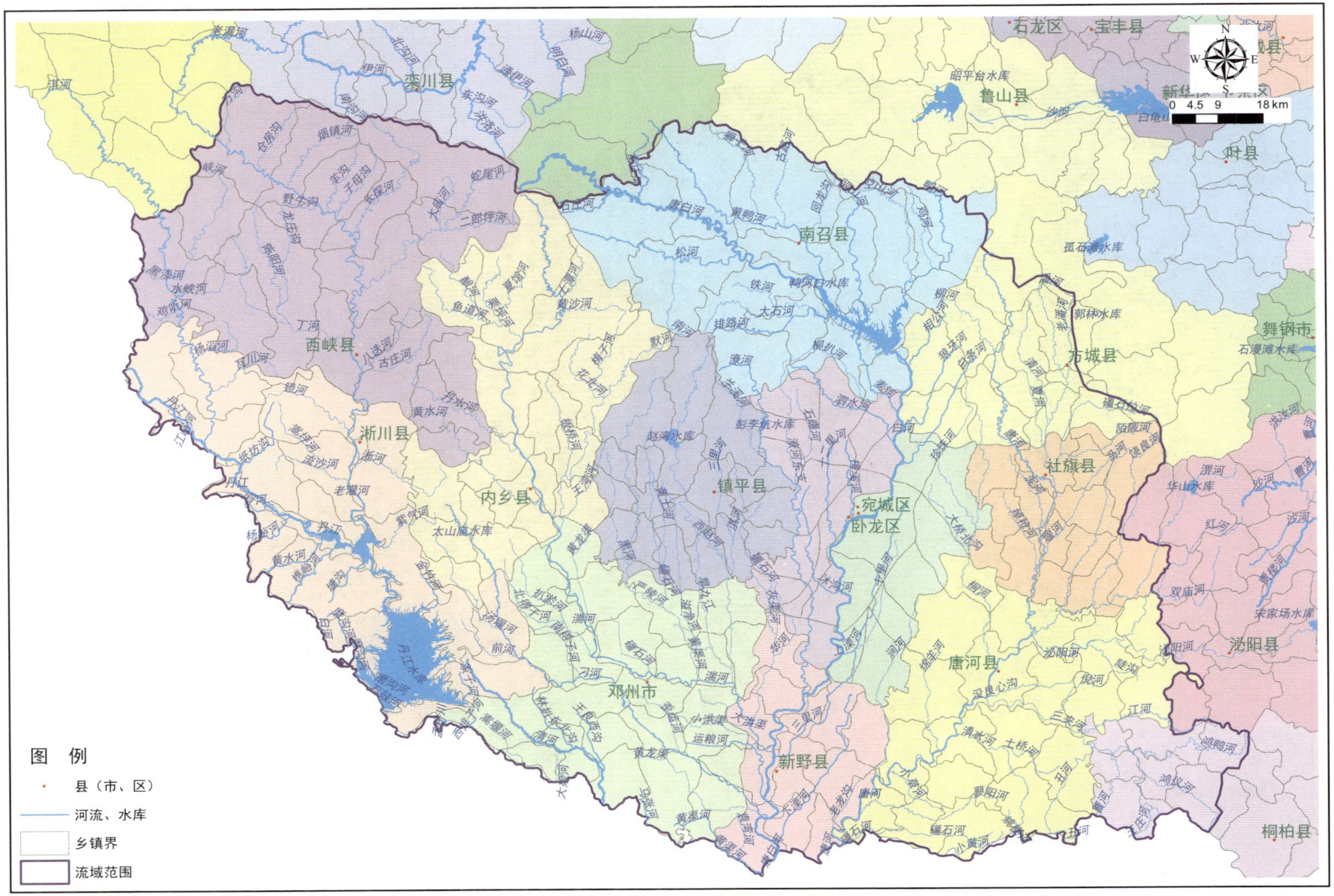

附图 7–1　南阳市长江流域范围图

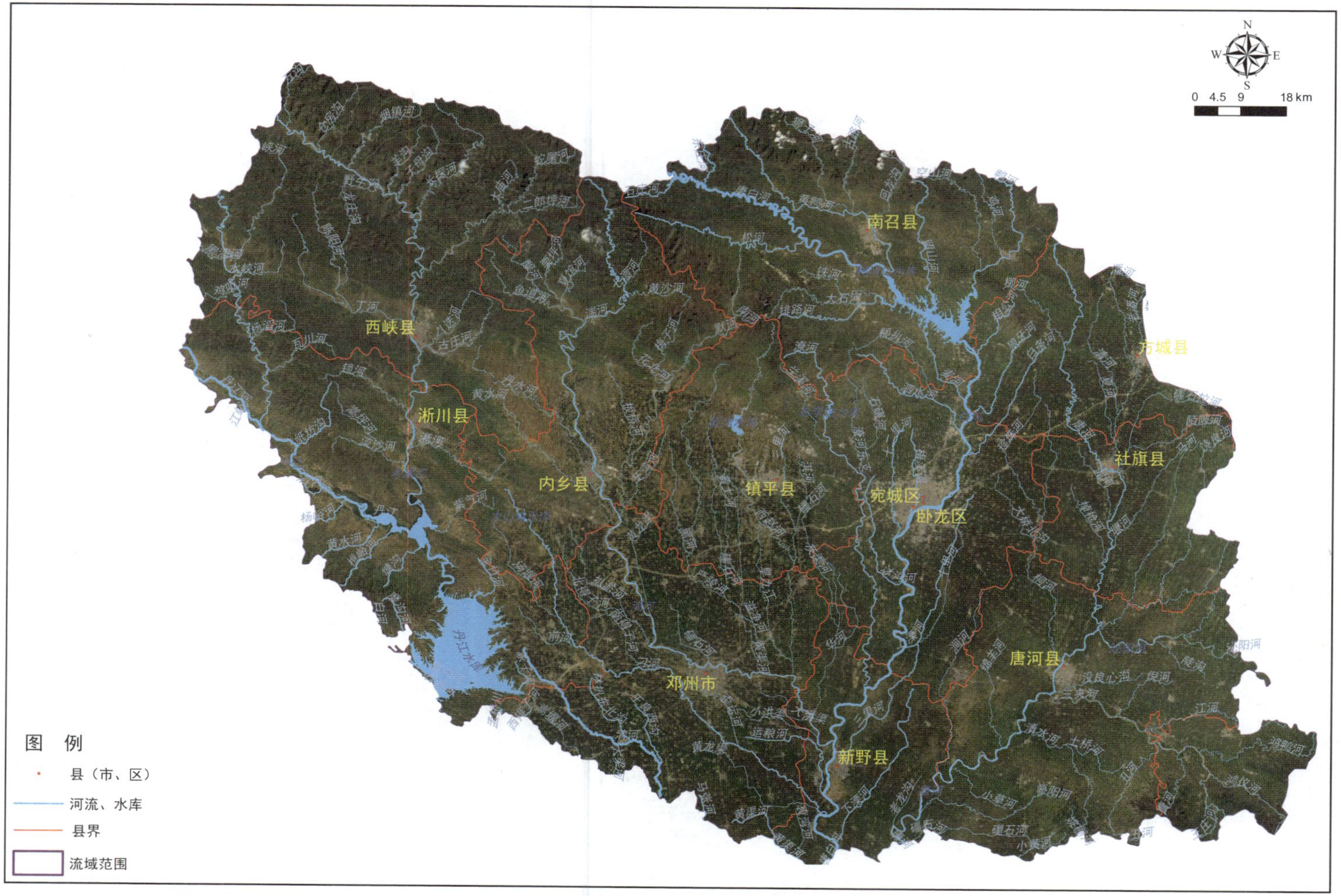

附图 7-2 南阳市长江流域地形地貌图

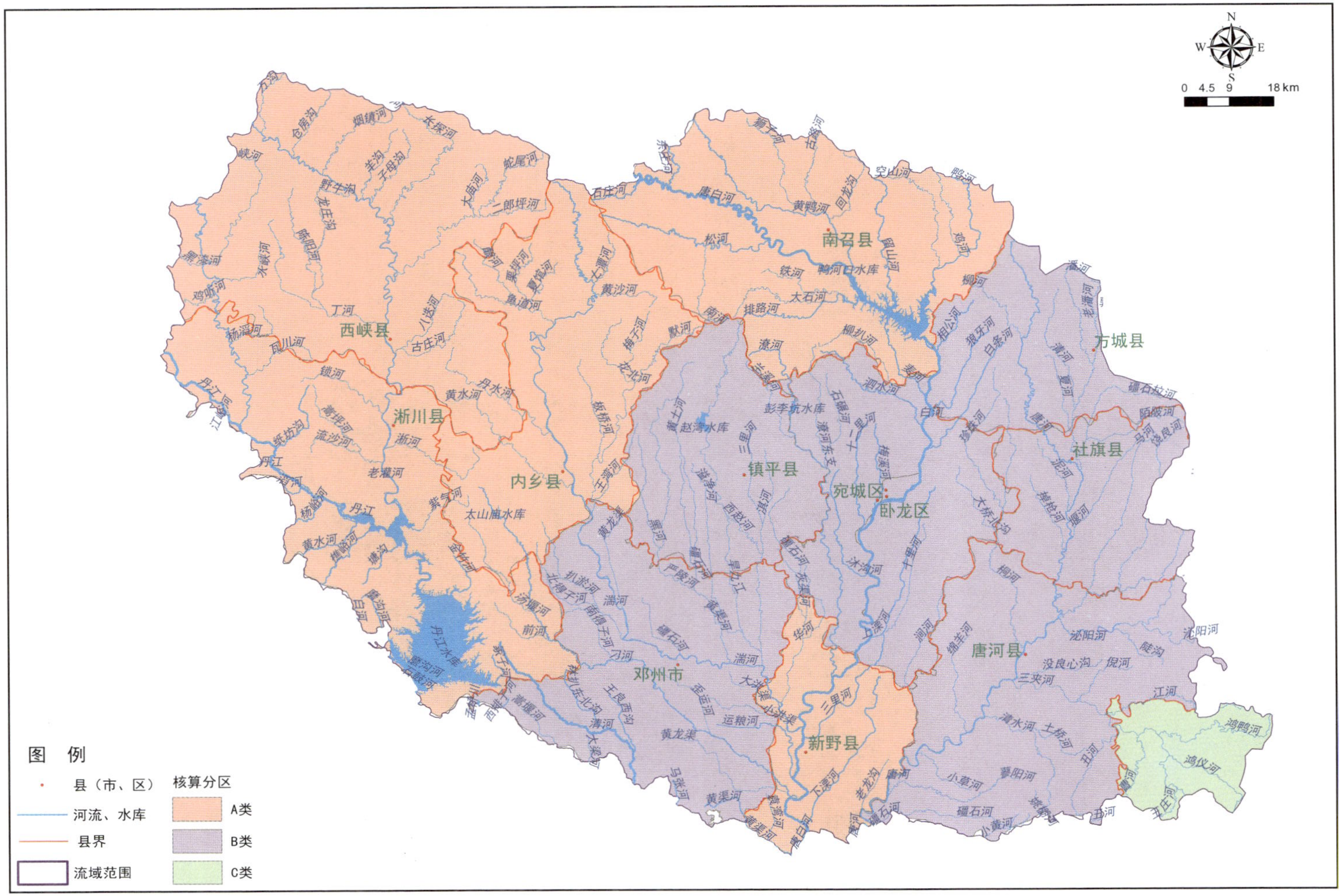

附图 7-3 南阳市长江流域面源污染物核算水系修正分区图

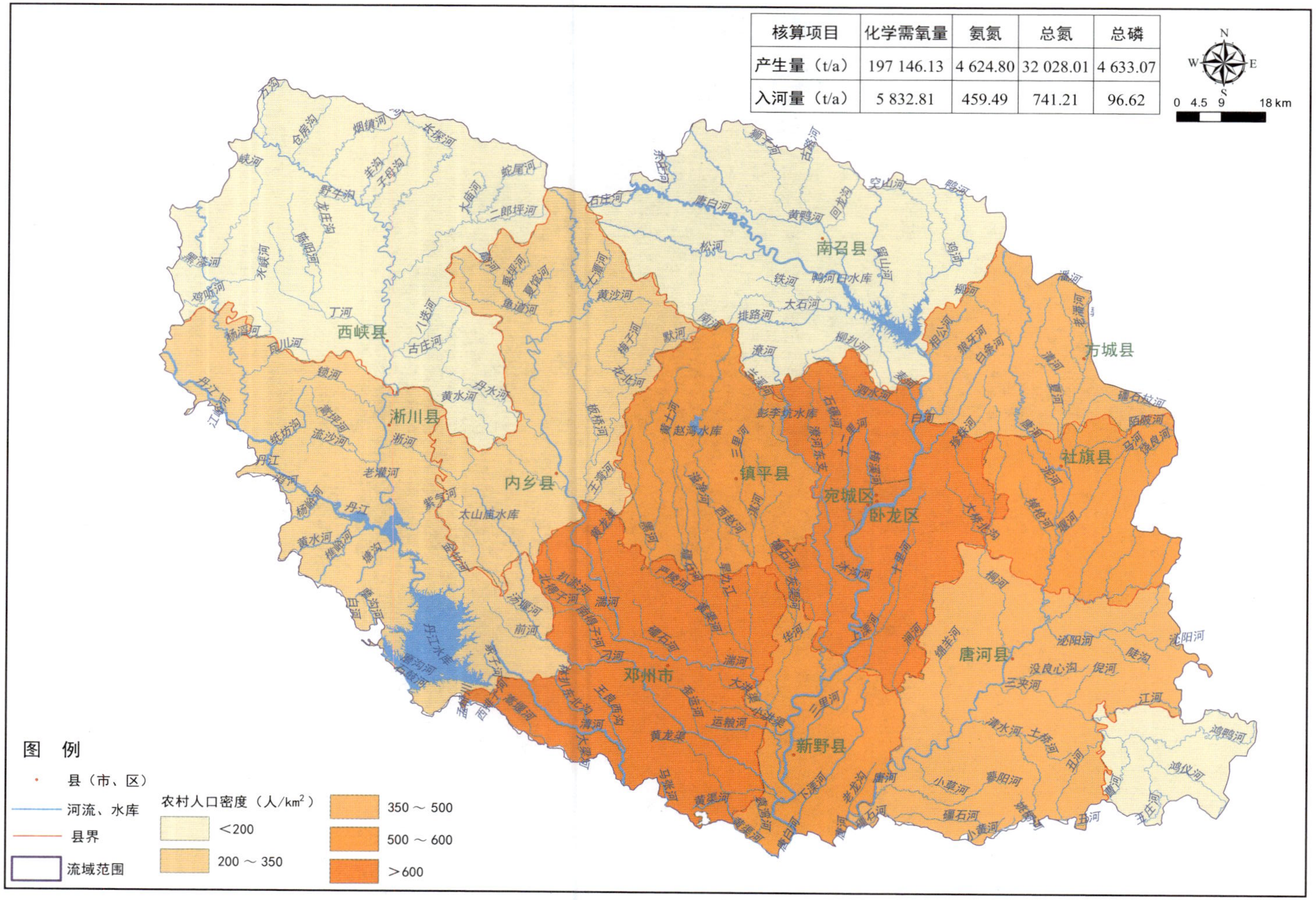

核算项目	化学需氧量	氨氮	总氮	总磷
产生量（t/a）	197 146.13	4 624.80	32 028.01	4 633.07
入河量（t/a）	5 832.81	459.49	741.21	96.62

附图 7-4　南阳市长江流域农村生活面源污染物核算结果图

核算项目	化学需氧量	氨氮	总氮	总磷
产生量（t/a）	—	148 794.82	402 345.28	107 286.27
入河量（t/a）	—	62.74	3 072.01	154.29

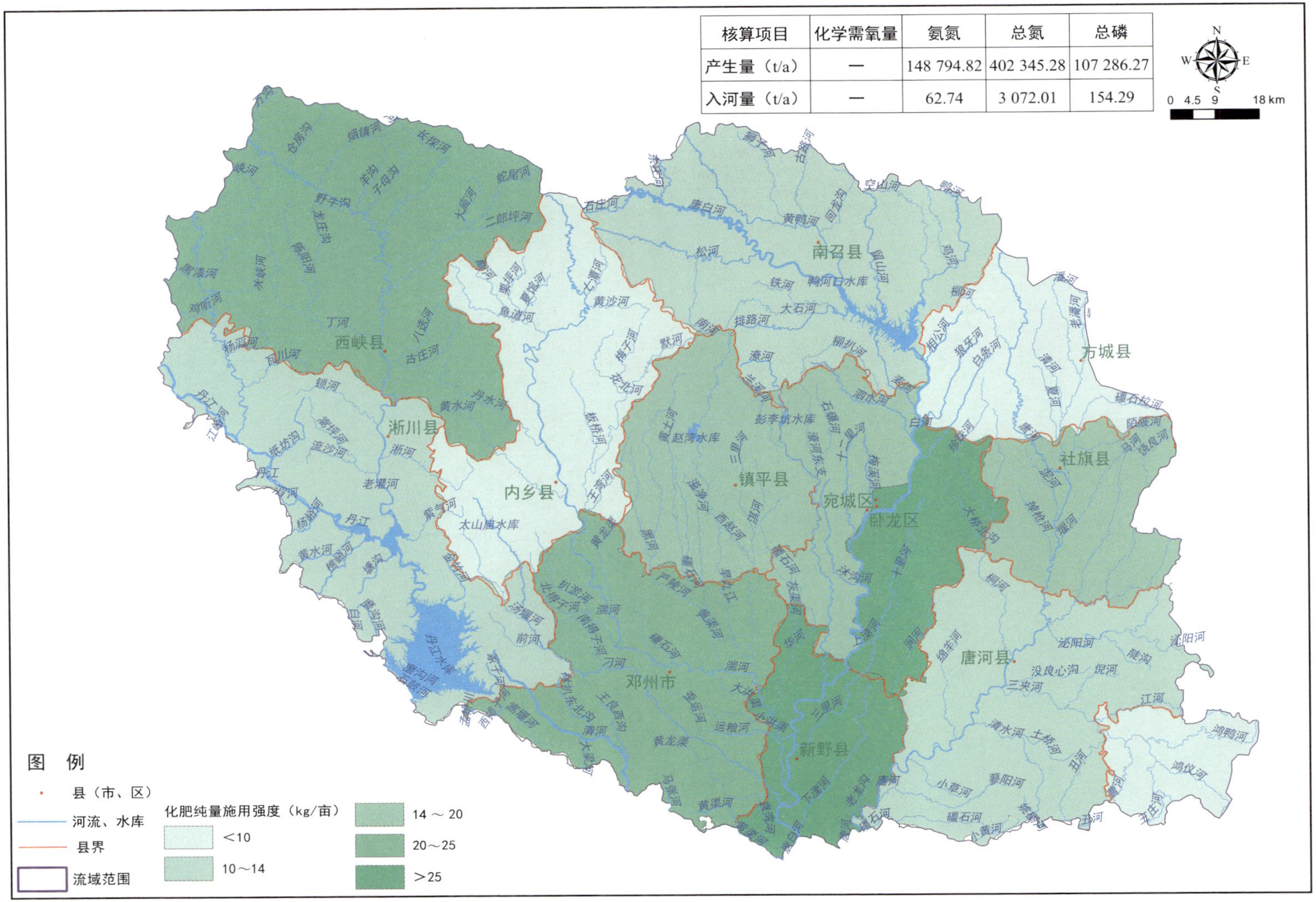

附图 7-5　南阳市长江流域农田面源污染物核算结果图

核算项目	化学需氧量	氨氮	总氮	总磷
产生量（t/a）	376 955.57	37 930.16	91 645.57	22 860.76
入河量（t/a）	7 940.82	605.92	2 056.02	385.24

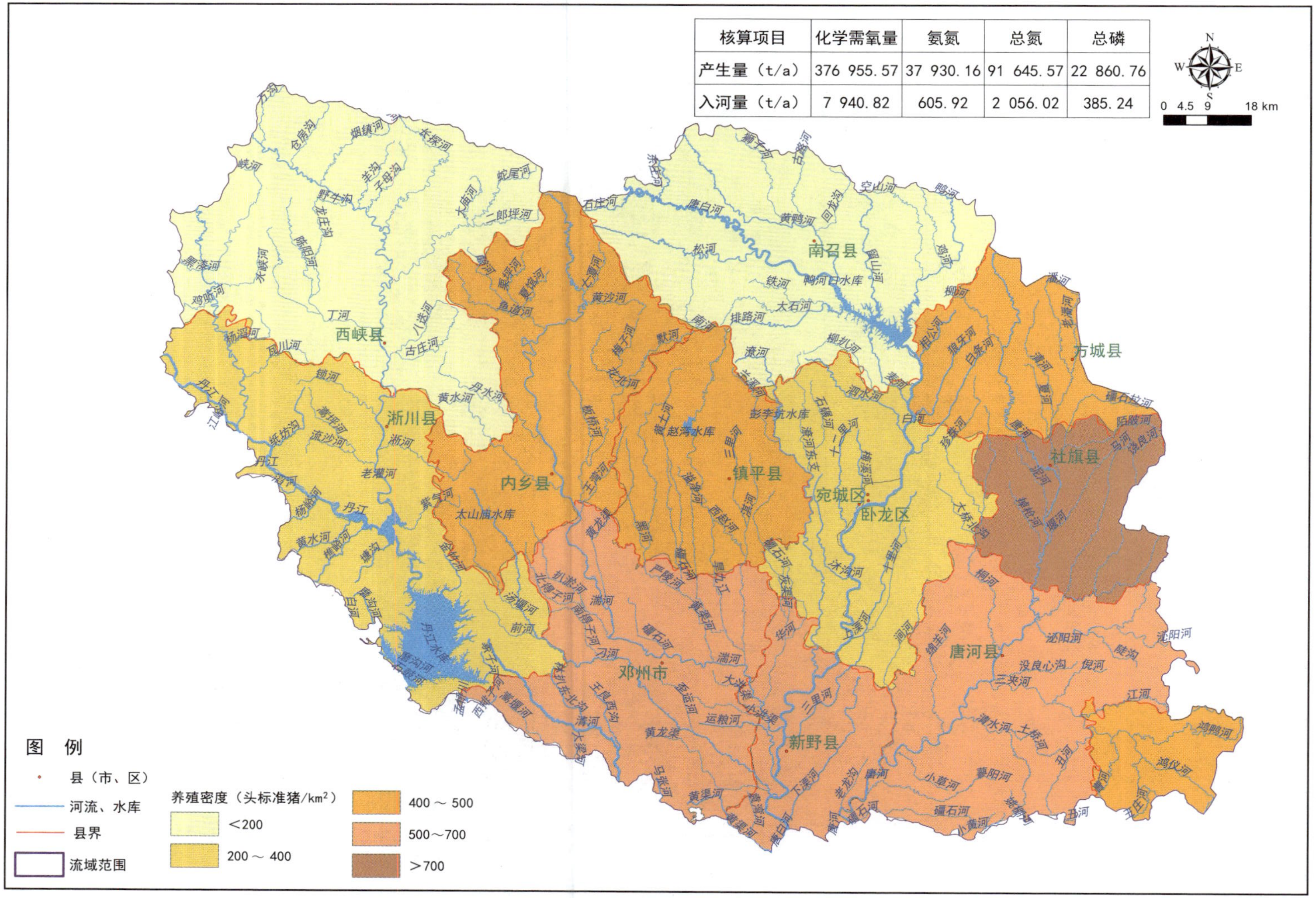

附图 7-6 南阳市长江流域分散式畜禽养殖面源污染物核算结果图

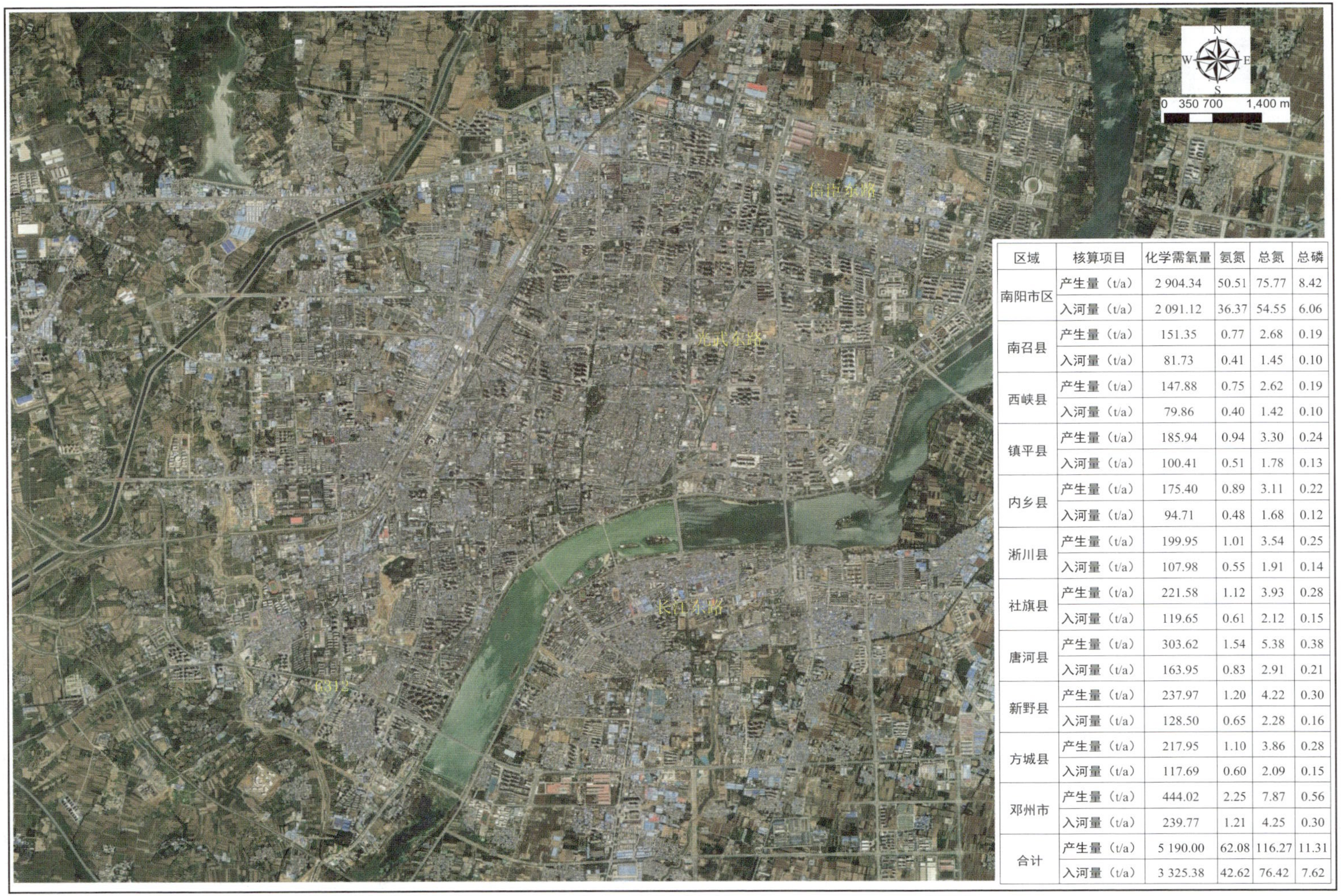

区域	核算项目	化学需氧量	氨氮	总氮	总磷
南阳市区	产生量（t/a）	2 904.34	50.51	75.77	8.42
	入河量（t/a）	2 091.12	36.37	54.55	6.06
南召县	产生量（t/a）	151.35	0.77	2.68	0.19
	入河量（t/a）	81.73	0.41	1.45	0.10
西峡县	产生量（t/a）	147.88	0.75	2.62	0.19
	入河量（t/a）	79.86	0.40	1.42	0.10
镇平县	产生量（t/a）	185.94	0.94	3.30	0.24
	入河量（t/a）	100.41	0.51	1.78	0.13
内乡县	产生量（t/a）	175.40	0.89	3.11	0.22
	入河量（t/a）	94.71	0.48	1.68	0.12
淅川县	产生量（t/a）	199.95	1.01	3.54	0.25
	入河量（t/a）	107.98	0.55	1.91	0.14
社旗县	产生量（t/a）	221.58	1.12	3.93	0.28
	入河量（t/a）	119.65	0.61	2.12	0.15
唐河县	产生量（t/a）	303.62	1.54	5.38	0.38
	入河量（t/a）	163.95	0.83	2.91	0.21
新野县	产生量（t/a）	237.97	1.20	4.22	0.30
	入河量（t/a）	128.50	0.65	2.28	0.16
方城县	产生量（t/a）	217.95	1.10	3.86	0.28
	入河量（t/a）	117.69	0.60	2.09	0.15
邓州市	产生量（t/a）	444.02	2.25	7.87	0.56
	入河量（t/a）	239.77	1.21	4.25	0.30
合计	产生量（t/a）	5 190.00	62.08	116.27	11.31
	入河量（t/a）	3 325.38	42.62	76.42	7.62

附图 7-7　南阳市建成区城镇地表径流面源污染物核算结果图

核算项目	化学需氧量	氨氮	总氮	总磷
产生量（t/a）	—	—	2 511.71	959.76
入河量（t/a）	—	—	1 255.85	575.86

附图 7–8　南阳市长江流域水土流失面源污染物核算结果图